科技规划实施与过程管理的方法与实践

杨国梁 等 著

科学出版社

北京

内 容 简 介

科技规划制定之后，如何有效推动和落实规划是一个政府和学界都高度关注的问题。本书从科技规划实施与过程管理的五个方面（目标分解、力量组织、研究部署、执行监测和动态调整）分别开展方法与实践研究，结合国内外典型案例探讨如何做好这五个方面以更有效地推动科技规划的组织实施。此外，本书从体制和机制层面总结归纳美国、德国、英国、日本和欧盟在科技规划实施与过程管理方面的特点，并针对我国科技规划实施与过程管理的现状和问题，提出相关发展建议。

本书可为科技规划的政策制定人员、组织实施人员以及学术研究人员提供参考。

图书在版编目（CIP）数据

科技规划实施与过程管理的方法与实践 / 杨国梁等著. —北京：科学出版社，2024.9

ISBN 978-7-03-077661-7

Ⅰ. ①科… Ⅱ. ①杨… Ⅲ. ①科技发展–科学规划–研究 Ⅳ. ①G322.1

中国国家版本馆 CIP 数据核字（2024）第 016712 号

责任编辑：杨逢渤 / 责任校对：樊雅琼
责任印制：徐晓晨 / 封面设计：无极书装

科学出版社 出版
北京东黄城根北街 16 号
邮政编码：100717
http://www.sciencep.com

北京厚诚则铭印刷科技有限公司印刷
科学出版社发行 各地新华书店经销
*
2024 年 9 月第 一 版　开本：787×1092 1/16
2024 年 9 月第一次印刷　印张：15 3/4　插页：2
字数：380 000

定价：168.00 元
（如有印装质量问题，我社负责调换）

个 人 简 介

杨国梁，博士，研究员/教授，博士生导师。中国科学院科技战略咨询研究院科技发展战略研究所党支部书记兼学术所长，中国科学院改革发展重大问题研究支撑中心执行主任，中国科学院大学岗位教授，中国发展战略学研究会常务理事、智库专业委员会秘书长，成都市发展和改革委员会学术委员会委员，北京工商大学特聘教授，*Socio-Economic Planning Sciences* 副主编，*Journal of Data and Information Science* 编委，*International Journal of Energy Sector Management* 编委，《科技促进发展》编委。

研究方向为科技规划与管理、智库理论与方法、决策理论与方法。主持过 50 多项来自英国皇家工程院、德意志学术交流中心、国务院研究室、国家发展和改革委员会、教育部、科技部、农业农村部、中国科学院、国家自然科学基金委员会、国家石油天然气管网集团有限公司、国家电网有限公司等机构的委托与竞争性项目课题，取得了一批决策咨询成果和理论方法研究成果，得到宏观决策部门和学术同行的广泛认可，多次获得党和国家领导人实质性批示。截至 2024 年 6 月，发表学术论文 160 多篇［其中 SCI/SSCI 论文 90 余篇，被引用 4200 余次（Google Scholar）］，出版学术专著 10 余部。

《科技规划实施与过程管理的方法与实践》研究组

组　长：杨国梁，中国科学院科技战略咨询研究院

副组长：肖小溪，中国科学院科技战略咨询研究院

成　员（按姓氏拼音）：

　　　　沈　湘，中国科学院文献情报中心

　　　　杨　光，中国科学院科技战略咨询研究院

　　　　原　野，中国科学技术大学

　　　　张艳欣，中国科协创新战略研究院

顾问专家组（排名不分先后）

综 合 领 域

周　南，国家发展和改革委员会发展战略和规划司原副司长、一级巡视员

胥和平，科学技术部办公厅原副主任、调研室原主任

赵　路，财政部教科文司原司长

龚　旭，国家自然科学基金委员会政策局法规处处长、研究员

方　新，中国科学院原党组副书记

谢鹏云，中国科学院发展规划局原局长

穆荣平，中国科学院科技战略咨询研究院原党委书记

陶　诚，中国科学院武汉文献情报中心主任

农业科技领域

王　韧，中国农业国际合作促进会国际农业智库副主席，中国农业科学院深圳农业基因组所高级顾问，中国农业科学院原副院长，联合国粮食及农业组织原助理总干事，国际农业研究磋商组织原秘书长

钱万强，中国农业科学院重大任务局局长、研究员

王琴芳，中国农业国际合作促进会副秘书长、国际农业智库副主席

胡瑞法，北京大学现代农业研究院研究员，国家杰出青年科学基金获得者

杨永坤，中国农业科学院麻类研究所所长、研究员（中国农业科学院乡村建设与治理专家团团长）

毛世平，中国农业科学院农业经济与发展研究所党委书记兼副所长、研究员

气象科技领域

李丽军，中国气象局气象发展与规划院党委书记兼院长

王邦中，中国气象局预报司原一级巡视员、推进气象高质量发展领导小组办公室原副主任

姜海如，湖北省气象局原副局长

钱传海，中国气象局首席气象专家（台风领域专家）

申丹娜，中国气象局气象发展与规划院首席专家

航天科技领域

薛长斌，中国科学院国家空间科学中心月球与深空探测总体部副总工程师、研究员

钟红恩，中国科学院空间应用工程与技术中心空间应用系统副总设计师、研究员

张　伟，中国科学院空间应用工程与技术中心研究员

果琳丽，中国空间技术研究院航天东方红卫星有限公司研究员

钱　航，中国航天科技集团航天科普专家

能源科技领域

蒋莉萍，国网能源研究院有限公司原副院长

鲁　刚，国网能源研究院有限公司能源规划研究所所长

郑海峰，国网能源研究院有限公司能源供需研究所所长

杨　艳，中国石油经济技术研究院能源科技研究所所长

张焕芝，中国石油经济技术研究院能源科技研究所副所长

交通科技领域

史天运，中国铁道科学研究院集团有限公司副总工程师、研究员

葛建明，中国铁道科学研究院集团有限公司科学技术信息研究所党委书记兼副所长、高级工程师

贾光智，中国铁道科学研究院集团有限公司科学技术信息研究所副所长、研究员

王晓刚，中国铁道科学研究院集团有限公司科学技术信息研究所科技成果管理办公室主任、研究员

周　南，西南交通大学科学技术发展研究院副院长、研究员

王艳辉，北京交通大学交通运输学院教授

序　一

　　世界百年未有之大变局加速演进，科技革命与大国博弈相互交织，科技领域竞争成为国际竞争的最前沿和主战场。科技规划不仅是对未来科技发展方向的预测和规划，更是对国家战略科技资源合理配置和优化的体现。因此，在当前复杂多变的国际竞争形势下，科技规划对于我国的重要性不言而喻。通过科学合理的科技规划和有效的推进实施，我国有望在关键领域和前沿技术中占据先机，增强自主创新能力，减少对外部技术的依赖，从而在国际竞争中赢得战略主动权。2024 年 6 月，习近平总书记在全国科技大会、国家科学技术奖励大会、两院院士大会上的讲话指出，要"加强战略规划、政策措施、重大任务、科研力量、资源平台、区域创新等方面的统筹，构建协同高效的决策指挥体系和组织实施体系，凝聚推动科技创新的强大合力"。

　　杨国梁研究员等编写的这部专著，聚焦科技规划的组织实施和过程管理，抓住了科技规划落地见效的关键环节。中华人民共和国成立以来，我国成功组织实施了若干国家中长期科技发展规划。1956 年，面对严峻的国际形势和国家建设的迫切需求，我国发布首个国家层面中长期科技发展规划——《1956—1967 年科学技术发展远景规划纲要》，通过有效调控国家科技资源，组织人、财、物认真实施，督促检查、落实到位，保证多数项目得以提前完成，极大地提升了国家的国防实力和国际地位。改革开放后，随着经济的快速发展，科技规划在推动科技创新和产业升级中发挥了越来越重要的作用。21 世纪初，为进一步发挥科技规划的战略指引作用，我国组织编制了《国家中长期科学和技术发展规划纲要（2006—2020 年）》，形成了迈向创新型国家行列的系统性、战略性部署。通过分阶段推动规划的实施，组织 16 个国家科技重大专项的任务分解与落实，强化过程评估，及时对规划实施进行调整，较好地完成了规划的总体目标任务，为我国信息技术、生物技术、能源技术、高端制造、空天海洋等领域的科技发展和产业升级注入了强大动力。历史证明，每一次重大科技规划的有效实施，都离不开科学的组织实施与过程管理，都极大地推动了我国科技事业的飞跃和国家综合实力的提升。

由此可见，有效的组织实施和过程管理，是科技规划发挥作用的重要保障。以往人们所诟病的"规划规划，墙上挂挂"，本质上就是由于缺乏有效的体制机制来保障规划的实施。现阶段，科技管理部门和学术界对于科技规划应当如何有效组织，并开展好过程管理，还缺乏理论的、系统性的研究。我很高兴看到《科技规划实施与过程管理的方法与实践》这本专著的付梓出版。该专著针对科技规划组织实施及过程管理的五个环节（目标分解、力量组织、研究部署、执行监测和动态调整），分别开展理论、方法和实践研究，并对若干代表性国家在科技规划实施与过程管理方面的体制机制分别进行了综合分析，对于回答"科技规划编制后，应当建立怎样的制度安排来推动科技规划的有效实施"提供了非常有价值的理论支撑和重要的方法参考。

面向未来，发展新质生产力是我国推动高质量发展的内在要求和重要着力点。科学技术作为新质生产力的源泉，能否为新质生产力的发展提供源源不断的动力，核心是要有高质量的科技供给，要通过国家科技规划的有效组织和实施，加速实现高水平科技自立自强。中国共产党二十届三中全会公报提出，"要完善国家战略规划体系和政策统筹协调机制""要总结评估'十四五'规划落实情况，切实搞好'十五五'规划前期谋划工作"。希望该专著能够为政府科技部门、行业科技主管部门、高校、科研院所和企业的科技决策者和科技管理者在组织实施科技规划时提供参考，为我国发展新质生产力，推动高质量科技创新和高水平科技自立自强发挥作用。

许倞

科学技术部战略规划司原司长

2024 年 8 月 31 日

序　二

习近平在党的二十大报告中指出："坚持面向世界科技前沿、面向经济主战场、面向国家重大需求、面向人民生命健康，加快实现高水平科技自立自强"。在世界百年未有之大变局和新一轮科技革命背景下，我国加快实施创新驱动发展战略。凡事预则立，不预则废。高质量的科技规划是实现高水平科技自立自强的关键，而科技规划实施与过程管理又是科技规划流程中的核心环节，直接关系到科技规划的宏观和总体目标能否最终达成。杨国梁研究员等的这本专著对科技规划实施与过程管理具有重要研究意义，尤其对强化我国科技规划的顶层设计、提升科技规划的实施效果具有显著的方法研究价值和实践应用价值。

在我担任一部分科技领导工作之初，于敏先生曾嘱咐我："要善于从宏观驾驭微观"。从系统论思想出发，全局由多个局部构成，宏观由许多微观构成，全局和宏观又不等于各个局部和微观的简单合成，而是有着各种复杂而有机的相互联系和相互作用。从控制论思想出发，为了全局，进一步驾驭微观，就要从宏观的需求、战略的高度、科技工作全局的实际和可能性出发，掌握好方向、目标、重点，动态地关照每一个微观，指导和把握各个局部（微观），以服务于实现全局和宏观的目标。同时，还不能浮在宏观的岗位上，而要尽可能深入地了解局部，特别是微观的难点，以便重点突破，推进全局。《科技规划实施与过程管理的方法与实践》研究的就是科技规划实施与过程管理中宏观驾驭和微观把控的理论、方法和实践，富有管理科学的重要内涵。

中华人民共和国成立以来的七十余年历史发展中，我国成功编制并组织实施了以《1956—1967 年科学技术发展远景规划》为代表的若干国家科技规划，在科技规划的编制、实施、监测以及评估管理中不断探索并总结经验。相比于科技规划的编制以及评估，现阶段我国科技管理部门及学术界对科技规划实施与过程管理尚未进行系统性研究，相关方法和实践研究相对匮乏，缺少科学有效的规划实施方法体系的研究和设计，这在一定程度上影响了我国科技规划的执行效率与实施效果。《科技规划实施与过程管理的方法与实践》主要聚焦科技规划流程中的组织实施、执行监测和动态调整等关键过程环节，系统研究和梳理了科技规划实施与过程管理的概念内涵、理论基础和主要环节，科技规划目标分解的方式和基本方法，科技规划实施主体力量组织及基本方法，科技规划研究部署的主要形式和基本方法，科技规划执行监测的主体和基本方法，科技规划动态调整的相关理论和基本方法，以及美国、德国、英国、日本、欧盟在科技规划组织实施方面的体制机制特点。此外，这本书还基于我国科技规划实施与过程管理的现状，分析了现阶段在规划目标分解、财政经费投入、配套政策制定、动态监测和评估四大方面存在的主要问题，并提出了改进对策建议，以期为我国成功实施相关科技规划提供方法支撑和决策参考。

俄罗斯著名作家、唯物主义哲学家车尔尼雪夫斯基曾经说过："追上未来，抓住它的本质，把未来转变为现在"。面向未来基础科学研究领域以及新材料、先进半导体、信息通信、清洁能源、生物医药等未来产业领域，《科技规划实施与过程管理的方法与实践》还对科技发达国家和地区的典型实践案例进行了深入分析，如美国国家纳米技术倡议、日本科学技术基本计划、德国"高技术战略"、欧盟"地平线 2020"研发框架计划、英国干细胞计划等，为科技规划的实施和过程管理提供了更多细节性和实操性内容。

希望该专著能够成为科技工作者、科研管理者、科技决策者的参考用书，共同助力我国实现高水平科技自立自强以及科技强国战略目标。

杜祥琬

中国工程院院士

中国工程院原副院长

2024 年 8 月 26 日

前　言

　　党的十八大以来，习近平总书记高度重视国民经济和社会发展的总体规划，比如，他提出党管规划的基本思路，坚持以人民为中心的政治立场，规划要注重科学、实事求是，用法治保障规划的落实，编制规划要结合实际、实事求是、留有余地，以及规划制定和执行不能搞层层加码等。他还多次指出："规划科学是最大的效益，规划失误是最大的浪费，规划折腾是最大的忌讳。"2021 年 5 月，习近平总书记在中国科学院第二十次院士大会、中国工程院第十五次院士大会、中国科协第十次全国代表大会上的讲话中指出，"要拿出更大的勇气推动科技管理职能转变，按照抓战略、抓改革、抓规划、抓服务的定位，转变作风，提升能力，减少分钱、分物、定项目等直接干预，强化规划政策引导，给予科研单位更多自主权，赋予科学家更大技术路线决定权和经费使用权，让科研单位和科研人员从繁琐、不必要的体制机制束缚中解放出来！"

　　我国科技规划长期存在"重制定、轻实施"的现象，究其原因是科技规划实施与过程管理方面的方法和实践研究相对匮乏，缺少科学有效的规划实施方法体系的研究和设计，影响了科技规划的实施效率与效果。科技规划实施与过程管理是科技规划流程中的核心与关键，直接关系到科技规划的目标能否达成。科技规划的组织与实施是指按照法定程序编制和批准规划之后，依据有关规定，采用法制的、社会的、经济的、行政的和科学的管理方法，对规划实施过程中的各项工作进行统一的安排，控制、引导和调节规划对象有计划、有秩序地协调发展，保证规划的顺利实施，涉及科技力量的动员与组织、科研项目部署等重要环节。科技规划的执行监测是科技规划管理的重要步骤，同时也是科技规划监管、保障科技规划质量、控制科技规划成本的重要过程性管理手段。

此外，根据执行监测情况对科技规划实施开展必要的动态调整，基本已成为各国科技管理的共识。科技规划要适应当前阶段本国经济社会发展的需求，同时其又背负解决阶段性矛盾的责任。科技规划的实施周期一般较长，随着规划执行进度的变化，当初设立的规划目标可能会偏离实际需要；并且世界的经济、科技发展形势也是不断变化的。因而，当阶段性的目标实现或者不再需要的时候，对科技规划进行调整是合情合理的。有必要根据科技规划监测评估的结果，及时对规划目标及任务部署进行动态调整。许多科技强国都在本国的科技规划中加入动态调整机制，并采取各种措施保证其落实，科技规划的动态调整有时甚至是大的目标调整，这些调整恰恰是为了科技规划根本目标的实现，并最终为本国更好地把握科技发展方向、促进科技进步提供动力。

2020 年 1 月，我出版了《科技规划的理论方法与实践》一书，得到了各界好评，这给了我极大的信心，在此诚挚感谢大家的鼎力支持！该书主要围绕科技规划的编制、实施和评估程序进行组织撰写。首先，该书从科技规划内涵的界定入手，介绍科技规划的定义、特征、分类、功能以及理论依据。其次，该书对科技规划的一般过程进行梳理，将科技规划明确为编制、实施和评估三个主要阶段，并介绍科技规划不同阶段的常用方法。再次，该书着重对科技规划的编制、实施以及评估阶段的理论方法进行深入探讨和分析，并附上若干案例进行讲解。最后，该书从科技规划的三个阶段介绍国际经验，案例主要来自美国、英国、德国、日本、韩国和澳大利亚等，通过对国际科技规划制定与发展的评析，提出符合中国国情的相关政策建议。该书凝练了科技规划的六个核心问题，包括：科技发展战略研究、科技优先发展领域遴选、科技规划的资源配置、科技规划的执行监测、科技规划的动态调整以及科技规划的评估。为了进一步聚焦这些核心问题，详尽展示各核心问题导向下的方法与实践，在《科技规划的理论方法与实践》一书的基础上，2021 年以来，我进一步谋划了科技规划系列丛书，并陆续开始编写，本书是其中之一。本书主要聚焦于科技规划的组织实施、执行监测和动态调整等问题并展开讨论，系统研究和梳理了科技规划实施与过程管理的理论基础和主要环节、科技规划目标的分解细化方法与实践、科技规划实施中的科技力量动员与组织、科技规划转化为科技部署的方式方法、科技规划执行监测的基本方法、科技规划的动态调整机制，以及美国、德国、英国、日本、欧盟在科技规划实施与过程管理方面的体制机制特点，并基于我国科技规划实施与过程管理的现状和特点，从规划目标分解、财政经费投入、配套政策制定、动态监测和评估四大方面提出我国科技规划在组织实施与过程管理中面临的主要问题，并提出政策建议，以期为我国成功实施相关科技规划提供方法支撑。

本书第 1 章（主要执笔人杨国梁、肖小溪、原野）主要介绍科技规划实施与过程管理的理论基础，阐释系统论、控制论、公共政策执行的相关理论为科技规划实施与过程管理提供的理论参考，介绍科技规划实施与过程管理的主要环节。第 2 章（主要执笔人张艳欣）主要阐述国家、部门或地方在实施科技规划时，不仅要提出科学、明确的总体目标，还要通过科学合理的方式方法，将宏观的总体目标不断细化分解为可实施、可落地的分目标，并进行了国际相关案例介绍。第 3 章（主要执笔人原野、肖小溪）主要介绍了科技规划实施过程中科技力量的动员和组织，并通过对国际相关案例的梳理，总结主要的方法和经验，提出对我国的相关启示和建议。第 4 章（主要执笔人张艳欣）提出了三种将科技规划落实为具体的研究部署的方式，探讨了科技规划实施部署中的四个主要环节（部署重点选题、统筹预算资金、执行动态监测、实施绩效评估）及其基本方法，最后梳理了日本、英国、美国、德国四国在科技规划研究部署方面的典型经验，提出了对我国科技规划转化为研究部署的启示。第 5 章（主要执笔人沈湘、杨国梁）主要介绍了科技规划执行监测的有关内容，包括执行监测的重要性、执行主体、基本方法等，梳理了美国、日本、德国、欧盟科技规划执行监测的典型案例。第 6 章（主要执笔人沈湘、杨国梁）主要介绍了科技规划动态调整的有关内容，包括动态调整的重要性、动态调整的相关理论和基本方法，以及美国、日本、德国科技规划动态调整的实践。第 7 章（主要执笔人肖小溪、原野）主要是从体制机制角度，综合分析美国、德国、日本、欧盟等科技发达国家和地区在科技规划组织实施与过程管理中的主要经验。第 8 章（主要执笔人肖小溪、杨光）梳理了我国历史上科技规划组织实施的典型案例，主要从规划目标分解、财政经费投入、配套政策制定、动态监测和评估四大方面分析我国科技规划在组织实施与过程管理中面临的主要问题，并提出政策建议。

在本书的写作过程中，得到了科技规划与科技政策领域多位专家的指导和鼓励，借此机会对这些专家致以崇高的敬意和感谢！在此期间，我和研究组成员还参与了多项相关研究任务，尤其是中国科学院发展规划局部署的"科技规划和重大项目的组织实施和管理研究""面向世界一流科研机构的规划管理研究""科研机构战略规划管理""重点实验室建设进展监测及评估方法研究"，国家管网集团部署的"企业科技发展战略与规划编制方法研究"等相关研究课题。这些研究任务对本书的完善也不无裨益，在此表示衷心感谢！

囿于时间与能力，本书写作内容难免疏漏，但我仍尽力搜集资料，力争全面述及科技规划实施与过程管理的方法与实践，旨在抛砖引玉，愿为中国科技事业发展，推动高水平科技自立自强乃至科技强国建设目标的实现尽绵薄之力。

2023 年 12 月 12 日

目　　录

第1章　科技规划实施与过程管理的概论

在我国，科技规划实施与过程管理具有特别重要的意义。相比于科技规划的编制以及评估，我国科技管理部门及学术界对科技规划实施与过程管理尚未形成系统化的研究。界定科技规划实施与过程管理的基本概念及内涵边界，聚焦科技规划实施与过程管理中的五大环节，即目标分解、力量组织、研究部署、执行监测和动态调整，有助于探索、归纳和总结科技规划实施与过程管理的重要理论和方法。

1.1　科技规划实施与过程管理的概念和内涵

1.1.1　科技规划的范畴和类型

早期的规划侧重于对空间形态的关注，如城市布局、建筑设计。随着政府、企业、个人在不同领域对规划的应用，规划被定义为对未来特定时间段内拟实施的系列行动的指南，其目标是通过最优的策略和行动来实现预期的结果（Wildavsky，1973）。在此基础上，规划的定义逐渐完善并扩充到空间形态之外更为广阔的领域。规划是政府、公共组织和社会团体为完成未来特定的任务，在资料收集和分析的基础上，识别最佳行动方案，拟定执行程序，并针对未来可能出现的意外状况提出的预防和应对策略（Mayer，1985）。因"一五"计划的展开，规划这一术语于 1954 年左右首次在我国的相关文献中出现，其来源是对国外专业文献的翻译。规划是对规划对象未来系统发展的科学设定和论证，它通过人类能动地理解和协调系统运动，将特定系统的运动纳入有目的、有秩序、有规律的活动轨道中。在系统的总体发展战略确定之后，规划实际上成为一种组织推演和安排的手段，按照预设目标控制系统的整体发展，最终实现总体战略目标（申金升等，2001）。

从宏观视角来看，科技规划是国家在未来特定时期内科学技术及其与经济社会的协调发展的总体设计。它为国家的科技发展布局、科技资源分配以及科技体制调整提供了指导，构成了国家科技发展的宏伟蓝图。因此，科技规划对一个国家的科技发展具有深远影响（康相武，2008）。从程序视角来看，科技规划是政府在国家（或地区）层面进行的，其依据是国民经济、社会发展和国家安全的需要。它为科技发展提供了指导性的框架，并围绕规划目标的实现，在发展的各个阶段、资源配置以及支持条件上进行优势整合和统筹规划（郭颖等，2012）。从时间维度来看，科技规划是一种综合性的决策过程，它结合了国家、部门以及机构对科技发展的实际需求，以确定具有战略意义的近期、中期和长期科技发展目标。这一过程还包括确定优先发展的科技领域，以及为实现这些目标所需采取的一系列措施（王海燕和冷伏海，2013）。目前比较具有代表性的概念认为，科技规划是一个国家（或地区）根据现实情况及预期目标，为本国（或本地区）科学技术发展和相关问题制定的指导性纲领，且可根据科技发展动态及实施中遇到的问题进行动态调整（杨国梁，2020）。

按照不同的标准，可将科技规划分为不同的类别。

按照编制科技规划的目的，可将科技规划分为科技战略规划、科技行动规划和科技项目规划。科技战略规划是指为科技发展制定总体目标和总体策略的科技规划；科技行动规划在规划中确定了具体的目标，以及规定了完成的时间、行动的步骤等具体行动指南；科技项目规划通常涉及国家重点项目，在该类科技规划中，重点项目被划分成若干子课题，同时该类科技规划规定了总体协调和实施的途径。

按照科技规划涉及的时间，可将科技规划分为长期科技规划、中期科技规划和短期科技规划。就我国的实际情况而言，长期科技规划一般是对于科技发展路径和目标的设想，内容比较宏大和宽泛，一般时长为 10～15 年；中期科技规划一般与国家的"国民经济和社会发展五年规划纲要"相配套，是为辅助国家经济发展目标而编制的国家重大科技项目规划，一般时长为 5～10 年；短期科技规划涉及的时间一般短于 5 年。

按照科技规划涉及的范围，可将科技规划分为总体科技规划和单项科技规划。总体科技规划一般解决的是国家综合科技体系构建问题，其实施是渐进式的；单项科技规划一般涉及具体的任务体系，是明确的目标导向型规划，其实施是跃进式的。

按照科技规划内容的具体程度，可将科技规划分为指导型科技规划、指令型科技规划以及两者兼具的科技规划。指导型科技规划通常包含科技发展纲要，为国家的整体科技发展提供指导；指令型科技规划的内容更为具体，一般包含如何实施的具体指令，路径较为清晰，规划实施者更易于把握（李正风和邱惠丽，2005），并且规划内容是必须执行或实施的，具有更加明显的强制性特征。

1.1.2 科技规划实施与过程管理的边界和内涵

本书所研究的科技规划主要为国家层面的科技规划，一般具有强制性、动态性、长期性等特征。科技规划必须由政府或相关部门机构发布实施，具有强制性；科技规划包括编制、实施和评估的全流程，要求科技规划在执行过程中不断开展监测评估和动态调整，具有动态性；科技规划经过科学论证，往往内嵌于一个国家（或地区）发展规划系统当中，其本身也将分化成跨越一段时期的众多目标及项目，具有长期性。正是由于这三方面的特征，科技规划的实施与过程管理需要开展系统性研究。长期以来，我国科技规划的实施与过程管理被多数部门和学者忽视，科技规划"重制定、轻执行"的现象比较突出（黄宁燕等，2014）。本书力求通过科技规划的实施与过程管理的方法和实践研究，为理顺国家级科技规划的实施路径提供支撑。

具体来看，科技规划的实施与过程管理，是指将科技规划由文本内容落实为具体的科技投入和科技活动，从而推动科技规划目标的实现，大体上涵盖了科技规划的组织实施以及对组织实施情况进行过程管理这两大方面。以亨利·法约尔（Henri Fayol）为代表的管理过程学派认为，管理活动由计划、组织、指挥、协调、控制五大职能组成。科技规划的编制主要对应计划这一职能，而科技规划的实施与过程管理则涵盖组织、指挥、协调、控制这四大职能。本书从组织实施与过程管理的角度探讨推动科技规划的方式和方法，与亨利·法约尔的管理过程思想相契合。

　　一般而言，"组织实施"是从目标要求、工作内容、方式方法及工作步骤等方面，对某项工作的推进进行全面而具体的安排，既包括对该项工作的前期准备，也包括其后期的落实和执行过程。由此，科技规划的组织实施可认为是有关部门根据规划目标和总体路径对未来一定时期内的科技活动及其资源配置，进行工作内容、方式方法及工作步骤等具体安排，从而推动实现科技规划所设定目标的过程（黄宁燕等，2014）。科技规划的组织实施可视为一种公共政策的组织实施，包括目标定位、资源环境、监督管理和执行机构四个要素（梁正等，2020）。

　　从管理过程理论来看，过程是一组将输入转化为输出的相互关联的活动，是产品（服务）质量形成的必经环节，因而"过程管理"是企业质量管理的基点。借鉴该观点，科技规划的过程管理可认为是有关部门对于有可能影响科技规划目标实现的人、财、物要素以及指挥、协调、控制等过程进行系统思考和严密设计，通过一系列的管理制度和有效措施，确保科技规划实施中的各个流程都有利于科技规划目标的实现。

　　综上所述，科技规划的实施与过程管理指将科学编制的指导性纲领进行操作化和实践化转换，对相关人员和资源进行优势集成和统筹协调，在执行规划的过程中持续监管反馈并不断优化实施路径，从而推动科技规划目标的实现。这一过程可划分为目标分解、力量组织、研究部署、执行监测和动态调整五个方面，其共同组成科技规划实施与过程管理的核心要素。

专栏：管理过程理论及其方法

　　一般认为，管理过程理论的起源可以追溯到 20 世纪初，由法国工业家亨利·法约尔首次提出。其后，美国著名管理学家哈罗德·孔茨、西里尔·奥唐奈和海因茨·韦里克等成为该理论的主要代表人物。1916 年，亨利·法约尔在其代表作品《工业管理与一般管理》中首次提出将整个工业经营的全部活动划分为六个部分，包括技术活动、商业活动、财务活动、安全活动、会计活动和管理活动。其中，管理活动是由计划、组织、指挥、协调、控制五个职能所构成的一个完整的管理过程。第二次世界大战结束后，哈罗德·孔茨和西里尔·奥唐奈在其所著的《管理学》一书中，进一步系统性地阐述了管理的职能和原则，将管理职能划分为计划、组织、控制、激励（或领导）等职能，而将其他管理职能都归纳在这几项职能之内。管理过程理论后来的各个代表人物都对管理职能进行了划分，从他们的划分结果来看，亨利·法约尔和哈罗德·孔茨提出的计划和组织这两项管理职能得到了延续，而其他几项职能则被替换成人事、调集资源、汇报沟通、决策等。

　　从根本上来看，管理过程理论相比于同时代的其他管理学派而言更加关注管理的基本职能和一般性原理。具体来看，管理过程理论建立在以下基本信念的基础上：①管理是一个过程，可以通过分析管理人员的职能，从理性上对管理过程加以剖析；②根据人们在各种企业和组织中长期从事管理的经验，可以总结出一些基本的管理原理；③可以围绕这些基本的管理原理开展有益的研究，以确定其实际效用，增强其在实践中的作用和适用范围；④这些基本的管理原理可以为形成一种有价值的管理理论提供若干关键要素；⑤就像医学和工程学那样，管理也可以依靠基本的管理原理的启发而进行改进；⑥在实际管理工作中，有时会违背某一基本管理原理或采取其他办法，但是类似于生物学或物理学的原理一样，管理学中的这一基本原理，仍然是可靠的；⑦尽管文化的、物理的、生物的万事万物都对管理人员的任务及其所处的环境产生影响，但是管理理论并不需要把所有的知识都包括进来。

资料来源：

费阳. 1993. 管理过程理论[J]. 党政干部学刊, (7): 1.

单宝, 周立公. 2004. 管理学: 理论·过程·方法[M]. 上海: 立信会计出版社.

史密斯 K, 希特 M. 2010. 管理学中的伟大思想: 经典理论的开发历程[M]. 北京: 北京大学出版社.

张瑜. 2009. 管理过程理论的第三代掌门人: 孔茨——穿梭在管理理论丛林中的学者[J]. 管理学家(实践版), (9): 5.

朱江. 1992. 穆尼、戴维斯等人与管理过程理论[J]. 管理现代化, (3): 50-51.

1.1.3 科技规划实施与过程管理的研究需求

规划的实施与过程管理，是土地规划、城乡规划、企业战略规划等各类规划相关研究中普遍比较薄弱的环节。相对而言，科技规划的实施与过程管理，目前在理论和方法研究方面尤为欠缺，仅有少量研究专门聚焦于科技规划的目标管理和评估等（陈光，2021）。总的来看，已有研究表明，目前我国科技规划实施与过程管理的理论和方法研究主要有以下三个方面的不足。

其一，科技规划实施与过程管理的关键环节尚不明晰，没有形成统一的、明确的认识。 已有研究中关注比较多的是科技规划实施过程中的监督检查或评估。例如，有学者认为，科技规划必须根据经济社会的发展适时调整变化，明确专门机构或第三方中介机构对科技规划的实施进行长期跟踪和动态管理，对科技发展重点、发展模式、科技资源的配置方式等重新作出科学组织与合理部署（夏来保，2009）。相对而言，对科技规划实施与过程管理中的其他关键环节的研究不多，仅有梁正等（2020）从统筹协调、专业机构管理、全周期管理、公开规范评估方面对科技规划实施的流程进行了一定阐述。

其二，科技规划实施与过程管理的历史经验研究相对比较零散，既不具备系统性，也缺乏可迁移性。 一方面，对国际上已经完成的科技规划的经验研究缺乏整体性分析框架，导致国际比较分析难以深入，如有些国际案例研究重点关注科技规划实施过程中的监督检查机制（黄建安，2018），有些国际案例研究则重点关注科技规划实施中的明确目标、合理步骤和过程监控，以及灵活的调整策略等（王海燕和冷伏海，2013）。另一方面，对我国历次科技规划编制与实施的经验总结相对较多，如诸多研究者关注《1956—1967 年科学技术发展远景规划》（简称《十二年科技规划》）的制定与实施（张久春和张柏春，2019；李洪，1991），或者 2006～2020 年中长期科技发展规划（杨培培和柳卸林，2023），以期从中汲取经验和教训。但是，这些经验对当前我国科技规划实施与过程管理的突出问题的响应性不足，导致历史经验从计划体制向社会主义市场经济体制的迁移性有待加强。

其三，科技规划实施与过程管理的案例研究中对具体方法和工具的梳理不足。 相对而言，对科技计划实施过程中的方法和工具的研究更多一些，如有学者针对科技计划项目管理实践中长期存在的"重两端、轻过程"的现象进行了研究，提出应在项目实施过程中的关键节点上实行"里程碑"式管理，以推进科技领域的"放管服"改革（侯小星等，2021）。但是，科技规划的实施并不完全等同于科技计划的实施，还需要人财物等多方面的资源统筹和调度实施。目前，无论是国内案例还是国际案例，对于具体方法和工具的介绍还比较笼统，缺乏细节性和实操性，这在一定程度上影响了决策支持效果。

1.2　科技规划实施与过程管理的理论基础

科技规划是广义的科技政策中的一个类别，而科技政策属于公共政策的一个分支。公共政策执行与过程管理的基本理论涉及经济学、公共管理学、政策分析、社会学、组织行为学等多个领域。与科技规划直接相关的理论依据主要是系统论和控制论等，这两个理论可以为科技规划中需要用到的许多方法提供指引。

1.2.1　系统论与控制论

对于系统论思想的一种理解认为，系统是由许多相互关联、相互作用的要素组成的整体，每个要素都有其独特的功能，系统本身具有整体功能，几个系统可以联合成更大的系统，不同系统的复杂程度不同（贝塔朗菲，1987）。系统在自然环境和人类社会的各个领域中广泛存在，无论是系统内部还是系统之间都需要系统规划来实现有效控制。可以说，系统论为规划提供了基本的理论依据。万事万物皆有系统，可以通过规划，理顺系统之间、事物之间的关系从而控制系统，最终使系统运转达到更好的效果。

作为一门学科，系统论研究范畴涵盖了自然、社会以及人类思维领域，同时，也深入探讨了各种系统的性质、原理、相互联系以及发展规律。1932年，奥地利理论生物学家路德维希·冯·贝塔朗菲（Ludwig von Bertalanffy）发表了《理论生物学》，用协调、目的性、有序来解释生物系统的复杂性和动态性，首次提出了系统论的思想。系统论具有超出专门学科的普遍意义的哲学属性，具有世界观和方法论意义，可为很多学科的发展带来灵感与启示。系统论自诞生后，与信息论、控制论一起对计算机技术、智能控制技术、现代通信技术等高新科技的发展起到了基础性作用。在运筹学和控制论等领域，系统论的核心是使用统计学方法和数学方法对各要素之间的关系进行准确建模，通过大量的模型对系统进行描绘。

一个国家显然可以看作一个综合的系统，包括社会系统、经济系统、政治系统、文化系统、科技系统等子系统。要解决针对国家这个系统的管理问题，就需要制定涵盖从总体的国家发展规划到社会、经济、政治、文化、科技等方方面面的规划。如果将一个国家的科技体系视为一个子系统，那么科技规划就是分析和控制科技系统的手段与方法。科技规划的实施与过程管理，就是要在规划指引下应对科技系统的发展变化，并对其及时进行控制和调整，最终达到规划的近期和长远目标。因此，科技规划的制定与实施都是一个系统工程（申金升等，2001）。系统思维上，在科技规划的实施与过程管理中，需要遵循系统论的原则，将各个环节、任务和资源视为一个整体，进行全局性的分析和优化。这种系统思考有助于识别潜在的问题、发现新的机会，并促进目标的有效达成。实际执行上，科技规划的实施涉及多个层次的决策和管理。系统论强调层次化、结构化，将复杂系统划分为若干个子系统，以便于分析和管理。在实施科技规划时，也需要采用类似的方法，将计划划分为战略、战术和具体操作等不同层次，实现各层次间的协同和高效运作。目标导向上，系统论强调目标导向，即系统应具有明确的目标和功能。在科技规划实施与过程管理中，需要明确规划的目标、任务和评价指标，确保各个环节紧密围绕目标开展，并通过调整机制及时修正偏差，确保目标的有效达成。

控制论是一种研究系统控制的理论，主要基于数学模型和方法来描述和分析系统的动态过程和行为，并提出相应的控制策略和方法。其中，控制策略包括开环控制和闭环控制两种。开环控制是指在系统中加入控制信号以使其达到期望状态，但不对反馈信息进行处理；而闭环控制则是根据系统输出信息和期望目标之间的误差调整控制信号，从而实现系统的稳定性和良好的性能。

系统、输入、输出、状态、控制器、传递函数等是控制论的基本单元。其中，系统是由若干个相互影响、相互制约的组成部分所构成的有机体，输入和输出是指系统与外界相互作用的通道，状态是指系统当前的内部状态，控制器是指控制系统运行的决策机构，传递函数则是对系统输入-输出关系的数学描述。

控制论的发展历程可以追溯到古代，如中国古代的漏壶计时器和水运仪象台等利用反馈原理的自动装置。20 世纪 50 年代，控制论开始应用于自动化、机械工程和电气工程等领域。20 世纪 60 年代，随着计算机技术的进步，控制论开始向更加复杂的系统和多学科领域渗透，包括经济、社会、生态、环境等。1868 年，英国物理学家詹姆斯·克拉克·麦克斯韦（J. C. Maxwell）发表了关于调节器的论文，这是对动态控制系统进行数学分析的早期工作之一。此后，控制理论发展加速，逐渐追赶上控制技术的应用。

在科技规划实施与过程管理中，控制论主要应用于建立科技系统的数学模型和控制策略，以便及时发现和解决科技系统运行中的问题，保证科技规划的顺利实施。同时，控制论也可以帮助科技规划者分析和预测规划结果，为制定更好的科技规划提供支持。在控制目标与策略上，科技规划的实施与过程管理需要明确控制目标和策略。控制论指导我们如何设定合理的目标，选择有效的方法和手段，以便在科技规划的实施过程中达到预期效果。在信息反馈与闭环控制上，在科技规划实施与过程管理中，也需要建立有效的信息反馈机制以监控进度、评估效果并及时调整策略。通过不断优化的闭环控制，可以提高规划的执行效率和实现预期目标。在稳定性上，控制论关注系统的鲁棒性。在科技规划实施与过程管理中，需要关注各环节之间的相互关系，确保系统在面对内外部干扰时仍能保持稳定运行。此外，良好的鲁棒性有助于提高规划实施的适应性和灵活性。在此基础上，控制论研究自适应控制和优化策略。在科技规划实施与过程管理中，根据环境变化和内部条件调整策略和优化方案至关重要。自适应和优化机制可以使科技规划的过程管理更具弹性，以有效应对不确定性和变化。

1.2.2　公共政策执行的相关理论

早期的公共管理学研究主要聚焦于公共行政学。20 世纪七八十年代，公共政策学科范式快速发展，大量应用了经济学、统计学的相关知识，关注政策的制定。但实践中，公共部门几乎不使用计量的方式来进行政策设计和分析，为解决实际需求，公共政策学科研究又转向关注政策的有效执行。20 世纪 90 年代以来，随着全球化和信息技术的加速发展，公共政策学科研究开始关注跨国和跨地区的政策问题，如全球治理、国际经济合作等，这又与科技规划的国际合作执行方面不谋而合。科技规划的实施与过程管理，本质上也是公共政策的执行和现代过程管理。

公共政策执行的相关理论涉及众多，包括实施理论、制度理论、资源依赖理论、改革相关理论、绩效管理理论等。

实施理论关注政策的执行过程和行为，帮助政策制定者更好地了解实施过程中可能出现的问题，并提供相应的解决方案。实施理论认为政策执行是一个动态过程，需要考虑到各种因素的影响和相互作用。例如，普雷斯曼（J. L. Pressman）和韦达夫斯基（A. B. Wildavsky）在《执行——华盛顿的伟大期望为何在奥克兰破灭》中提出的政策是自上而下地通过科层制组织进行传递和实施的；罗茨（R. A. W. Rhodes）和马什（D. Marsh）等学者提出的政策执行的网络理论，关注政策执行过程中不同利益相关者之间的网络关系。

制度理论强调政策执行与组织、机构之间的关系，并探究政策执行过程中不同机构之间的利益博弈和合作。制度理论认为政策执行需要建立合适的制度框架和规则，以便实现政策的有效执行和监督管理。例如，马特兰德（R. E. Matland）提出的政策执行的模糊-冲突模型和奥斯特罗姆（E. Ostrom）等提出的制度分析与发展（Institutional Analysis and Development，IAD）框架；彼得斯（Peters）提出的包括机构设置和组织设计在内的执行结构也可以被视为制度。

资源依赖理论认为政策执行需要充分利用组织内外部的资源，包括人力、物力、财力等资源，以保证政策顺利实施。同时，资源依赖理论也强调政策执行过程中需要关注资源分配的公平性和效率性，避免出现资源浪费和不合理分配等问题。例如，范·米特（D. S. van Meter）和范·霍恩（C. E. van Horn）在《政策执行过程：一个概念框架》中提出的政策执行的系统模型。

改革相关理论主要探讨政策执行过程中如何进行改革和创新。改革相关理论认为政策执行需要保持灵活性和适应性，在实施过程中及时调整政策，以适应环境变化和需求变化，并提高政策执行的质量和效果。例如，迈克尔·李普斯基（M. Lipsky）提出的街头官僚（Street-Level Bureaucracy）概念，强调了政策执行者在政策实施过程中的自主性和创新性；詹姆斯·威尔逊（J. Wilson）强调，政策执行是一个需要持续改进和适应的过程。

绩效管理理论强调政策执行需要建立科学、客观的绩效评估体系，对政策执行结果进行监控和评估，并根据评估结果进行相应的调整和改进。绩效管理理论可以帮助政策制定者更好地了解政策执行的效果和影响，从而优化政策执行过程。例如，罗伯特·卡普兰（R. Kaplan）和大卫·诺顿（D. Norton）开发的平衡计分卡（Balanced Scorecard）方法，用于将组织的愿景和战略转化为一组绩效指标。这种方法强调了从财务和非财务的角度综合评估政策执行的效果。同理，科技规划的实施与过程管理也需要满足公共政策执行的绩效管理和问责需要。

专栏：奥斯特罗姆的制度分析与发展（IAD）框架

制度分析与发展（IAD）框架是一个综合性的理论模型，旨在阐述现实场景中的个体如何试图更新规则、实现群体共同利益。IAD 框架在公共政策执行和公共资源管理方面具有重要影响，为分析和解决复杂的制度问题提供了有力的工具。IAD 框架主要由外生变量、行动舞台、相互作用机制与结果三部分组成。其聚焦于主体间相互作用的社会空间——行动舞台，它广泛存在于地方、国家、市场等各种和各级事务中。行动舞台由行动情景与行动者两组变量构成，受物理环境、行为规则和共同属性等外生变量所影响。行动舞台中的行动者可以在不同的行动情景中进行互动，并对互动结果进行评价。

由于社会空间中的个体会因利益矛盾而进行互动和斗争，在分析制度的执行实施环节，必然会涉及与制度相关的多主体，各主体必须以特定的相关身份参与其中，参与者的身份不同造成立场、利益差异，其行动逻辑也各异。从大的外部环境来看，决定制度在某一社会空间内的执行效果不同于其他空间或其他事务的因素还包括该空间自身的物理环境、空间内参与者普遍认可的行为规则、所涉及主体的共同属性。行为规则由边界规则、位置规则、选择规则、信息规则、聚合规则、范围规则和报酬规则等组成的规则系统构成，即意味着参与者的行动必须符合其身份，从而能够被纳入该行动舞台中。

资料来源：

李文钊. 2016. 制度分析与发展框架: 传统、演进与展望[J]. 甘肃行政学院学报, (6): 4-18, 125.

王群. 2010. 奥斯特罗姆制度分析与发展框架评介[J]. 经济学动态, (4): 137-142.

公共政策执行相关理论对于科技规划实施与过程管理具有重要的指导价值。在科技规划实施与过程管理中，需要关注政策目标的实际可行性，并采取有效的管理措施来确保科技规划的顺利实施。利益相关者理论强调政策执行过程中各利益相关者的参与和合作。在科技规划实施与过程管理中，需考虑到各利益相关者的需求和意见，建立多方参与的合作机制，以确保科技规划能够得到支持、合理实施。政策网络理论认为政策执行是一个复杂的网络关系系统。在科技规划实施与过程管理中，需要识别和协调各个参与部门和组织之间的合作关系，以促进资源整合和信息共享，提高科技规划的执行效果。新公共管理理论强调以市场为导向的管理方法。在科技规划实施与过程管理中，可以借鉴新公共管理理论的思想，强调目标导向、结果导向和绩效评估，通过引入市场机制和竞争机制，提高科技规划的执行效率和质量。建构主义理论认为政策执行是一个社会建构的过程。在科技规划实施与过程管理中，需要重视组织文化、价值观和知识共享等因素的影响，促进参与者之间的交流和协作，以推动科技规划的实施与发展。总之，公共政策执行相关理论的应用有助于指导科技规划的顺利实施与过程管理。实用主义理论关注政策目标的可行性；利益相关者理论强调各利益相关者的参与和合作；政策网络理论强调多方合作和信息共享；新公共管理理论提供了一种市场导向的管理方法，突破传统官僚制的管理模式；建构主义理论强调组织文化和知识共享的重要性，组织不仅仅是一系列规则和程序的集合，更是一个充满意义、价值观和实践的社会建构。

1.3　科技规划实施与过程管理的主要环节

科技规划实施与过程管理由目标分解、力量组织、研究部署、执行监测和动态调整五个环节构成。这五个环节相互关联、紧密衔接，共同构成了科技规划实施与过程管理的核心要素。

目标分解旨在将科技规划的整体目标逐步分解为可操作、可量化的目标和任务，其核心是建立目标层次结构。通过将整体目标逐级分解为更具体和可操作的子目标，可以更好地组织和管理科技规划的实施。分解的目标应具有明确性、可衡量性、可达性、时间性等特点。科技规划的整体目标可以从时间维度分解为长期目标、中期目标和短期目标，也可以按照专项内容分解为资源配置、人才队伍、科研平台等不同专项的目标，还可以从宏观到微观进行层层拆解，将科技规划的总体目标细化为具体的项目目标。在目标分解阶段，需要将高层次的目标通过项目、委托等各种形式逐级下达到各科技研发主体，确保每个主体单位都知道自己的角色和责任。同时，还需要明确目标达成的标准和评价方式，在完成后及时反馈和总结，对达成目标的个人或团队进行奖励和激励。

力量组织是调配资源和分配任务的过程，旨在确保科技规划的实施能够得到充分的支持和配合。力量组织需要考虑到人、物、财等多个方面的资源配置和管理，以便实现科技规划的目标。通常情况下，科技规划实施的力量组织包括人力资源、资金支持、设备与设施配置、合作伙伴关系运营。在力量组织阶段，需要明确各科技研发主体的职责和任务，给予必要的培训和支持，并通过项目、直接委托、大科学装置的天然聚集性等方式完成力量组织，最终为下一步的研究部署和执行监测奠定坚实的基础。

研究部署是指将科技规划目标转化为科技研发投入，并通过不同形式支持具体的科技研发活动的过程，是科技规划实施与过程管理的关键环节，主要包括制定和实施具体的研究计划、具体研究团队的组建。研究部署中一项关键的技术为技术路线图，其是指构建一个清晰、可实施的技术发展蓝图，并明确每个阶段所需要的技术和资源，包括研究内容、时间节点、预算等。按照技术发展蓝图，各个科技研发主体发挥所长，开展研究，并定期组织会议同步进度。在研究部署阶段，需要充分调研市场需求和技术趋势，制定合理、可实施的技术发展蓝图和研究计划。同时，还需要建立有效的协作机制，促进各部门和团队之间的沟通和合作。

执行监测是科技规划实施与过程管理中不可或缺的一环，旨在确保科技规划的落实和项目的进展。执行监测包括对项目的进度、质量、成本等方面进行跟踪和监控，及时发现并解决问题，确保项目能够按时、按质量完成。在执行监测阶段，需要建立完善的监督和管理体系，对科技规划和项目执行过程中的问题进行及时发现和处理，注意风险管理和变更控制。同时，还需要加强对项目的跟踪和评估，及时总结经验和教训，为下一阶段的科技规划提供参考，形成闭环。

动态调整旨在根据执行监测的结果对科技规划进行调整和改进。动态调整包括对目标、方案、实施等方面进行调整和优化，并修正不合理或过时的部分，以保证科技规划的有效性和可持续性。在动态调整阶段，需要及时收集反馈信息，对科技规划进行评估和调整。同时，还需要建立灵活的管理机制和流程，以便在变化和不确定性的环境中灵活应对。其中，信息共享与协调冲突至关重要，确保项目各方之间的信息共享畅通，及时传递和交流项目调整的决策和计划，并处理团队内部及外部合作伙伴之间的冲突和问题，确保项目顺利进行。不断地进行动态调整，使科技规划的实施与外部环境和内部需求保持紧密的匹配，提高整体的灵活性和适应性。

综上所述，目标分解旨在将整体的目标逐步分解为可操作、可量化的目标和任务，并明确达成目标的标准和评价方式；力量组织则通过调配资源和分配任务，将科研机构、大学、企业的科技力量进行动员和组织，并建立有效的评价体系和激励机制；研究部署主要负责制定清晰、可实施的技术发展蓝图，并建立协作机制促进各部门和团队沟通和合作；执行监测是指对科技规划的组织实施过程进行内部和外部的监督，包括跟踪和监控项目的进度、质量、成本等方面，以便于发现问题并对组织实施过程及时进行纠偏；动态调整则是根据科技规划实施效果、科技发展态势以及科技规划执行监测的结果，对科技规划进行调整和改进，以保证科技规划的有效性和可持续性。这五个环节相互关联，紧密衔接，共同构成了科技规划实施与过程管理的完整流程。通过这一流程，能够将整体的科技规划落实到具体的实际操作中，为科技创新和社会发展提供有力支持。

1.4　本 章 小 结

长期以来，科技规划的实施与过程管理受到忽视，本章从科技规划的概念、分类、特征入手介绍了科技规划实施与过程管理的概念和内涵。同时，本章介绍了科技规划实施与过程管理的理论基础，阐释系统论、控制论、公共政策执行的相关理论，为科技规划实施与过程管理提供了理论参考。最后，本章介绍了科技规划实施与过程管理的主要环节。其中，目标分解是将整体目标逐步分解为可操作、可量化的目标和任务的过程；力量组织则是调配资源和分配任务的过程，旨在确保科技规划的实施能够得到充分的支持和配合；研究部署是制定和实施具体研究计划的关键环节，包括制定技术发展蓝图和建立协作机制；执行监测是对项目进展情况进行跟踪和监控，确保项目按时、按质量完成；动态调整则是根据科技规划实施效果、科技发展态势以及科技规划执行监测的结果对科技规划进行调整和改进，确保科技规划的有效性和可持续性。

第2章　科技规划的目标分解

目标决定发展方向，因此选择正确的科技发展目标，对科技发展至关重要。准确把握科技发展目标，落实和分解科技发展目标体系及其相应指标，是实施科技规划的重要核心内容之一。了解科技规划目标的特点和制定过程，对理解科技规划的目标分解有重要作用。一般而言，科技规划的目标是通过纵向比较（历史比较）和横向比较（中外对比）分析研究后提出的。例如，我国科技规划目标的确定过程中，既要立足于当前科技发展的前沿态势，又要分析当前我国科技规划的背景，并适当借鉴西方发达国家的科技发展目标，综合研判提出我国科技规划的指导思想和服务国家的科技目标。

科技规划的目标通常由战略目标和分目标加若干量化的指标组成，形成目标体系。例如，《国家中长期科学和技术发展规划纲要（2006—2020 年）》的目标体系主要包含：一个总体的战略目标（自主创新能力显著增强，科技促进经济社会发展和保障国家安全的能力显著增强，为全面建设小康社会提供强有力的支撑；基础科学和前沿技术研究综合实力显著增强，取得一批在世界具有重大影响的科学技术成果，进入创新型国家行列，为在 21 世纪中叶成为世界科技强国奠定基础）、八个分目标（分别涉及装备制造业和信息产业核心技术、农业、能源、重点行业和重点城市、重大疾病、国防科技、科学家和研究团队、科研院所和大学以及企业研究开发机构）和若干定量指标（"到 2020 年，全社会研究开发投入占国内生产总值的比例提高到 2.5%以上，力争科技进步贡献率达到 60%以上，对外技术依存度降低到 30%以下，本国人发明专利年度授权量和国际科学论文被引用数均进入世界前 5 位"）。再如，美国发展科学技术的目标体系由国家目标和政府技术政策目标两部分组成，明确了政府的科技工作目标。此外，美国的科技发展目标体系中，科学目标与技术目标一般分立，并且根据科学和技术的不同特点，在定量和定性目标方面各有侧重。

科技规划的目标分解是将科技规划中已经提出的目标体系进行实操性转化，使之成为责任明晰、具有操作性、可以测量实现程度的分解目标，以利于科技规划目标体系的落地落实。

2.1　科技规划目标分解的方式

一般而言，制定科技规划目标的指导思想是服务国家战略、宏观指导、适度超前、国家目标和政府目标相结合。这意味着，科技规划目标要具有创新性，不能局限在被动服务、被动适应的水平上，要有所突破；科技规划的目标制定要转变观念，变被动为主动，从积极推动、促进和引导经济的立场出发，确定具有积极性、主动性和先导性的科技发展目标；科技规划的目标要对科技发展宏观方向性有指导意义，不能面面俱到、资源配置分散，不能使科技规划陷入具体的项目中。

正是由于科技规划目标的上述特点，以及科技规划通常是引导性的政策文件，并不具备强制的行政执行力，因此科技规划的战略目标较为宏观，往往需要通过对科技规划的目标进行分解，在科技规划落实的过程中将指导性的意见和目标转化为具有实操性的项目和预期成果，以便于落实和执行。例如，《国民经济和社会发展第十个五年计划科技教育发展专项规划（科技发展规划）》以落实"科教兴国"和"可持续发展"这两个国家战略为战略出发点，以完善国家创新体系，提高创新能力和科学技术竞争力，实现科技、教育和经济的协调发展为工作主线，在科技发展目标中提出了一些超常规发展指标和重点科技任务，且内涵丰富、覆盖科技工作各个方面。应该说，这种超前且宏观的目标如果不进行分解，难以有效落实。

一般而言，科技规划目标分解首先依托高级别的专门机构和顾问委员会进行总体明确，就"重点领域"或对"重要问题"达成共识，来确保落实科技规划目标；其次，从宏观到微观进行层层拆解，将科技规划的总体目标细化为具体的项目目标（韩志凌等，2023），进而按照责任分工和具体要求，让规划实施的各方主体围绕领域发展目标，通过相关重点措施来部署科技规划和项目；

最后，制定相应的年度目标或阶段目标，形成"规划目标—科技规划/政策—项目/措施"的贯彻落实链条，有力支撑规划目标的实现（陈光，2022）。

2.1.1 分解为细化目标

我国科技发展目标体系含有两个层次（图2-1）。

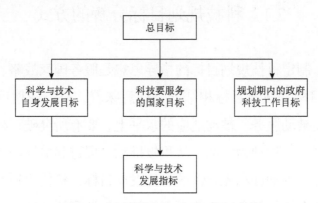

图2-1　我国科技发展目标体系层次结构

第一层次是目标部分，由四部分组成：总目标、科学与技术自身发展目标、科技要服务的国家目标和规划期内的政府科技工作目标。第二层次是指标部分，由一些定量和定性指标组成，用以解释、说明和体现科技发展目标。其中，总目标是要明确科技要服务的国家目标。分目标要指明国家科技发展的阶段性目标和方向，并含有主要的考核指标。

将目标分解为国家目标与政府目标。国家科技发展目标与政府科技发展目标是两个不同层次的目标。所谓国家科技发展目标，就是从国家整体、长远利益出发，面向全国、全民提出的总体科技发展目标，可称为国家科技发展的总体目标。国家科技发展目标应对国家科技发展的总体战略和方向具有指导意义。所谓政府科技发展目标，是指在国家科技发展目标框架内，从政府职能作用和可行性的角度出发，制定出的政府科技工作要具体实现的目标，有可操作性和可实施性的计划、任务和措施相对应。政府科技发展目标应是对政府机关科技管理工作的指引及其绩效的考核标准。科技规划中的科技发展目标，首先应是第一层次上的目标，即国家科技发展目标，然后在此基础上形成政府科技发展目标。区分国家科技发展目标和政府科技发展目标，更有利于政府根据目标组织力量来落实。

　　将目标分解为定量指标和定性指标。国家科技发展目标和政府科技发展目标通常都是定量指标和定性指标相结合的发展趋势目标体系。例如，2016年，国务院印发的《"十三五"国家科技创新规划》的目标中，总体目标既包括定性指标又包括定量指标，表述为"国家科技实力和创新能力大幅跃升，创新驱动发展成效显著，国家综合创新能力世界排名进入前 15 位，迈进创新型国家行列，有力支撑全面建成小康社会目标实现"。而政府科技发展目标以定量指标居多，包括：科技进步贡献率、研究与试验发展经费投入强度、每万名就业人员中研发人员、每万人口发明专利拥有量、PCT 专利申请量、公民具备科学素质的比例、知识密集型服务业增加值占国内生产总值的比例、全国技术合同成交金额、规模以上工业企业研发经费支出与主营业务收入之比等。评估规划实施情况过程中，会根据定量指标和定性指标分别进行完成情况评估。

　　在我国"十四五"期间，相关部门、行业、地区依据"十四五"国家科技创新重点部署，制定本领域、本部门、本地区的科技创新规划和专项规划，形成了以综合性科技规划进行战略布局，以专项规划具体实施覆盖各领域、各部门、各地的科技规划政策体系。其中，各部门制定一系列专项科技规划，作为落实重大科技任务的载体，提出领域科技创新目标，使得国家层面的科技创新部署的目标和指导方针在全国范围内形成共识。例如，国家能源局、科技部共同印发《"十四五"能源领域科技创新规划》，明确了"十四五"时期我国能源科技创新的总体目标为："能源领域现存的主要短板技术装备基本实现突破。前瞻性、颠覆性能源技术快速兴起，新业态、新模式持续涌现，形成一批能源长板技术新优势。能源科技创新体系进一步健全。能源科技创新有力支撑引领能源产业高质量发展"。同时，从"引领新能源占比逐渐提高的新型电力系统建设""支撑在确保安全的前提下积极有序发展核电""推动化石能源清洁低碳高效开发利用""促进能源产业数字化智能化升级"等方面提出了相关具体目标。交通运输部、科技部联合印发了《"十四五"交通领域科技创新规划》，从关键技术研发、科技创新能力建设、创新环境优化等方面，明确 2025 年、2030 年、2035 年的"三阶段"目标，提出到 2035 年，交通运输科技创新水平总体迈入世界前列，基础研究和原始创新能力全面增强，关键核心技术自主可控，前沿技术与交通运输全面融合，基本建成适应交通强国需要的科技创新体系的目标，对"十四五"国家科技创新重点部署予以领域支撑。

专栏：《"十三五"国家科技创新规划》通过 32 个专项规划细化支撑目标

　　《"十三五"国家科技创新规划》是我国首个国家级科技创新规划，也是"十三五"国家级重点专项规划之一。为落实"十三五"规划，科技部联合有关部门先后发布了《国家科技重大专项（民口）"十三五"发展规划》《"十三五"现代服务业科技创新专项规划》等 32 项专项规划（表 2-1），其中《国家科技重大专项（民口）"十三五"发展规划》为国务院印发的专项规划，其余 31 项为经国务院同意由各部门印发的专项规划。这些专项规划中超半数围绕基础研究、新能源、新材料、先进制造、资源、环境、海洋等民生及高新重点领域进行部署。这些规划都体现了纲要提出的指导方针和创新型国家建设的战略目标，从不同层面和角度分解落实纲要的任务部署，构成了实现纲要目标的规划支撑体系。

表 2-1　32 项专项规划

序号	专项规划名称
1	《国家科技重大专项（民口）"十三五"发展规划》
2	《"十三五"现代服务业科技创新专项规划》
3	《"十三五"农业农村科技创新专项规划》
4	《"十三五"信息领域科技创新专项规划》
5	《"十三五"先进制造技术领域科技创新专项规划》
6	《"十三五"材料领域科技创新专项规划》
7	《"十三五"能源领域科技创新专项规划》
8	《"十三五"交通领域科技创新专项规划》
9	《"十三五"生物技术创新专项规划》
10	《"十三五"食品科技创新专项规划》
11	《"十三五"国家基础研究专项规划》
12	《"十三五"国家科技创新基地与条件保障能力建设专项规划》
13	《"十三五"国家科技人才发展规划》
14	《"十三五"空天领域科技创新专项规划》
15	《"十三五"海洋领域科技创新专项规划》
16	《"十三五"网络空间安全科技创新专项规划》（未公开发布）
17	《"十三五"生物安全科技创新专项规划》（未公开发布）

续表

序号	专项规划名称
18	《"十三五"环境领域科技创新专项规划》
19	《"十三五"应对气候变化科技创新专项规划》
20	《"十三五"城镇化与城市发展科技创新专项规划》
21	《"十三五"健康产业科技创新专项规划》
22	《"十三五"卫生与健康科技创新专项规划》
23	《"十三五"资源领域科技创新专项规划》
24	《"十三五"公共安全科技创新专项规划》
25	《"十三五"中医药科技创新专项规划》
26	《"十三五"国际科技创新合作专项规划》
27	《推进"一带一路"建设科技创新合作专项规划》
28	《"十三五"科技军民融合发展专项规划》
29	《"十三五"国家技术创新工程规划》
30	《"十三五"技术市场发展专项规划》
31	《"十三五"国家科普和创新文化建设规划》
32	《"十三五"技术标准科技创新规划》

资料来源：根据公开资料整理。

2.1.2　分解为分阶段目标

分阶段制定阶段目标。我国对《国家中长期科学和技术发展规划纲要（2006—2020 年）》的实施是分阶段制定其目标和任务，即在第一个阶段实施前制定第一阶段目标和任务，第二个阶段实施前制定第二阶段目标和任务（黄宁燕等，2014）。以划分的短阶段目标支撑长期目标，使得长期目标更有把握调整和实现。

划分实施阶段主要需考虑两方面内容：一是整个规划总共划分为几个实施阶段；二是每个阶段需要划分为多长时间。时间阶段划分有时间均等划分和非均等划分两种方式，如《国家中长期科学和技术发展规划纲要（2006—2020 年）》采用的"时间均等划分"，即按照国民经济和社会发展规划的时间段来定，每 5 年划分为 1 个阶段，15 年划分为 3 个均等阶段。中国科学院制订的

《知识创新工程 2020——科技创新跨越方案》实施方案采用的是时间非均等划分，将十年划分为 3 个实施阶段：2010～2011 年为试点启动阶段，2012～2015 年为重点跨越阶段，2016～2020 年为整体跨越阶段。

国际上，以《政府绩效与结果法案》（Government Performance and Results Act，GPRA）和《政府绩效与结果现代化法案》（the GPRA Modernization Act of 2010，GPRAMA）为代表的美国政府绩效管理虽无发展规划之名，但行发展规划之实。在 GPRA 确立的部门层面绩效目标（机构战略规划目标、年度绩效目标）的基础上，GPRAMA 引入了"优先目标"这一管理新工具，涉及长期、中期、短期 3 个不同时间跨度的目标。由于美国联邦政府优先目标、机构战略规划目标均属于长期性的目标（4 年及以上）（陈光和徐志凌，2021），因此 GPRAMA 又将这两类目标进一步细化到了各个年度，即联邦政府年度绩效目标（1 年）、机构年度绩效目标（1 年）。其中，联邦政府年度绩效目标须与联邦政府优先目标一致；机构年度绩效目标不仅要描述对本机构战略规划目标（上级目标）的贡献，还要描述对联邦政府年度绩效目标（上级目标）的贡献。GPRAMA 在确立绩效目标体系时，注重时间跨度上的区分，既包含了长期的战略规划目标（4 年及以上），也包含 2 年以内的优先目标，以及周期 1 年的年度目标，统筹兼顾了长期、中期、短期三种时间跨度的目标，使得规划目标的实现更具有可操作性和可行性。

专栏：《国家中长期科学和技术发展规划纲要（2006—2020 年）》总目标与 3 个五年科技规划目标的分解与衔接

《国家中长期科学和技术发展规划纲要（2006—2020 年）》实施时间跨度达 15 年，通过 3 个五年规划分阶段制定其目标和任务，使得总目标更易把握和实现，但同时阶段目标的衔接性显得尤为重要。"十一五"科技规划与《国家中长期科学和技术发展规划纲要（2006—2020 年）》（以下简称《科技规划纲要》）的编制时间和编制过程是同步的，其内容是协调一致的，阶段目标对总目标实现了有效支撑和衔接；"十二五"科技规划和"十三五"科技规划也从发展目标、总体部署、重点领域及其优先主题、重大专项等各方面逐条落实了《科技规划纲要》提出的战略目标。《科技规划纲要》提出的"自主创新，重点跨越，支撑发展，引领未来"十六字方针始终稳定指导 3 个五年规划目标的逐步衔接，"十一五"科技规划、"十二五"科技规划、"十三五"科技规划的引领方向逐步从最初的自主创新开始转向服务经济、服务社会发展，最后到深入实施创新驱动发展战略，实际上是将《科技规划纲要》提出的十六字方针细化落实至各个阶段。具体见表 2-2。

表 2-2 发展目标分解与衔接

目标及具体目标	《国家中长期科学和技术发展规划纲要（2006—2020 年）》	《国家"十一五"科学技术发展规划》	《国家"十二五"科学和技术发展规划》	《"十三五"国家科技创新规划》
目标	总体目标：自主创新能力显著增强，科技促进经济社会发展和保障国家安全的能力显著增强，为全面建设小康社会提供强有力的支撑；基础科学和前沿技术研究综合实力显著增强，取得一批在世界具有重大影响的科学技术成果，进入创新型国家行列，为在 21 世纪中叶成为世界科技强国奠定基础	战略目标：基本建立适应社会主义市场经济体制、符合科技发展规律的国家创新体系，形成合理的科学技术发展布局，力争在若干重点领域取得重大突破和跨越发展，R&D 投入占 GDP 的比例达到 2%，使我国成为自主创新能力较强的科技大国，为进入创新型国家行列奠定基础	总体目标：自主创新能力大幅提升，科技竞争力和国际影响力显著增强，重点领域关键核心技术取得重大突破，为加快经济发展方式转变提供有力支撑。基本建成功能明确、结构合理、良性互动、运行高效的国家创新体系，国家综合创新能力世界排名由目前第 21 位上升至前 18 位，科技进步贡献率力争达到 55%，创新型国家建设取得实质性进展	总体目标：国家科技实力和创新能力大幅跃升，创新驱动发展成效显著，国家综合创新能力世界排名进入前 15 位，迈进创新型国家行列，有力支撑全面建成小康社会目标实现
具体目标	1. 掌握一批事关国家竞争力的装备制造业和信息产业核心技术，制造业和信息产业技术水平进入世界先进行列。 2. 农业科技整体实力进入世界前列，促进农业综合生产力的提高，有效保障国家食物安全。 3. 能源开发、节能技术和清洁能源技术取得突破，促进能源结构优化，主要工业产品单位能耗指标达到或接近世界先进水平。 4. 在重点行业和重点城市建立循环经济的技术发展模式，为建设资源节约型和环境友好型社会提供科技支持。 5. 重大疾病防治水平显著提高，艾滋病、肝炎等重大疾病得到遏制，新药创制关键医疗器械研制取得突破，具备产业发展的技术能力。 6. 国防科技基本满足现代武器装备自主研制和信息化建设的需要，为维护国家安全提供保障。 7. 涌现出一批具有世界水平的科学家和研究团队，在科学发展的主流方向上取得一批具有重大影响的创新成果，信息、生物、材料和航天等领域的前沿技术达到世界先进水平。	1. 面向国民经济重大需求，加强能源、资源、环境领域的关键技术创新，提升解决瓶颈制约的突破能力。 2. 以获取自主知识产权为重点，加强产业技术创新，显著提升农业、工业、服务业等重点产业的核心竞争能力。 3. 加强多种技术的综合集成，提升人口健康、公共安全和城镇化与城市发展等社会公益领域的科技服务能力。 4. 适应国防现代化和应对非传统安全的新要求，提高国家安全保障能力。 5. 超前部署基础研究和前沿技术研究，提升科技持续创新能力	1. 研发投入强度大幅提高。 2. 原始创新能力显著提升。 3. 科技与经济结合更加紧密。 4. 科技创新更加惠及民生。 5. 创新基地建设再上新台阶。 6. 科技人才队伍进一步壮大。 7. 科技创新的体制机制不断完善	1. 自主创新能力全面提升。 2. 科技创新支撑引领作用显著增强。 3. 创新型人才规模质量同步提升。 4. 有利于创新的体制机制更加成熟定型。 5. 创新创业生态更加优化

目标及具体目标	《国家中长期科学和技术发展规划纲要（2006—2020 年）》	《国家"十一五"科学技术发展规划》	《国家"十二五"科学和技术发展规划》	续表 《"十三五"国家科技创新规划》
具体目标	8. 建成若干世界一流的科研院所和大学以及具有国际竞争力的企业研究开发机构，形成比较完善的中国特色国家创新体系			

资料来源：根据公开资料整理和《国家中长期科学和技术发展规划纲要（2006—2020年）》实施情况专题评估报告，2019 年，南京信息工程大学、东南大学。

2.1.3　分解为央地目标

国家科技规划目标的实现要靠各地各级科技规划相互协调形成合力，进而支撑总体目标，即达到国家规划引导带动、各地规划协调互动、全国科技规划上下联动的效果，因此地方科技规划目标与国家科技规划目标的有效衔接是总体目标分解并实现的重要方式。各级地方科技规划目标原则上是对国家科技规划目标的细化和具体化，但由于各地经济基础、政策环境、科技水平等各具特点、存在差异，并且在创新驱动发展战略中的定位也不尽相同，因此，在目标分解的过程中，地方科技规划在目标制定时，要有意识地去支撑总体目标，一方面，要将国家规划的总体目标与地方实际相结合，按照实际情况和发展趋势形成预期目标，通过科学合理的计划表和路线图来制定方案。另一方面，各地间要注重协调互补，突出各自优势，合理布局科技创新资源，从全国一盘棋的角度，在全国范围内更好地实现优势资源互补，优化配置，避免重复、分散和各自为战（王金颖等，2020）。

2016 年，为更好发挥《中华人民共和国国民经济和社会发展第十三个五年规划纲要》（简称"十三五"规划）的统领和约束作用，正确处理政府和市场关系、调动中央和地方两个积极性、整体推进和重点突破相结合，中共中央办公厅、国务院办公厅印发了《关于建立健全国家"十三五"规划纲要实施机制的意见》（简称《意见》），从明确实施责任主体、抓好重点任务落实、健全相互衔接的规划体系、营造实施的良好氛围、强化"十三五"规划实施监测评估 5 个方面提出了有关要求。在调动中央和地方两个积极性方面,《意见》要求坚持"全国一盘棋",正确处理局部利益和整体利益关系。建立"十三五"规划实施横向纵向协调联动机制,强化对全局性、战略性及跨区域、跨领域目标任务的统筹协调。发挥地方各级政府的积极性,尊重基层首创精神,鼓励地方因地制宜推进"十三五"规划实施。在明确实施责任主体方面,各地区各部门要明确目标任务工作分工,根据有关职责分工,制定"十三五"规划中涉及本地区本部门的主要目标和任务实施方案,以确保"十三五"规划各项目标任务落地;要求主要负责同志抓好主要指标以及重大工程、重大项目、重大政策的落实工作。可以说,《意见》为明确实施责任、创新实施机制、狠抓规划落实、广泛调动各方面积极性提供了具体路径,为"十三五"规划各项目标任务有效完成提供了政策保障。

再如,《政府绩效与结果法案》(GPRA)确立了部门层面的绩效目标,主要是机构战略规划目标和年度绩效目标,在此基础上,《政府绩效与结果现代化法案》(GPRAMA)进一步引入了"优先目标"这一新的管理工具,这是美国历史上首次以法律形式确立中央层面的绩效目标(肖鹏等,2022)。这一创新的中央层面优先目标的引入,大大完善了美国政府绩效目标,并使得目标走向体系化。至此,绩效目标体系涵盖了中央、部门、项目 3 个不同层级的目标。在最高的中央(白宫)层面,GPRAMA 制定了起到统领作用的联邦政府优先目标,它需要由多个部门共同完成。在部门层面,GPRAMA 要求各个联邦部门在制定本部门战略规划目标时,要阐述自身对联邦政府优先目标(即中央层面目标)所做的贡献。在项目层面,GPRAMA 要求各联邦部门明确本部门所负责项目的目标,并相应地阐述这些项目目标对本部门目标所做的贡献(陈光和徐志凌,2021)。

总体而言,这种各地各部门分别负责各自规划的工作机制,可有效加强国家科技规划目标与各地目标、部门目标之间的有机衔接。一方面,可以使科技规划中的总目标得到切实有力的执行与落实;另一方面,可以引导各地执行主体将科技资源进行有效的合理配置,并发挥优势互补作用。

专栏：央地联动 推动《"十三五"国家科技创新规划》目标实现

　　我国实施《"十三五"国家科技创新规划》期间，31 个省（自治区、直辖市）在科技以及经济社会发展规划中，都确立了以自主创新为核心的科技和经济社会发展战略，纷纷提出建设创新型省（自治区、直辖市）的目标，强调以自主创新支撑引领地方产业结构调整和经济增长方式转变。围绕规划的要求，各地方政府积极落实，因地制宜制定相应的政策文件。全国大部分省（自治区、直辖市）研究制定了本省（自治区、直辖市）"十三五"科技创新规划。与国家出台的配套政策相比，地方制定的实施细则涉及的范围更广泛，除涵盖国家出台的实施细则的内容，各地还从实际出发，突出了本地区区域创新的特点；还有些实施细则在国家出台的实施细则基础上，措施更优惠，操作性更强，体现了地方政府落实配套政策的需求和创新性。其中，浙江省、山东省、广东省等地的"十三五"科技创新规划比较有代表性，更明确地体现了对国家科技创新规划的细化和具体化。这三省的科技创新规划目标中有 4 项与国家科技创新规划一致，分别是科技进步贡献率、R&D 经费投入强度、每万名就业人员中研发人员、每万人口发明专利拥有量。有 6 项与国家科技创新指标契合度高，分别是 PCT 专利申请量、公民具备科学素质的比例、知识密集型服务业增加值占国内生产总值的比例、全国技术合同成交金额、规模以上工业企业研发经费支出与主营业务收入之比、高新技术企业数（王金颖等，2020）。三省科技创新主要指标的目标值设定的主要依据为本省当年数据，发挥了创新型省份在全国科技创新建设中的引领作用，同时也体现了本地区对国家科技创新规划指标实现程度的贡献度。

资料来源：

　　王金颖，贾永飞，宋艳敬. 2020. 基于指标分析的各级科技规划协调机制研究[J]. 科技管理研究，40(15): 58-64.

> **专栏：长三角地区支撑《国家中长期科学和技术发展规划纲要（2006—2020 年）》总目标达成**
>
> 长三角地区是我国经济最具活力、开放程度最高、创新能力最强、吸纳外来人口最多的区域之一，在《科技规划纲要》的指导下，上海市、江苏省、浙江省、安徽省均秉承《科技规划纲要》"自主创新，重点跨越，支撑发展，引领未来"的指导方针，制定了各自的科技规划，提出了各自的发展目标，并将各项目标和任务贯穿到各地的科技发展规划中，分阶段持续推进。各地还制定了完善的政策体系，从企业主体培育、人才发展、平台建设、科技成果转化、科技金融支撑等方面加强制度保障，确保各项目标和任务落到实处。
>
> 上海市发布《上海中长期科学和技术发展规划纲要（2006—2020 年）》，根据世界经济发展趋势和国家科技发展战略，结合上海科技、经济和社会发展实际，对上海 2006～2020 年的科技发展作出战略部署。上海市还先后发布《关于促进金融服务创新支持上海科技创新中心建设的实施意见》等配套政策文件，着眼于解决科技成果转移转化的能力问题，大力发展技术转移服务业，形成了一套与科技创新相关的金融、成果转化、创新要素等政策体系。江苏省先后出台《关于实施创新驱动战略推进科技创新工程加快建设创新型省份的意见》《江苏省"十三五"科技创新规划》等重大政策文件，加强科技创新的整体设计和系统部署，进一步强化创新发展的鲜明导向。浙江省先后出台《中共浙江省委关于全面实施创新驱动发展战略加快建设创新型省份的决定》《浙江省社会发展科技创新"十三五"规划》，进一步提高了自主创新能力，切实加强人口健康、资源环境等领域的科技创新，深化科技体制改革，有效支撑了经济社会发展和生态文明建设。安徽省先后研究制定了《安徽省科技发展"十一五"规划纲要及 2020 年远景展望》《安徽省"十二五"科技发展规划纲要》《安徽省"十三五"科技创新发展规划》等文件，把创新驱动发展作为核心战略摆到重要位置，推进技术和产业、平台和企业、金融和资本、制度和政策四大创新支撑体系建设。
>
> 长三角三省一市建立了区域协调机制，共同推进长三角地区落实《科技

规划纲要》。长三角三省一市依据自身资源优势和发展基础，分别提出了建设世界级科技创新中心和先进制造业基地的顶层计划。上海市建设具有全球影响力的科技创新中心；江苏省着力建设具有全球影响力的产业科技创新中心和具有国际竞争力的先进制造业基地；浙江省建设"互联网+"世界科技创新高地；安徽省建设有重要影响力的综合性国家科学中心和产业创新中心，打造世界级创新之都。三省一市从机构建设、金融支持、产业集聚等多方面积极探索，着力推进长三角三省一市世界级科技创新中心建设。

可以说，长三角三省一市通过全面落实《科技规划纲要》，提升自主创新能力的同时，为《科技规划纲要》总目标的达成提供了有力支撑。

资料来源：根据公开资料整理。

2.1.4　分解为可执行的任务/项目

将科技规划目标分解成可执行的任务或项目，可有效保障规划的实施和执行。在对科技规划目标进行分解时，需要确保每项任务或项目都与整个科技规划的目标相一致，也需要避免任务之间的重叠和冲突，同时将每项任务或项目分配给合适的团队成员，并管理进度和预算。

值得注意的是，分解后的任务或项目要有具体明确的研发目标和成果目标。例如，日本第三期《科学技术基本计划》遴选出 4 个"重点推进领域"，分别为生命科学、信息通信、环境、纳米技术和材料；4 个"推进领域"，分别为能源技术、制造技术、社会基础技术、未知领域（宇宙、深海等）（程如烟，2009）。为推进这 8 个领域取得创新成果，日本政府同步制定了各领域推进战略，并从 8 个领域中遴选出 273 个"重要研发课题"。每个重要研发课题都要支撑实现若干个第三期《科学技术基本计划》确立的个别政策目标，都要有明确的贡献。此外，每个重要研发课题还都有明确的"研发目标"和"成果目标"，并明确各政府部门的责任归属。通过 273 个重要研发课题来实现每个研发目标和成果目标，就能有效支撑实现第三期《科学技术基本计划》提出的63 个个别政策目标、12 个中政策目标、6 个大政策目标。也就是说，273 个重要研发课题支撑了规划目标的实现。

　　总体而言，科技规划可以通过项目或任务这一纽带，实现项目研发目标、成果目标与各级规划目标的"对接"。在规划目标的分解环节，通过逐步落实，宏观的顶层理念目标层层落实到符合 SMART 原则的项目或任务目标，形成了"理念—大政策目标—中政策目标—个别政策目标—研发目标—成果目标"的规划目标链条，这样可操作、严谨的目标分解体系，有效地保障了规划目标的落地落实（陶鹏等，2017）。

专栏：国家重点研发计划落实《国家中长期科学和技术发展规划纲要（2006—2020 年）》农业领域优先主题情况

　　国家和部门的各类科技计划是分解《科技规划纲要》目标、落实任务部署的主要资助渠道。2016 年 2 月，我国科技部整合了国家重点基础研究发展计划（"973"计划）、国家高技术研究发展计划（"863"计划）、国家科技支撑计划、国际科技合作与交流专项，国家发展和改革委员会、工业和信息化部共同管理的产业技术研究与开发资金，农业部和卫生和计划生育委员会等 13 个部门管理的公益性行业科研专项等原来国家一系列重大科研计划，正式启动国家重点研发计划。该计划打破了对《科技规划纲要》提出的农业领域 9 个优先主题及其所属的技术方向进行一一对应立项的方式，对优先主题及其所属的各技术方向灵活地整合，从而设立了"七大农作物育种""化学肥料和农药减施增效综合技术研发""粮食丰产增效科技创新""现代食品加工及粮食收储运技术与装备""畜禽重大疫病防控与高效安全养殖综合技术研发""林业资源培育及高效利用技术创新""智能农机装备""农业面源和重金属污染农田综合防治与修复技术研发""蓝色粮仓科技创新"9 个专项，通过立项支持和投入中央财政经费，子项目内容基本覆盖了《科技规划纲要》提出的农业领域 9 个优先主题任务。

　　资料来源：根据公开资料整理。

2.2　科技规划目标分解的基本方法

重视规划目标分解与落地，通过有效的方法对其进行分解，使规划目标得到实现支撑。科技规划的目标分解可以借鉴许多决策方法，可借鉴"司令塔"模式形成"自上而下"的严密目标管理体系，也可参考日本、欧盟等的"问题树-目标树"法，借鉴有关学者总结的"细分法"和"问题导向法"等。具体采用哪种方法，要以实际规划任务、目的为准，根据实际情况综合选用方法。

2.2.1　目标管理

科技规划目标的分解是目标管理中的一环，还需要目标设定、明确责任归属、监测评估、动态调整等方面共同配合，才能保障目标的最终实现。

满足目标设定的 SMART 原则。科技规划目标设定时要注意明确性和可考核性，要满足 SMART 原则。SMART 即具体（Specific）、可度量（Measurable）、可实现（Attainable）、相关性（Relevant）、有时限（Time-bound）。SMART 原则应用在科技规划领域，具体来说，一是具体，设立的目标一是要具体的，目标内容要明确、具体，不能含糊不清，切忌空洞的口号式、原则性的表述；二是可度量，即规划目标要可度量，可以通过某种方式来量化目标的完成情况，可以随时评估进度；三是可实现，制定规划目标要是切实可行的，不能过于理想化或遥不可及，要充分考虑国家的科技资源、水平和发展趋势等因素，确保目标既具有挑战性又具有可行性；四是相关性，规划的发展目标要与上层发展规划目标、原则等密切相关，一个与上级目标无关的目标即使再具体、可衡量，也难以形成合力，激发其活力和效力；五是有时限，规划目标要明确实现的时间期限，这可以保持紧迫感，避免拖延和懈怠，确保在规定的时间内完成目标，可以制定详细的时间表、线路图，明确重要时间节点和重点事件。

注重规划目标的细化分解。国家、部门或地方在制定科技规划时，不仅要提出科学、明确的总体目标，还要将宏观的总体目标不断细化分解。可以通过附件或配套文件等形式"化虚为实"，将规划目标落实到具体的研发内容或政策措施层面。关于目标的分解内容是本章的主要内容，在此不再重复论述。

明确目标的责任归属。规划目标在细化分解之后，还应逐一明确各项目标任务的责任归属，引导科技资源、管理部门、研发机构等围绕着规划目标集聚，并高效、协调运转，切实发挥科技规划的指挥棒作用。明确各项目标的责任归属是日本第三期《科学技术基本计划》加强目标管理的有力措施之一。每个重要研发课题的研发目标、成果目标，都明确了具体的一个部门或多个部门担任责任分工部门。例如，在第三期《科学技术基本计划》的实施过程中，文部科学省成立了专门的审议组织，监督和评估负责 5 个被列为优先研究领域项目（下一代超级计算机、海洋与地球观测系统、太空运输系统、X 射线自由电子激光器、快中子增殖反应堆循环技术）的完成情况（中期研发目标、最终研发目标）以及研发成果的转化应用（成果目标）。其他 273 个重要研发课题也分别由文部科学省、经济产业省、农林水产省、总务省、环境省等负责。我国也有类似的做法，我国国务院办公厅印发《全民科学素质行动计划纲要实施方案（2016—2020 年）》，对四项行动（青少年科学素质行动、农民科学素质行动、城镇劳动者科学素质行动、领导干部和公务员科学素质行动）和六项工程（科技教育与培训基础工程、社区科普益民工程、科普信息化工程、科普基础设施工程、科普产业助力工程、科普人才建设工程）都明确了责任部门，并将有关任务纳入相关部门的工作规划和计划。例如，在青少年科学素质行动中，教育部、共青团中央、中国科学技术协会是牵头部门，中共中央宣传部、科技部、工业和信息化部等 24 个部门是参加单位。这项措施充分明确各部门履职责任，对发挥各自优势，密切配合，以及形成合力提供了强有力的保障。

加强目标的监测评估。建立科技规划"年度监测+中期评估"的动态跟踪机制，明确评估时间点、实施机制、结果运用等。通过监测评估，及时掌握规划目标的落实进展情况，针对薄弱环节加强部署，加快推进。日本第三期《科学技术基本计划》明确提出，在每年年底对实施情况进行跟踪评估，"当实施三年后，开展一次更为详细的跟踪评估，以便对基本计划确定的任务和措施进行动态调整变更"。为此，日本综合科学技术会议于 2008～2009 年进行了中期评估，设立了"基本计划目标实现情况评价的数据收集调查""政府投资的产出成果调查""日本与世界主要国家投入-产出的比较分析"等专题。根据评估结果，及时对有关目标任务进行了动态调整，并将评估结果反映到下一期科学技术基本计划的制定中。

及时进行目标的动态调整。规划的实施周期一般较长，随着规划的执行，当初设立的规划目标可能会偏离实际；并且国内外科技发展形势也在不断变化。因此，有必要根据规划监测评估的结果，及时对规划目标及任务部署进行动态调整。

2.2.2 "目标树"法——用于目标细分的目标管理模式

"目标树"法是按照树形结构对目标进行组织的方法，它把不同的子目标均归类到上一级目标之下。目标树是直接来源于问题树且与问题树有对等的结构，目标树可以从问题树"反转"推演出来，问题反转即为目标，问题相应的多级后果即为预期要实现的多级目标。

"目标树"法是国际发展援助机构（如世界银行、国际货币基金组织等）经常使用的项目分析与规划工具。在科技规划的目标设定上，可以运用"目标树"的原理，通过分层罗列逐级目标，优化科技资源配置、实现战略目标。借鉴国际经验，可以发现不少科技规划实施成效明显的国家和地区已经在运用这种方法。例如，国内研究者们经常研究的日本《科学技术基本计划》，其在制定实施上，形成了独特的层层分级的目标管理体系。首先，由日本中央政府提出宏观指导层面的愿景理念目标，并逐层细化至具体行动层面的个别政策目标；然后，制定配套实施的各领域推进战略，通过研发领域的重点化，遴选出一批重要研发课题，将重要研发课题的研发目标、成果目标与规划的政策目标直接挂钩"对接"，并明确了每项研发目标、成果目标的归口部门；之后，由各部门根据自身归口负责的目标任务，编制申请指南进行科研计划立项，以课题的形式公开招标或以择优委托的方式遴选科研机构；最后，各科研机构按照项目申请指南中确定的目标任务开展科研攻关，确保规划目标得到系统有力的贯彻执行，进而提高科技规划实施的整体绩效。

除日本外，奥巴马政府时期，美国联邦政府推出了机构优先级绩效目标，要求各联邦机构根据联邦政府优先目标确定本机构的战略规划目标，并制定年度和战略目标以及详细的年度绩效计划，还要描述本机构战略规划目标如何对联邦政府优先目标作出贡献，在年底要提交绩效报告。特朗普和拜登政府时期，以目标为导向的绩效管理办法进一步细化，通过明确目标层级，构建了上下联动、有机融合支撑的绩效目标体系，该体系层层递进，服务于美国联邦机构的总体战略目标（吴丛等，2023）。欧盟在经历十年经济动荡、移民挑战和英国脱欧等一系列危机后，"欧盟 2020 战略"提出三大战略优先任务、五大量化目标和七大配套旗舰计划。"欧盟 2020 战略"在确立欧盟层面共同目标的同时，将五大量化目标设计为可分解为差异化的成员国目标，加强了目标实现的可操作性，并要求各成员国围绕五大量化目标制定本国的国家目标。

目标树通过"总目标→子目标→子子目标→……"的层级架构，将最顶层的发展目标层层分解，依次细化明确，下一层级目标的总和就等于上一层级的目标，有效地支撑实现上一层级目标。战略目标通过逐层分解后，更加具体明确、更易于组织实施，也更易于调整、监测、评估和考核。

2.2.3　"问题树"法——用于问题导向型的目标管理模式

"问题树"法是一种常用的以树状图形系统地分析存在的问题及其相互关系的方法。它的原理是把一个已知的问题当成树干，然后将与这个问题相关的后果或者子任务分层罗列，从最高层开始，并逐步向下扩展。每想到一个后果或子任务，就给"树干"加一个"树枝"，以此类推，找出问题的所有相关项目。问题树还有一个关键的部分"树根"，主要用以表达问题的"成因"。问题树可以帮助使用者理清自己的思路，不进行重复和无关的思考。

在科技规划目标分解中，目标导向和问题导向是两种不同的方法论，都可成为解决制约国家经济社会发展、民生改善和国防建设面临的重大科技问题的重要路径。"问题树"法可用于问题导向型科技规划目标分解管理模式，是解决国家科技创新发展面临诸多挑战的有效选择，代表性的实践做法是日本 2010 年以来对科技规划采取的目标分解方式，其目标制定和分解不再以学科或技术为基础，而是以挑战为导向。例如，第四期《科学技术基本计划》（2011～2015 年）更加重视可持续发展和社会发展；受"社会 5.0"愿景的推动，第五期《科学技术基本计划》（2016～2021 年）更加优先考虑社会问题。

最新的计划倾向于强调面向挑战实现关键目标与基于技术或学科的优先目标间的平衡①。2013 年，日本内阁会议通过了《科学技术创新综合战略 2013》，在日本人口减少，且国内经济疲软，产业竞争力、科技创新等方面的国际地位下降的背景下，该战略视科技创新为日本经济再生的引擎，勾勒出包括科学技术创新政策全部内容在内的长远愿景以及为实现该愿景而制定的近期行动计划，明确了未来日本科技创新应攻克的主要难题。

以"问题树"法建立科技规划的问题导向型目标管理模式，一般来说要遵循以下方式。

首先，与"目标树"法一样，需要确立科技规划的战略目标愿景，并结合实际对战略目标进行逐级梯次分解。"目标树"法注重依据社会和经济发展的需求来确定分级目标，而"问题树"则是通过识别和解决现实问题来推动科技发展。目标导向和问题导向结合有助于聚焦重点、难点，在事关全局的重点领域快速取得突破。

其次，需要识别规划致力于解决的重大目标问题。科技规划拟解决的重大问题应该是对规划目标的实现能够产生最主要影响的科技问题，日本第四期《科学技术基本计划》凝练了 3 个"重要问题"和 5 个"直面问题"，2013 年发布的《科学技术创新综合战略 2013》凝练形成了 5 个"政策问题"。问题凝练过程中，请科研机构和科技企业通过调研和分析现实中的问题是一种重要的方式，这使得发挥产业界在科技规划目标设定和分解中的重要作用显得尤为重要。美国在制定科技规划目标前的咨询活动中，由来自产业界的代表发挥顾问职能。另外，产业界在科技规划目标分解落实中也发挥着重要作用，企业开展的研究占美国总研究量的比例较高，其研发资金一方面来自企业自发投入，另一方面来自联邦各部门与机构的基金资助，美国国家科学基金会（National Science Foundation，NSF）也通过"小企业创新研究"（Small Business Innovation Research，SBIR）计划资助工业研究。加强科技规划管理与产业界之间的联系，在组织实施过程中，充分调动企业积极性，有利于动员社会力量凝练实际问题，促进科技规划目标的达成。

---

① 王建芳. OECD 报告分析日本任务导向型创新政策[EB/OL]. http://www.casisd.cn/zkcg/ydkb/kjzcyzxkb/2021/zczxkb202106/202108/t20210809_6155333.html[2023-08-22].

再次，加强各个层面目标的相互支撑性。一方面，要将识别到的重大问题与规划目标相关联，即解决每个问题都能支撑一个或多个规划目标的顺利实现；另一方面，对需要解决的问题提出技术需求和政策需求，并且要注意明确该问题解决对目标实现的具体贡献和支撑力度。将科技规划目标分解为明确的问题，可有效解决科技资源配置分散化、碎片化问题，进一步优化整合科技项目管理体系，改善资源配置，提高创新质量和效率。通过对问题的宏观统筹，可以使国家财力更多地集中在打基础、攻关键、利长远的重大战略问题、基础科学和前沿技术研究上。

最后，"目标树"法和"问题树"法的科技规划目标分解体系各有其优势和应用场景。目标导向的优势在于能够紧密结合社会和经济的发展需求，确保科技规划的实施有实际的影响和贡献；问题导向的优势在于能够深入了解实际问题的本质和特点，提出解决方案并推动科技发展。在实际应用中，可以根据具体的科技规划目标和背景，灵活选择单独运用或结合运用。

2.3　科技规划目标分解的国际实践

世界上许多国家和组织都制定了科技规划并在科技规划的目标分解方面形成了一定的经验，下面列举说明。

2.3.1　美国《政府绩效与结果法案》与《政府绩效与结果现代化法案》

美国官方或民间智库会发布一些关于科技发展趋势及相关计划建议的报告，如《新兴科技趋势报告》(*Emerging Science and Technology Trends*)、《国家人工智能研发战略规划》(*The National Artificial Intelligence Research and Development Strategic Plan*)、《无止境的前沿——科学的未来 75 年》(*The Endless Frontier: The Next 75 Years in Science*)、《关键与新兴技术国家战略》(*National Strategy for Critical and Emerging Technology*)等。

分析总结一下这些报告和战略规划，可以发现，其科技规划目标分解包括：①提取出科技发展的重点和方向。借助各种信息来源，如科技文献、专家意见、市场需求、战略规划等，提取出当前和未来科技发展的重点和方向。

②制定战略性目标。在确定科技发展的重点和方向后，从整体战略的角度明确战略性目标。③分解任务目标。战略性目标是从整体策略角度对科技发展提出的要求，需要进一步将其细化成任务目标，提供更具体的行动指导。

美国联邦政府科技预算绩效评价是目前相对先进和完善的财政科技投入绩效问责机制（吴丛等，2023）。自 20 世纪 90 年代，美国科技预算绩效评价开始在政府绩效评价的框架下运行，按照 1993 年《政府绩效与结果法案》（GPRA）与 2010 年《政府绩效与结果现代化法案》（GPRAMA）的要求，任何一笔联邦财政投入都需要有明确的绩效目标，以便于通过绩效评估保障财政投入的效能。GPRA 要求联邦各机构制定年度和长期战略目标以及绩效目标。GPRAMA 进一步明确要求机构设立跨领域的联邦优先级目标和机构层面优先级目标。至此，对于联邦机构而言，绩效目标系统包括第一层次的机构战略性目标、第二层次的机构优先级目标及其子目标、第三层次的年度绩效目标。更值得注意的是，GPRAMA 要求美国联邦政府每个部门每 4 年要制定相关战略规划，指导相关研究所进行内部研究部署和外部项目资助，使得中央层面和部门层面的政府规划目标、年度目标都与立项项目密切联系起来，从而顺利打通"规划—计划—项目"逻辑链条，既保证规划目标的分解实现，也为监测与评估绩效奠定基础。

专栏：美国展阿尔茨海默病研究项目

2011 年 1 月，美国国会立法《国家阿尔茨海默病计划法案》要求美国卫生与公众服务部（United States Department of Health and Human Services，HHS）建立"国家阿尔茨海默计划"（National Alzheimer's Project，NAP）。由此，美国国立卫生研究院（National Institutes of Health，NIH）组织及资助阿尔茨海默病及相关痴呆症（以下简称"阿尔茨海默病"）相关的重大研究项目的行为被提升为美国国家层面的资助计划，旨在推进科学研究与药物开发以预防和治疗阿尔茨海默病，解决民众沉重的健康和经济负担。

从宏观到微观逐层分解，使国家需求落实为具体的科研项目部署。在《政府绩效与结果现代化法案》（GPRAMA）的要求下，美国联邦政府每个部门每 4 年要制定相关战略规划，以阐述部门使命、要达成的战略目标与衡量进展情况的方法。HHS 最新的 2022～2026 财年战略规划中具体提出了五大方面的战略目标，其中第 4 个方面的战略目标与科学研究相关，即"恢复（公众对科学的）信任，加快科学和研究的进步以造福所有人"。尽管这一战略目标下面又分为 4 个子目标（Strategic Objectives），但总体上 HHS 层面与科研相关的战略目标是相对宏观的，需要 HHS 下属机构 NIH 来落实。为此，NIH 每年都集合学术界、产业界、政府部门、以患者和志愿者为主要代表的社会公众等各类利益相关方举行一次战略研讨，以便将代表科学界意见建议的、国家层面的专门规划[即《应对阿尔茨海默病的国家规划》（*National Plan to Address Alzheimer's Disease*）]和上级部门 HHS 战略规划中的科研目标进一步落实为执行过程中的节点要求（即跨年度绩效目标）。最终，NIH 的战略目标进一步落实为其下属研究所层面[国家老龄化研究所（National Institute on Aging，NIA）和国家神经疾病和中风研究所（the National Institute of Neurological Disorders and Stroke，NINDS）]的战略目标，指导相关研究所进行内部研究部署和外部项目资助，使得宏观的政府目标逐渐微观化和实操化。

尊重科学研究的基本规律，制定阿尔茨海默病研究的三大跨年度绩效目标。NIH 一方面在上级机构 HHS 和组织实施阿尔茨海默病相关研究的下属研究所之间发挥承上启下的作用，另一方面作为美国联邦机构直接接受 GPRAMA 有关战略规划和年度绩效计划的要求，因而 NIH 担当起制定阿尔茨海默病研究的跨年度绩效目标的重任。由于科学研究工作具有不确定性和长期性，这种跨年度、里程碑式的目标更适宜用于科学研究领域的目标管理。这些目标本质上都是 NIH 针对阿尔茨海默病研究提出的"科学目标"（Scientific Research Outcomes，SRO），因此以简称 SRO 加上相应的编号命名。NIH 采用二维的方法来提出科学研究的跨年度绩效目标：维度 1 是实现的难度，划分为高、中、低共 3 档；维度 2 是完成绩效的时间跨度，划分为 1～3 年、4～6 年、7～10 年共 3 档。这两个维度共同构成了 3×3 的矩阵。迄今为止，NIH 分别于 2004 财年、2014 财年和 2018 财年共提出了 3

项阿尔茨海默病研究相关的跨年度绩效目标，分别是 SRO-3.1、SRO-5.3 和 SRO2.8。这 3 项目标在实现难度上是中或高难度，所需的时间跨度都较长。

由此，美国联邦财政投入阿尔茨海默病的研究形成了从 HHS 到 NIH，再到 NIA 和 NINDS，最后到阿尔茨海默病具体科研项目部署的逐层目标，用于实际指导美国联邦财政支持的阿尔茨海默病的科研项目部署和成效评估（韩志凌等，2023）。

2.3.2 欧盟《欧洲研究和创新战略》和"欧盟 2020 战略"

欧盟的《欧洲研究和创新战略》明确了未来科技发展的重点和目标，以实现欧盟的繁荣和生产力增长，提升欧盟的全球竞争力。目标制定后，依据战略制定各个领域的详细规划和具体任务，向成员国下达实施指令。

总结欧盟的科技规划目标分解方式，主要涉及以下几个方面。①制定战略性目标。欧盟的战略首先就是明确未来科技发展的主要目标，如 2014～2020 年版的《欧洲研究和创新战略》的目标就是：优化科学和工程领域的知识值链，提高技术领域的创新能力；促进全球性的解决方案，包括在全球创新领域中的领导地位；通过"领先"的欧盟创新主导战略，实现欧盟市场和社会的转型。提出明确的战略性目标后，欧盟会制定相应的领域目标和具体任务，然后将其传达给各个成员国去执行。②确定领域目标。根据制定的战略性目标，欧盟会进一步确定未来科技发展的重点领域。例如，2014～2020 年版的《欧洲研究和创新战略》确定了以下领域：领先企业，完成从实验室到市场的转化，将研究成果转化为社会实践；全球性挑战，包括能源、食品和水安全、气候变化、疾病防治等，通过协力研发和创新，提高欧盟在解决全球性挑战中的地位和实力；公民社会，加强社会发展和文化领域的科学和人文研究，提高公民的文化素养和科学素养。③制订具体的任务和计划。在确定了领域目标后，欧盟就会制定具体的任务和计划，包括经费支持、政策指导、国际合作等方面的要求，以实现规划目标。为了确保实现规划目标，欧盟成员国需要按照规划制定相应的任务清单和计划，将任务逐步分解至各个实施单位和个人。通过目标分解的方法，每个成员国和每个部门都能有明确的目标和任务，这使得欧盟制定的目标更容易达成。

为应对金融和经济危机，欧盟自 2010 年来出台了一系列推进欧盟结构改革、实现经济可持续增长的政策措施，其中"欧盟 2020 战略"就是继欧盟"里斯本战略"后的又一项战略指导性文件。相对于"里斯本战略"，"欧盟 2020 战略"言简意赅、主题和重点突出，它提出了三大战略优先任务、五大量化目标和七大配套旗舰计划（表 2-3）。

表 2-3　"欧盟 2020 战略"的框架结构：三大任务、五大目标、七大计划

项目	内容
三大战略优先任务	（1）智能型增长：在知识和创新的基础上发展经济； （配套旗舰计划：创新联盟、青年行动、欧洲数字化进程） （2）可持续性增长：资源利用更高效，更加注重绿色发展和经济竞争力，从而推动社会的发展； （配套旗舰计划：高效利用资源、产业政策全球化） （3）包容性增长：培养高就业的经济，形成社会和地域凝聚力 （配套旗舰计划：新技能和新工作计划、消除贫困的欧洲平台）
五大量化目标	（1）20～64 岁劳动人口的就业率从目前的 69% 上升到 75%； （2）研发投资从不足欧盟总 GDP 的 2% 提高到 3%； （3）实现 "20/20/20" 气候/能源目标（即：温室气体排放至少比 1990 年减少 20%，若条件许可则温室气体排放比 1990 年减少 30%；可再生能源使用比例达到 20%；能源利用率提高 20%）； （4）辍学率从 15% 下降到 10% 以下，且青年人口中完成高等教育的比例从 31% 提高到 40% 以上； （5）贫困线以下人口减少 25%，即减少 2000 万贫困人口
七大配套旗舰计划	（1）创新联盟：增加科研创新的资助渠道，确保创造性成果转化成产品及服务，创造和增加就业机会； （2）青年行动：提升和优化教育系统，帮助青年顺利进入劳动市场； （3）欧洲数字化进程：加快构建高速互联网，建立家用和商用统一的数字市场； （4）高效利用资源：有效利用资源、朝低碳经济转变，增加可再生能源的利用、促进运输板块的现代化、提高能源利用率，通过以上这些手段来恢复欧洲的经济发展，摆脱目前的低迷状况； （5）产业政策全球化：提高商业环境（尤其是中小企业），发展强大且可持续性的工业基地，以应对全球化竞争； （6）新技能和新工作计划：促进劳动市场的现代化，增强劳动人口的技能，并通过劳动人口的流动性来提高劳动市场的供需平衡； （7）消除贫困的欧洲平台：通过经济增长和提高就业率来消除贫困及社会歧视，使每个人都能够获得尊严并积极参与到社会活动中，从而确保社会和地域的凝聚力

资料来源：钟蓉、徐离永、董克勤、夏欢欢编译整理，"欧盟 2020 战略"，中国-欧盟科技合作促进办公室，2014 年 4 月

"欧盟 2020 战略"旨在建立一个"智能型、可持续性发展、兼具包容性"的社会。为达到这个目标，"欧盟 2020 战略"提出了三大战略优先任务，为量化三大战略优先任务，设立五大量化目标，并将五大量化目标设计为可分解为差异化的成员国目标，加强了战略的可操作性。为了将目标和行动统一起来，

"欧盟 2020 战略"为三大战略优先任务分别配套了相应的旗舰计划。在欧盟层面，每个旗舰计划均设定了自身的目标和重点任务，直接支撑着头条目标的实现。在各成员国层面，每个成员国均需对照五大量化目标设定相应的本国国家目标，并制定国家改革计划以及稳定和增长计划，继而实施具体项目、出台具体政策以落实这些目标。这种制定欧盟层面措施的同时，分别确定各成员国的相应措施的方式，增强了战略的执行力，达成了对量化目标和旗舰计划的分解。"欧盟 2020 战略"从本质上来说，采用目标任务逐层分解落实的方式，使战略更具体、章程更规范、执行力更强、更具操作性。

"欧盟 2020 战略"注重目标分解的因国制宜和积极约束。由于欧盟各成员国之间存在巨大的国情差异，欧盟允许各国根据本国的实际情况，灵活地制定本国所能达到的国家目标。同时，各成员国在制定本国国家目标时，要与欧盟委员会进行沟通，欧盟委员会给出符合各国国情的目标建议，以此来进行引导和约束。

2.3.3　日本第三期《科学技术基本计划》

日本政府每五年都会出版一份《科学技术基本计划》，该计划明确了未来五年科技发展的主要目标，是日本政府为实现科技创新和经济增长制定的最重要的蓝图，有助于提高科技创新与实践的效率和质量。

该科技规划将战略目标分解成各个部门和机构的任务目标，通过资金支持、政策导向等方式推动实施。目标分解主要包含以下几个方面。①提取科技发展的主要目标和方向。在制定《科学技术基本计划》时，日本政府通过各种信息来源来确定未来五年科技发展的主要目标和方向。这些信息来源包括技术前沿研究、专家意见、社会需求、市场趋势等。例如，第五期《科学技术基本计划》（2016～2020 年）的重点包括以下几个方面：可持续能源、人工智能、量子信息、智能制造、材料科学等。②制定战略性目标。在明确了基本的科技目标和方向之后，日本政府会制定相应的战略性目标。这些目标旨在鼓励和引导科技研究和实践，以实现基本目标和方向。例如，第五期《科学技术基本计划》（2016～2020 年）列出的战略性目标包括：构建创新型社会、提高生产率、优化社会环境、提高竞争力和国际影响力等。③分解任务目标。日本政府将制定好的战略性目标进一步分解为任务目标，以实现科技创新和经济增长。任务目标可以分派给相关部门、研究机构和企业。例如，日本政府设立了"未来创造科学技术研究计划"，用于资助未来科技发展的重点领域，其任务目标包括增强智能机器人、开发新能源、开发高效的极端 UV 光刻技术等。④监督实现情况。日本政府会监督各机构和组织实现任务目标的情况。严格的监督机制有助于保证任务目标的实现和计划的顺利实施。

第三期《科学技术基本计划》在目标设置和目标管理机制方面的做法最为具体，计划从顶层设计出发，结合当时日本确定的"科技创新立国"国家战略，提出了实现 3 个基本理念的战略目标（产生人类的睿智、创造国力的源泉，以及守护健康与安全）。在三大理念之下，设立了"飞跃性的发现和发明"等 6 个"大政策目标"，然后又进一步将大政策目标细化为"发现、解析新的原理和现象"等 12 个"中政策目标"，最后又将中政策目标分解为"通过知识积累形成技术创新的来源，通过创造出世界性的卓越知识，提高日本的影响力"等 63 个个别政策目标。第三期《科学技术基本计划》还根据三级目标确定了生命科学、信息通信、环境、纳米技术与材料 4 个重点领域，能源、制造、社会基础、前沿技术 4 个推进领域，作为日本未来五年科研攻关的重点（表 2-4）。为推进这 8 个领域的科技创新，遴选确定 273 个重要研发课题，且每个重要研发课题的研发目标和成果目标多采用定性与定量相结合的方式确立。例如，"基于基因组信息的细胞等生命功能单位的再现"研发课题，中期研发目标表述为：到 2010 年，揭示生命阶层（基因组、RNA、蛋白质、代谢产物等）的活动状态，将细胞和生命体作为系统进行解释；最终研发目标表述为：到 2015 年，将人、动植物、昆虫等作为生命体系统进行综合的理解，阐明生命的机理。中期目标和最终目标的内容明确具体，也具有较强的考核性，并明确了由文部科学省负责。值得注意的是，各领域重要研发课题的遴选标准之一就是要对实现政策目标有贡献，即每个重要研发课题都对应支撑若干个个别政策目标。也就是说，只要 273 个重要研发课题的研发目标和成果目标都实现了，就能有效支撑实现 63 个个别政策目标、12 个中政策目标、6 个大政策目标，进而最终实现三大理念（陶鹏等，2017）。

表 2-4 日本第三期《科学技术基本计划》政策目标体系及重点领域成果目标

3 个基本理念	6 个大目标	12 个中目标	63 个个别政策目标	8 个领域的 62 项战略重点科学技术目标
1. 产生人类的睿智	①飞跃性的发现和发明；②突破科技的极限	（1）发现、解析新的原理和现象；（2）创造能成为非连续性技术革新的源泉的知识；（3）以世界最高水平的项目带动科学技术	①-1 通过知识积累形成技术创新的来源，通过创造出世界性的卓越知识，提高日本的影响力；……①-5 运用纳米技术现象、特性和原理，创造变革性功能。②-1 探求宇宙的极限领域；……②-6 构筑世界最高水平的生命科学基础	①生命科学：生命程序再现技术；可转化到临床研究与临床的基础研究；……②信息通信：世界最高水准的下一代超级计算机（国家支柱技术）；下一代高级 IT 人才的培养；……③环境：利用卫星观测温室气体和地球表层环境；利用气候模型预测 21 世纪的气候变化；……
2. 创造国力的源泉	③环境和经济的协调发展	（4）解决全球变暖和能源问题；（5）实现与环境友好型、循环型社会	③-1 致力于全世界的地球观测，实现准确的气候预测及影响评估；……③-12 实现温室气体排放、大气和海洋污染的减弱	④纳米技术与材料：解决洁净能源成本大幅度降低的材料技术；解决资源问题中最关键的稀少资源及不足资源的替代能源的创新技术；……⑤能源领域：实现节能型街道的都市系统技术；具有节能实效的先进住宅或建筑物的相关技术；……
2. 创造国力的源泉	④把日本建设成创新者	（6）实现"无所不在"并在世界上独具魅力的网络社会；（7）建设世界第一制造业大国；（8）加强科学技术，实现能在世界上胜出的产业竞争力	④-1 实现世界最便利、快捷的新型通信网络；……④-22 促进纳米技术的社会普及和应用	⑥制造领域：进一步促进"日本制造"的制造技术，立足科学的"可视化"制造技术；克服资源、环境、人口因素的制约，不断创新制造工艺，打造日本的旗舰队；
3. 守护健康和安全	⑤健康活跃的生活	（9）攻克使国民痛苦的疾病；（10）实现人人健康生活的社会	⑤-1 利用基因组信息探明生命机能，克服癌症等疾病，延长健康寿命；……⑤-8 实现人人可享的普惠生活空间和社会环境	⑦社会基础领域：提高减灾水平的国土监视与管理技术；受灾人员的现场救助及防止灾害扩大的新技术；……
3. 守护健康和安全	⑥值得骄傲的安全国家	（11）确保国土和社会安全；（12）保证国民生活的安全	⑥-1 抗灾害能力强的新型防灾减灾技术的应用；……⑥-10 巩固信息安全、保障网络安全	⑧前沿技术领域：高可靠性、稳定性的宇宙运送系统；卫星的高可靠性、稳定性和高功能化技术……

资料来源：根据公开资料整理

2.3.4 国际能源署《2050 年净零排放：全球能源行业路线图》

国际能源署（International Energy Agency，IEA）制定了《2050 年净零排

放：全球能源行业路线图》(*Net Zero by 2050：A Roadmap for the Global Energy Sector*)，从能源发展的全球视野出发，提出了到 2050 年全球能源结构转型的目标，为政策制定和实施提供了指导方针，并推动各国之间进行技术合作和政策协调，旨在提供实现国际温室气体减排目标所需的全球清洁能源发展路线，实现全球清洁能源的可持续发展。

《2050 年净零排放：全球能源行业路线图》的目标内容分解成各个国家的行动计划，包括：①确定主要减排目标。《2050 年净零排放：全球能源行业路线图》是为应对当今的气候变化和能源安全挑战而制定的，其主要目标是实现减少全球温室气体排放的目标，同时促进全球清洁能源的发展。根据该目标，国际能源署确定了各种策略，包括加强技术创新、开发能源存储技术、提高能源效率等。②设定能源领域的中长期目标。国际能源署通过估算各种领域的能源需求，根据全球能源转型的趋势和特点，确立了明确的中长期目标。具体而言，包括了电力、工业、建筑、交通等领域的能源需求，以及相应的减排目标，如到 2050 年实现减少 85%的温室气体排放。③将目标分解至不同的行业和国家。在根据中长期目标把能源需求和减排目标划分至不同领域后，国际能源署将如何实现目标细化到具体国家和行业水平上。国际能源署通过制定技术路线图、激励政策措施等方式，提出特定行业和国家的发展路径，包括能源生产、能源消费、规划和政策制定等。④督促执行情况。国际能源署通过监督和评估机制，及时反馈相关政策和举措的执行情况，并进一步推动国际社会实现清洁能源目标。其中，监督机制包括国际合作、数据收集与分析以及政策研究。

2.4　本 章 小 结

分解科技规划目标是科技规划得以实施与落地的必要步骤。可以通过分解为细化目标、分阶段目标、央地目标、可执行的任务/项目等，使规划目标明确可考核、具体可测量、预期可实现。通过规划目标与具体政策/重点任务/项目（课题）的对接，形成规划—重点任务—项目（课题）的落实模式，使组织实施自上而下的逻辑链条贯穿打通，使科技规划目标切实落地落实。

第 3 章　科技规划的力量组织

3.1　科技规划实施中的各类主体

随着科技发展与经济社会的关联性不断增强，科技规划的实施日益需要产、学、政密切合作。科技规划实施中的主体分为三类。第一类是统筹协调主体，包括政府相关部门、产业界精英和学术界领军人士。这类主体通过政策引领、创新资源配置和统筹协调等方式，促进各个主体之间的资源共享和协同研发，鼓励科技研发主体投入科技规划的实施。以中国为例，正式程序上，我国的科技规划工作由科技部等相关部门牵头统筹组织和推进；产业界和学术界领军人物参与其中并通过学术关系和社会网络关系发挥非正式协调作用。第二类是科技研发主体，主要包括高校、科研院所、企业。其中，高校主要指高水平的研究型大学。科研院所为独立于高校和企业的研究机构，包括实验室、研究所、研究院、研究中心等多种形式。企业作为科技研发主体，除直接的产品研发外，也设立了专门科研部门，如微软亚洲研究院、中国石化集团石油工程技术研究院、阿里巴巴达摩院。第三类是科技服务主体，为科学技术的产生、应用与扩散提供各类服务，主要包括科技咨询服务、科技贸易服务、科技金融服务、科技传播服务等。国外尤其注意发挥科技服务主体在科技规划实施中的作用。但在我国，科技服务主体的发展还处于初步阶段，可拓展性极强。

3.1.1　统筹协调主体

作为科技规划实施的组织者和推动者，统筹协调主体通过政策制定、创新资源配置和统筹协调等方式，促进各个主体之间的资源共享和协同研发，推动科技规划的顺利实施。统筹协调主体指的是负责组织和推进科技规划实施的政府相关部门，以及参与其中的产业界精英和学术界领军人员等。

在具体的实践中，政府相关部门往往扮演着牵头统筹的角色。政府相关部门通常会承担起组织和推进科技规划实施的任务，对协调各方面资源的合理配置以及项目的有效推进起到至关重要的作用。政府相关部门通过制定相应的政策和计划，引导企业和学术机构加强研发投入，提高科技创新能力。与此同时，产业界精英和学术界领军人物也是非常重要的统筹协调主体。他们除通过正式过程参与统筹协调外，还通常在非正式过程中发挥着更大的协调作用，利用自身的社会网络关系组织各方面资源，协助政府相关部门推进科技规划实施。通过与产业界精英和学术界领军人员的协同合作，科技规划的实施才能够更加高效地进行。

不同国家的统筹协调主体形式有所不同。在英国，政府设立了一个名为"英国国家科研与创新署"（UK Research and Innovation，UKRI）的机构，它整合了七个原有的研究理事会和创新机构，负责协调研究和创新活动，并确保这些活动得到充分的资金支持。在德国，作为主导性的科技部门，联邦教育与研究部（Bundesministerium für Bildung und Forschung，BMBF）是最重要的研发经费投入方，掌管超过一半的 R&D 投入，如 2023 年就约有 215 亿欧元的预算。其主要负责支持德国高等教育、发展职业教育、建立创新生态系统，极大地推动了德国的基础研究与核心技术的发展。此外，德国还设立了许多独立的科技创新机构，如弗劳恩霍夫协会、马克斯·普朗克学会（简称马普学会），它们都致力于推进科技领域的前沿研究。在俄罗斯，政府设立了名为"科学与高等教育部"的机构，它是俄罗斯最高科学管理部门，负责协调国家的科学研究发展、制定相关科技政策和支持高等教育机构。而在日本，政府设立了名为"科学技术创造一体化战略会议"（Council for Science, Technology and Innovation，CSTI）的机构，或称为日本综合科学技术创新会议，由官方与学者专家共同参与，主要负责制定科技规划并推进实施。在美国，白宫设有科学和技术政策办公室（Office of Science and Technology Policy，OSTP）和管理和预算办公室（Office of Management and Budget，OMB），前者负责协调制定政府科技政策，后者则负责分配和监督政府科技支出预算。这些机构都被赋予强化国家级别的科技规划实施，提升科技创新能力的重要职责。

专栏：英国国家科研与创新署在落实《英国研发路线图》中的主要作用

2020 年 7 月 1 日，英国政府发布《英国研发路线图》，希望推动新一轮创新，加强和巩固英国在研究领域的全球科学超级大国地位，通过吸引全球人才及加强国际科研合作、减少不必要的官僚作风、增加科学基础设施投资和重点资助领域及科技转化等方面的部署，大胆改革并确保英国研发系统可以适应今后的挑战。英国政府承诺到 2024~2025 财年将每年度用于研发的公共资金增加到 220 亿英镑，通过研发领域的投资促进新产品、服务和就业机会的增加，推动经济发展，并鼓励和吸引国内和国际企业对英国的研发领域进行投资。

英国国家科研与创新署作为英国政府最主要的科研创新资助机构，在组织实施《英国研发路线图》中被给予重任，以确保与该路线图相关的科技创新活动得到充分的资金支持。具体来看，英国国家科研与创新署在落实《英国研发路线图》方面主要发挥的作用有以下几个方面。

一是作为统筹协调主体，确定优先支持的领域和方向。英国国家科研与创新署参与《英国研发路线图》相关的整个研究和创新领域，并与科技成果的终端用户以及更广泛的社会公众一起，提供有助于为《英国研发路线图》带来的投资增量确定优先资助次序的关键信息。实际上在英国国家科研与创新署成立之前，其下属的七个研究理事会也承担这一职责。例如，基本的识字能力是在现代社会生活的基本技能。然而，当前英国一部分人口的识字技能很差，这限制了他们的生活，并导致一系列不良的健康、社会和经济后果。基于此，英国国家科研与创新署下面的经济和社会研究理事会（Economic and Social Research Council，ESRC）决定资助与阅读方法有关的研究，并提出了一种全新的被称为"综合拼读"的阅读方法，该方法对那些最挣扎的孩子特别有帮助。这些孩子在 7 岁前学习综合拼读法，在 11 岁时的阅读成绩会有 0.1 个标准差的提高。根据学生未来收入的增长情况，按当前贴现价值计算，每个学生未来收入的增加折合当下的价值在 3300～8800 英镑。

二是设立未来领袖奖学金计划，支持英国科技创新人才的成长。英国国家科研与创新署未来领袖奖学金是一项 9 亿英镑的基金，旨在为英国商界和学术界的研究与创新领域培养世界级的领导者。该计划支持具有杰出潜力的早期职业研究人员和创新者开展雄心勃勃和具有挑战性的研究和创新，并发展自己的职业生涯。迄今为止，英国已有 200 多名研究员参加了该项目。研究员在广泛的领域开展工作，从改革移动网络以帮助满足对连接设备和数据日益增长的需求，到在肯尼亚和莫桑比克制定可扩展和可持续的青少年孕产妇心理健康干预措施。40% 的奖项授予了非英国公民，这吸引并留住了来自全球的人才。英国国家科研与创新署开发了新的方法，允许更多的研究员与企业合作，促进人员和思想在各个部门之间的流动，并创建了一个完全开放的权限，以确保新颖的跨学科项目无障碍推进。

三是推动多样化的、交叉合作的科研文化，并发挥科技咨询作用。平等、多样性和包容是科研文化的一个重要方面，改善科研文化需要多方面的回应。英国国家科研与创新署将制定并推出大胆的举措，以提升科研人员的参与度、保持人才队伍的稳定，并促进研发人才的多样性。英国政府通过与国家科研与创新署合作，建立旨在减少无效做法的目标和标准，通过提高透明度和推行问责机制，确保科研和创新使公众受益。同时，英国国家科研与创新署将与政府、其他研发资助者和地方机构的代表合作，探索新的基于地方的咨询职能，寻找机会深化国家机构、地方分权机构和地方之间的关系，以便更好地为国家、地方分权机构和地方经济增长计划的制定和实施提供信息。

资料来源：

吴秀平，李宏. 英国发布研发路线图，推动新一轮科技创新[EB/OL]. http://www.casisd.cn/zkcg/ydkb/kjzcyzxkb/2020kjzc/zczxkb202009/202010/t20201015_5717032.html[2024-04-09].

HM Government. UK Research and Development Roadmap[EB/OL]. https://assets. publishing.service.gov.uk/government/uploads/system/uploads/attachment_data/file/896799/UK_Research_and_Development_Roadmap.pdf[2024-04-09].

在未来的科技规划实施中，统筹协调主体将继续发挥至关重要的作用。政府、产业界、学术界等不同主体应该充分认识到其在科技规划实施中的重要性，并积极参与其中，通过协作共同促进科技创新和经济发展。

3.1.2　科技研发主体

科技研发主体是科技规划实施过程中负责推动科技创新和实现科技规划目标的核心力量，承担基础研究、应用技术开发和成果转化等任务，有组织地完成国家科技战略和规划。当今世界各国的科技研发主体主要包括高校、科研院所和企业。但在不同国家，三者在科技规划实施中的力量对比因经济、政治和历史等因素呈现明显区别。一般来说，发达国家市场经济发达，企业是科技规划实施的主要推动者，尤其是领军企业的实验室和研究院承担着大量国家科技规划实施任务。而发展中国家在先天市场不足和后发优势指引的双重影响下，往往通过科研院所和高校实现科技规划的目标，科研院所和高校在科技规划的实施过程中占据主要地位。在分工上，高校和科研院所在基础研究和前沿技术领域表现突出，产出形式以专利和论文为主。区别在于，高校涵盖广泛的学科领域，而科研院所具有高度的专业性和针对性。企业在科技规划的实施中往往侧重于科技成果转化，产出呈现实用性、市场性的特点。21 世纪以来，企业界在科技研发中发挥的作用越来越大，各国政府采取各种措施激励企业科技创新。我国致力于强化企业科技创新的主体地位，期望企业能利用超大规模市场优势为中国科技创新贡献更多力量。

3.1.2.1　中国的科技研发主体

中华人民共和国成立初期，党和国家就发挥集中力量办大事的制度优势建立了以中国科学院为核心的国家科技战略研发系统。1957 年 6 月国务院科学规划委员会举行第四次扩大会议，聂荣臻在讲话中指出"我国统一的科学研究体系是由中国科学院、高等学校、中央各产业部门的研究机构和地方研究机构四个方面组成的。在这个系统中，中国科学院是全国的学术领导和重点研究中心，高等学校、中央各产业部门的研究机构（包括厂矿实验室）和地方所属的研究机构则是我国科学研究的广阔的基地"（汪前进，2009）。此外，在国家安全需求的基础上，国防科研机构得到了优先发展，与中国科学院、高等院校、部委科研机构、地方科研机构组成了科技研发的五路大军。但这个时期，我国的科研机构大多处于百废待兴的阶段，存在基础设施薄弱、科研人员经验和能力较为欠缺、科研资金不足等问题，整体研发能力亟待提高。为此，《十二年科技规划》应运而生，"任务为经，学科为纬，以任务带科学"，优先发展经济建设最急需、科学发展最短缺、国家安全最关键的方面。20 世纪六七十年代，我国取得了一系列重大的工业发展和科技突破。事实证明，以国防建设为主、以集中计划为特色、以任务牵引建设起来的科研体系对我国科技和经济社会发展起到了积极的推动作用，以国家需求为导向形成了一个比较完备的科技体制，成为我国科技规划实施的重要基础（薛澜和梁正，2021）。"文革"期间，我国的科技发展面临了一系列挑战，包括研究环境的变动、科学普及工作的减缓以及科技成果应用的难题。直到 1978 年全国科学大会召开后，各类科研主体才逐步恢复和发展。

改革开放以后，中国的科技研发主体在全面科技体制改革中实现从恢复到加速发展。全面科技体制改革中最关键的一步是科技研发类机构从事业单位向企业转制，为新时代创新驱动发展战略奠定了重要基础。1985 年 3 月起，我国开始对各类技术开发类科研机构进行事业单位企业化管理改革，进行科研事业费财政拨款制度改革，鼓励公立科研院所开拓技术市场，推动科研成果商品化、产业化。1999 年 2 月，中央各部委的 376 家科研机构、各省市的 1000 多家地方科研机构，开始从事业单位转为企业，或并入高校或企业，不仅释放了中国科研创新的活力，更充实了中国科技发展的基因，为企业在中国科技规划实施中发挥更重要的作用注入了新鲜血液（李哲，2020）。随着社会主义市场经济的发展，一批高成长性的科技企业快速崛起，为科技创新注入重要动力，被期待成为中国科技研发的创新主体，成为国家战略科技力量。尤其在互联网、通信、新能源等领域，企业研发主体成为相关科技规划实施的主导方，发挥技术优势和市场需求高敏感度，深度参与到大国重器、政府数字化、物联网等建设当中。

1）中国的科技研发主体：高校

截至 2021 年，中国普通高校共有 3012 所。其中，1238 所为普通本科院校，比上一年减少 11 所；32 所为本科层次职业学校，比上一年增加 11 所；1486 所为高职（专科）院校，比上一年增加 18 所；成人高等学校 256 所，比上年减少 9 所。另有研究生培养机构 827 所，其中，普通高等学校 594 所，科研机构 233 所。这 827 所研究生培养机构中仅有 7 所为地方企业举办、民办或具有法人资格的中外合作办学。通过"211 工程"、"985 工程"和"双一流"建设计划，中国高等院校实力得到了显著提升，其中一部分研究型大学在部分领域达到了世界领先的水平。

　　研究型大学的定义和标准并未统一，但较为权威的是卡内基高等教育机构分类法。卡内基教学促进基金会以大学每年授予博士学位的数量、学科领域的规模（博士点的数量）及从联邦政府（纵向）获得的科研财政资助三项指标来划分研究型大学，即研究型大学最重要的标志是学科建设的布局、规模和水平（张振刚，2002）。一般认为，我国的"985 工程"和"211 工程"院校即为研究型大学，与世界科研实力第一梯队的美国比较，我国一流研究型大学研究生培养总体规模偏大，生师比偏高，但博士生培养规模偏小（彭湃和龚雪，2018）。目前，根据各类资料统计，中国共有 420 所左右高校具有博士学位授予权，且平均数量小，研究型大学发展空间较大。

　　中华人民共和国成立以来，高校不仅在科技规划的直接实施中发挥了重要作用，同时通过其人才培养的天然属性，在潜移默化中影响着科技规划的开展和实施。例如，十二年科技规划时期，原子能的和平利用被列为远景规划中 12 项重点任务的第一项。重水，作为原子能反应堆的传热介质和减速剂，同时也是氢弹制造所需的关键原料。在化工"蒸馏"领域，天津大学是我国自主重水生产工业技术的主要科研单位。在余国琮院士的领导下，其研究团队在极其简陋的实验环境中，通过夜以继日的努力，成功地采用创新性的精馏塔级联技术以及多种替代传统精馏方法的创新手段，实现了精馏过程的优化。1965 年，余国琮的多项成果和突破终于形成了我国自主重水生产工业技术，在原化工部的支持下成功地生产出了符合标准要求的重水，为中国核技术的起步提供了坚实的保障。此外，重水分离技术的成功研发，也标志着我国的精密精馏技术进入了一个全新的发展阶段（袁希钢，2022）。"863"计划时期，生物、航天、信息、先进防御、自动化、能源和新材料七个领域 15 个主题项目，被选为我国发展高科技的重点。以航空航天为例，众多高校相互配合、齐心攻关，才使我国成为世界上航空航天事业的重要力量。例如，北京航空航天大学在载人航天工程、无人机、新能源飞机等方面取得了很多重要的成果；西安交通大学也为中国的载人航天、卫星制造、系统集成等方面做出了重要贡献；北京理工大学积极参与一系列具有标志性的项目，如我国空天一体导弹研究、固体火箭发射器研究、高超音速飞行器研究等；南京航空航天大学在新能源航空发动机、卫星通信技术等方面做出了重要突破。新时代，大国重器的推出越来越依托各方科研力量的通力合作。2022 年 6 月 17 日，我国第三艘航空母舰"中国人民解放军海军福建舰"下水。各高校除通过项目委托和资助直接参与以外，还为福建舰的下水提供了坚实的人才基础。上海交通大学、哈尔滨工程大学、华中科技大学、西北工业大学等高校培养了福建舰的总设计师、副总设计师和众多重要工程师。

2）中国的科技研发主体：科研院所

科研院所是中国科技研发的最主要机构，包括国家科研院所和企事业单位的科研机构。其中，国家科研院所一直发挥着中国科技规划实施主心骨的作用。这些机构经历了多次的历史变革和发展。自中华人民共和国成立以来，国家高度重视科学技术的发展，大量投入建设科研院所，如中国科学院、中国工程物理研究院、中国医学科学院等。在改革开放初期，科研院所开始向市场化转型，很多科研院所逐渐成为独立法人单位。20 世纪 90 年代后期，国家对科学技术的投资力度明显加大，科技产出数量和质量显著提升，国际学术影响力逐渐增强。同时，新型科研院所在这一时期逐渐涌现，并且逐渐形成了一批专门从事特定领域研究的科研院所，如北京智源人工智能研究院、之江实验室、中国航天科技集团的科研院所等。当前，中国的科研院所呈现出多元化的发展趋势。由于国家经济建设和社会进步的需要，科研院所不断涌现，并且逐渐形成了一批专门从事特定领域研究的科研院所。这些科研院所具有更强的行业导向性和专业化程度，致力于在各自领域取得科技突破和创新。

科研院所的建设和发展是中国科技创新战略的重要组成部分。历史上，在我国科技规划的实施过程中，科研院所始终扮演着重要角色。例如，"863"计划中，科研院所作为重点承担了多个子课题，取得了许多重大突破和成果。以中国科学院物理研究所为例，该所在"863"计划中承担了多个项目和课题，涉及量子信息、高温超导等方面的研究。例如，该所的科研人员成功实现了单光子的控制和传输，并且在高温超导领域提出了一系列创新思路和方法。该所还在纳米光电子学、量子通信等领域取得了多项重大进展。此外，科研院所也参与了众多国际合作项目，促进国际科技交流和合作。

总体而言，与中国高校一样，科研院所在科技研发领域发挥着不可替代的作用。高校以其丰富的人才储备和人才培养功能，为国家和企业输送了一大批具有创新精神和实践能力的优秀科技人才。科研院所则以其专业化程度和行业导向性，在基础研究和应用研究方面不断探索新的领域和突破口。在未来的科技规划中，高校和科研院所还将继续发挥重要作用，为中国科技创新和社会进步做出更大的贡献。

3）中国的科技研发主体：企业

改革开放以来，随着中国经济持续快速发展，国家高度重视科技领域的创新和发展，越来越多的企业开始积极投入科技研发领域，成为我国科技研发的重要力量。在"十三五""十四五"等科技规划中，企业直接参与科技规划的实施，同时加强与高校、科研院所等科研机构的合作，推动国家科技进步和产业升级。

企业包括国有企业和民营企业。中国的国有企业在经济中占据重要地位，在金融、能源、通信等各行业占据了主导地位。因此，国有企业在科技规划实施中起到了关键作用，特别是在国家战略性产业领域。国有企业依靠自身丰富的资本和人力资源，直接投入国家科技规划的实施中。此外，国有企业在基础设施建设方面具有优势，可以为科技创新和科技规划的实施提供必要的硬件和软件支持。在实际执行的非正式过程中，国有企业在政策制定和执行方面与政府有紧密联系，能够协助政府实施科技政策和规划，同时确保各项措施得以有效落实。改革开放以来，中国企业获得了大量改革红利，民营经济发挥了更大作用。目前，民营经济已经是"56789"的地位，中国 50%以上的税收，60%以上的国内生产总值，70%以上的技术创新成果，80%以上的城镇劳动就业，

90%以上的企业数量均由民营经济贡献。在经济领域已经证明，民营经济增速是影响经济增速的最大决定因素，直接关系现代化建设目标的实现。在科技规划的实施中，以数字领域为例，民营企业在引领发展、创造就业和国际竞争中大显身手。头部的数字科技企业直接影响着中国数字科技的发展和相关科技规划的实施。随着时代的发展，由于数据成为重要创新要素，因此拥有海量数据的平台企业有特别的创新力。大型数字企业也成为数字前沿技术甚至基础研究的重要创新力量。研发投入上，中国研发投入规模前三强都是数字企业。此外，现在大型平台企业不仅是产业技术的主要创新源泉，并且无须面对转化难题，而直接对自己庞大的产业链生态链全链赋能。例如，腾讯科技（深圳）有限公司作为中国领先的互联网企业，在人工智能、大数据和云计算等领域拥有领先的技术水平，在国家科技规划实施中成为新一代信息技术领域科技规划实施的领军者和重要执行者。其他各行各业中，民营企业都持续迸发了强大活力，在国家科技规划实施中发挥了重要作用。例如，华为技术有限公司作为全球领先的通信设备制造商，在 5G 技术研发、云计算和人工智能等领域承担了大量国家科技规划课题，处于世界前沿地位。比亚迪作为中国领先的新能源汽车制造商，在电动汽车和储能技术方面具有非常高的技术实力。其在国家科技规划的引领下，持续加强与高校、科研院所的合作，推动绿色科技成果转化和产业升级。

当前，在中国的科技研发领域，企业已经成为最具活力和潜力的主体之一。企业通过积极参与国家科技项目，以及加强与高校、科研机构等的合作，推动科技成果转化和产业升级，为推动中国科技进步和经济发展做出了重大贡献。随着中国经济的不断发展和科技创新力的持续提升，企业在我国科技研发领域中的地位和作用将会不断增强。未来，中国的企业将继续通过实践与创新，为推动科技进步和社会发展做出更大贡献。

总体来看，中华人民共和国成立以来，国家科研院所在科技规划的实施中一直处于主心骨地位，作为国家队，承担了大量科技攻关任务。高校在科技研发中也发挥了重要作用，不仅承担了国家和地方的众多科技任务，而且通过教育教学活动、学术会议、论坛等方式在创新人才培养方面发挥了重要作用。近年来，在诸多领域，企业研发主体迸发了强劲的活力，成为科技创新和经济增长的重要引擎。

3.1.2.2　美国的科技研发主体

1）美国的科技研发主体：高校

在高等教育规模、科研实力和对世界高等教育的影响等方面，美国高校处于领先地位。1930～2009 年，所有诺贝尔奖获得者中美国人约占 60%，各类大学排行榜单中美国院校均处于前列，全世界高被引作者中美国断崖式第一，这些数据从侧面反映了美国在高等教育和科学研究方面的领先地位。而美国卡内基小组的研究表明，美国一半以上的经济实力是从它的教育制度中获得的。美国高等教育体系在多个维度上具有开创性，包括发达的私立高等教育，多元化、市场化的高等教育投资机制，以董事会为主导的大学治理架构，以及类型多样的高等教育机构等（沈文钦和王东芳，2014）。从数据上看，美国共有高等院校 4300 多所，其中包括四年制大学、两年制社区学院、职业技术学校等各类型高等教育机构，50%以上为私立院校。市场机制在美国大学竞争中被充分发挥，各州各大学拥有充分的自治权，为了学校发展，各大学不断调整自己的课程设置、招生政策、教学方法，以及开展科研和创新活动。

截至 2021 年，美国有极强研究型大学 146 所，强研究型大学 133 所，研究型/专业型大学 187 所，共计 466 所研究型大学，在数量上占全部高校的 10%左右，但获取了超过 90%的高校专利[①]。在美国的科技规划实施体系当中，研究型大学不仅大量承担了各类国家科技发展任务，而且建立了优势学科交叉、校校合作、产学合作的全方位合作框架以实现科研创新和技术转移。美国的研究型大学是美国科技规划实施过程中重要的科研主体，尤其在基础研究和人才培养方面发挥着主要作用。2013 年 4 月 2 日，美国总统奥巴马宣布启动"推进创新神经技术脑研究计划"（简称"脑计划"），美国大学积极投入到探索大脑相关的生物学、物理学、动力学、社会学和行为科学当中。2014 年，"脑计划"项目取得了首次重大进展，北卡罗来纳大学医学院的研究团队发现了一种控制实验动物

---

① American Council of Education. Carnegie classification of institutions of higher education[EB/OL]. https://carnegieclassifications. acenet.edu/carnegie-classification/classification-methodology/(2023-03-25)[2023-04-05].

大脑神经回路，从而较为有效地操控其行为的方法。此外，受"脑计划"资助的研发成果中，西弗吉尼亚大学和弗吉尼亚大学的研究人员研发出可穿戴式正电子发射断层扫描仪；哈佛大学的研究团队绘制出了"Z-BRAIN"的鱼脑图集，为研究人脑运行提供了新的方法；旧金山大学、加利福尼亚大学的研究人员发现了一种新生脑细胞的基因组合高效检测方法（伦一，2017）。

2）美国的科技研发主体：科研院所

美国科研院所作为国家科技规划执行的主要力量之一，通过对外资助和直接参与的形式扮演着重要角色。在美国国家科研系统内，国家实验室是科研院所体系中最为重要的组成部分。这些实验室主要隶属于国防部、农业部、卫生与公众服务部、能源部、国家航空航天局（National Aeronautics and Space Administration，NASA）、国家科学基金会等联邦政府部门或机构。

目前，美国约有 43 个国家实验室，约占美国政府 R&D 投入总额的 10% 左右（李阳，2022）。其中，洛斯阿拉莫斯国家实验室、橡树岭国家实验室、肯尼迪航天中心等都是世界知名的国家实验室。这些实验室在国家科技规划中扮演着至关重要的角色，通过开展各种科学研究、技术创新和产业发展项目，推动了国家科技进步和产业升级。21 世纪以来，美国出台了大量关于量子信息、人工智能等高精尖技术的科技规划，大量国家实验室都参与其中，如橡树岭国家实验室。2023 年《科学》杂志评选的十大突破中，美国橡树岭国家实验室的 Frontier 成为首台向科学用户开放的百亿亿次计算机，它能够以每秒百亿亿（10^{18}）次的运算速度应对从气候到材料等各领域的挑战。此外，美国阿贡国家实验室的百亿亿次计算机目前正在进行最后的调试，准备向用户开放。百亿亿次计算的威力已经初显，美国劳伦斯·利弗莫尔国家实验室和桑迪亚国家实验室使用 Frontier 提高了美国能源部主要全球气候模型的分辨率，有望大幅提高气候变化预测精度。此外，经过对国家实验室的效率改革和市场化，美国国家实验室的科技成果转化水平提高，在各种法案的保障下持续推进军用与民用产业应用，取得了一定成果。例如，《拜杜法案》（*Bayh-Dole Act*）的实施为联邦实验室技术成果转移提供了法律依据和保障。此外，美国政府还鼓励联邦实验室与产业界开展合作，共同研发和推广新技术、新产品，以促进科技创新和经济发展。

总之，美国的国家实验室作为重要的科研院所组织形式，在国家科技规划中扮演着至关重要的角色，通过各种方式参与国家科技规划的制定和执行，推动了科学研究和技术创新的进步，促进了产业发展和经济增长。

专栏：美国的国立科研机构——以美国国立卫生研究院为例

美国国立卫生研究院（NIH）的历史可以追溯到 1887 年，当时，美国公共卫生服务局（Public Health Service, PHS）的前身美国海事医院服务署(Marine Hospital Service, MHS)创建了一个单室实验室，用于研究霍乱和其他传染病。该实验室逐步发展，直至 1930 年，《兰斯德尔法案》将卫生实验室正式命名为美国国立卫生研究院，授权 750 000 美元用于为 NIH 建造两座大楼，并建立了一个奖学金系统。时至今日，NIH 已经发展为由 20 个研究所、1 个国立图书馆和 6 个研究中心组成的庞然大物，负责主导美国生物医学、健康科学、心理学和社会科学等相关领域的基金分配和监督评估工作。NIH 的使命是寻求有关生命系统的性质和行为的基本知识，并应用这些知识来增强健康、延长寿命并减少疾病和残疾。其每年投入约 480 亿美元进行医学研究，其中 83%用于支持 NIH 外部的大学、医院和其他研究机构。

在 NIH 的国家统一规划项目中，最早的一项计划为 1971 年国会通过的"向癌症宣战"（War on Cancer）计划。迄今为止，仅 NIH 在该计划的累计投入就已经超过了 1000 亿美元，若加上制药厂商、私人基金会和州政府投入的资金，总数将远超 1000 亿美元。21 世纪以来，各门类的科学前沿面临的难题越来越复杂，攻坚克难愈来愈具备长期性、复杂性的特点。癌症是一个复杂的问题，它并非单一的疾病，而是解剖学和病理学上差异巨大的各类疾病的总称，目前已知的亚型已超过 100 种。这样的大难题需要长期的多学科协同作战，需要政府持续不断地关注和投入。NIH 旗下的癌症研究所在这项任务中起到的统筹协调作用是至关重要的。它整合了多个研究机构和不同领域科学家的工作，避免了重复，填补了空白，使国家资金和珍贵的病理标本得到最有效的共享，并保证了研究数据向外界公开。然而，就目前的进展而言，"向癌症宣战"计划在早期阶段并未取得显著的成果，一个重要原因是当时生物医学研究手段的缺乏。半个多世纪以来，分子生物学的进展，尤其是人类基因组计划的实施，已经改变了这一局面，癌症研究有望在分子水平上解决某些根本性的问题。

资料来源：

颜宜葳. 2010. 美国国立卫生研究院简介[J]. 科学文化评论, 7(5): 126-129, 1.

National Institutes of Health (NIH). https://www.nih.gov/[2023-04-05].

3）美国的科技研发主体：企业

企业在美国的科技创新体系中一直处于主体地位，是研发活动的最大投入者和执行者。美国企业研发投入强度（企业 R&D 投入占 GDP 比例）常年稳定在 1.5%～1.8%（联办财经研究院课题组，2020），截至 2019 年，美国在全球民营企业研发投入强度排名中位列第五[①]。根据福布斯发布的 2022 年全球科技公司排名，全球前 20 的科技企业中，美国占 13 所。在强大的科技创新力支撑下，美国企业在国家科技规划实施当中也发挥着主导作用。例如，量子信息与人工智能、可控核聚变并列为有潜力改变世界的三大战略性科技。为了在量子信息的国际竞争中占领高地，美国出台了《美国国家量子计划法案》等一系列支持量子信息科技发展的政策法规。美国量子信息政策体系的重要目标就是支持企业的创新，如通过商用军用订单、基础设施建设和知识产权保护等方面的措施加强公私合作，通过针对中小企业的专项资助、人才培养来促进生态建设与行业参与，通过实体清单等政策工具保障美国量子企业的技术安全。时至今日，在各国量子信息规划实施的企业力量中，美国的量子企业如 IBM、Google、Rigetti 等拥有很强的创新力。除引领科技突破外，美国企业在产业部署、市场融资、国际合作等方面都展现了充分的活力。例如，IBM 量子计算机全球部署已有 60 余台，量子计算公司 Quantinuum 于 2024 年 1 月获得了 3

---

① 美国科学促进会. https://www.aaas.org/news/us-rd-and-innovation-global-context-2022-data-update (2022-05-10)[2023-01-13].

亿美元的融资，美国企业积极参与国际合作以形成"环中国量子算力链"。

3.1.2.3　英国的科技研发主体

1）英国的科技研发主体：高校

高校是英国科技规划实施的重要基地，近年来，在英国政府的政策驱动下，高校日益成为英国科技创新体系的核心力量，与政府、企业和行业组织推动产学合作，开展科学技术的研究与促进成果转化，近年来在合成生物学等优势领域为英国培育和吸引了一批高新技术人才，极大地推动了英国科技规划的实施。英国拥有超过 180 所高等教育机构，在全球范围内其大学系统规模庞大，教育和科研水平领先，人才吸引力强。根据各类大学排名榜单，英国有2～3 所大学处于世界领跑地位，10 所左右处于世界领先地位。

1994 年，英国 24 所一流研究型大学组成了罗素大学集团（The Russell Group），这些大学承担了全英国大学 65%以上的研发经费，创造了全英国 60%以上的一流科研成果（白春礼，2013）。英国大学的传统特色是享有高度的自治，尽管从 20 世纪 80 年代开始，在效能优先的导向下，英国政府进行了一系列改革，大学从完全的自治转变为有条件的自治，但 2017 年英国政府颁布的《高等教育与科研法案》（*Higher Education and Research Bill*）仍强调英国高校的四大核心价值观之一是自治。其高度自治主要体现在三个方面：①经费获取的高自由度，但其主要经费来源是政府，占比 60%以上（白春礼，2013）；②可根据经济社会发展，自主设置专业和学位；③可在内部自主安排使用政府下拨的经费。英国大学是英国产业战略的核心，除开展前瞻性自主研究以外，还承担了大量科技规划实施的任务，其中包括英国绝大多数的基础性及战略性研究任务。

2）英国的科技研发主体：科研院所

英国皇家学会是英国科技规划实施的主体之一，它成立于 1660 年，是全球历史最长、从未中断过运行的科学学会。作为英国科学界的代表，其在创始宪章中就指出，英国皇家学会的使命是识别、促进和支持卓越的科学，推动科学的发展和应用以造福人类。独立是英国皇家学会的根本原则之一，其座右铭

为 "Nullius in Verba"（"不要相信任何人的话"），表达了研究员们决心抵制权威的支配，并通过诉诸实验确定的事实来验证所有论述。虽然英国皇家学会的底色是自由，但在科技阶梯不断抬升的背景下，它无法成为一个完全独立的科学院。在 19 世纪，英国皇家学会就引入了议会拨款制度，时至今日，其与政府合作共赢，以科学、创新和技术部（Department for Science, Innovation and Technology, DSIT）为主的英国政府的财政支持对学会起到了重要作用，学会也在英国科技规划的实施中发挥着重要的科研资助、咨询和监督作用。英国皇家学会本身不是科技研发主体，而是提供科技规划制定的咨询和参与科技规划的实施，如确定优先领域、科研经费的资助、人事任免、促进知识与技术转移传播等。英国皇家学会总体上分为物质科学领域和生物科学领域两大领域，并下辖计算机科学（第 0 分部委员会）、数学（第 1 分部委员会）、工程（第 4 分部委员会）、卫生与人文科学（第 10 分部委员会）等 12 个学部委员会。在英国皇家学会的历史上，很多重要的科学家都是其会员，如牛顿、达尔文等。此外，英国也有很多其他承担大量国家科技规划实施的科研院所，如英国国家物理实验室。英国国家物理实验室作为国家计量研究所和公共部门研究机构，其职责是支持政府政策的实施。它与包括英国气象局、环境局和国民保健制度（National Health Service, NHS）在内的部门和机构合作，参与清洁增长、人工智能和数据、未来交通运输和社会健康等优先领域。例如，英国国家物理实验室的研究包括提高空气质量监测的准确性，支持新氢技术的开发以及设计绘制癌症肿瘤的新方法。此外，他们还正在建立英国在量子技术等新兴领域测试产品和服务的能力[①]。

3）英国的科技研发主体：企业

企业是英国科技规划实施的主体之一，英国政府一直在构建以企业为中心的创新生态系统。2012 年开始，英国政府发布的《产业战略：英国行业分析》报告、《工业发展战略》、《英国研发路线图》和《英国创新战略：通过创造引领未来》等一系列科技规划都强调要提升企业的科技创新力，发挥好企业在提升国家科技能力和国际科技竞争中的活性能量。政府通过向企业提供财政

---

① National Physical Laboratory. [EB/OL]. https://www.npl.co.uk/(2023-12-25)[2024-01-13].

支持、技术咨询、知识产权保护等措施，促进企业加强科技研发和创新，提高其核心竞争力。同时，政府还通过税收优惠、人才引进等措施，鼓励外资企业来英国设立研发中心，提高英国在全球经济中的地位和影响力。

英国拥有众多知名企业，其中不少企业在全球范围内都具有影响力。例如，根据 2022 年《欧盟工业研发投资记分牌》，全球范围内研发投资最多的 2500 家企业中英国占据了 95 个席位，排名第六。这些英国企业主要专注于生物医疗、金融、计算机软硬件、航空航天、新能源与国防军事等领域。例如，英国制药公司阿斯利康和葛兰素史克在全球范围内都是知名的制药企业，它们在药物研发领域具有较强的实力和优势。此外，英国还有汇丰银行、劳埃德银行等知名银行，这些银行在金融科技领域也有着较强的实力。英国还拥有众多优秀的软件企业，如 DeepMind 公司等，这些企业在软件研发和创新方面也有着很高的水平。近年来，随着英国产业界尤其是高科技产业的实力不断提升，企业在英国科技规划的实施当中发挥着越来越重要的支撑作用。例如，根据 2021 年英国发布的《英国科技的未来》，英国科技产业吸引风险投资 150 亿美元，位列全球第三，其中生物领域表现亮眼。

3.1.2.4　德国的科技研发主体

1）德国的科技研发主体：高校

早期的大学仅定位于教书育人，德国最早将科研作为大学的第二使命。1809 年，威廉·冯·洪堡（Wilhelm von Humboldt）受内政部部长所托担任普鲁士王国内政部文化及教育司司长，负责管理全国科教文事务。他提出"教研合一"的理念，创办了人才培养和知识创新相结合的柏林大学。德国柏林大学的创建标志着研究型大学的产生，在 19 世纪前半叶成为英国、法国、美国等国家学习的楷模。经过第二次世界大战，曾是诸多强国建设现代大学榜样的德国大学在世界名校发展中并不突出。2005 年起，为了提高德国大学的研发能力，联邦政府实施"卓越计划"（Exzellenz Initiative），改变了以往高校由各联邦州自行出资管理的格局，形成了由联邦政府和各联邦州共同资助管理的新格局。通过对青年科学家研究生院、卓越集群、未来发展构想三方面共计 27 亿欧元的资助，德国研究型大学得到了快速发展。2017 年，联邦政府又实施了

"卓越战略"（Exzellenz Strategie），旨在进一步重振德国大学的科研地位与国际声誉。

德国高校的科研重点为基础研究，同时相应的学科领域也进行着应用科学研究。截至 2022 年 3 月 29 日，德国共有各类高校 422 所，其中 120 所为综合型大学，245 所为应用科学大学，57 所为艺术类院校。所有高校中，273 所为公立院校，占比 65%。所有高校中，156 所具有博士学位授予权，占比近 37%。120 所综合型大学为主要的科研力量，其中公立大学 87 所，均拥有博士学位授予权；国家承认的私立大学 20 所，其中 13 所拥有博士学位授予权；教会大学 13 所，其中 10 所拥有博士学位授予权。205 所应用科学大学中，仅黑森州 4 所公立应用科学大学有博士学位授予权[①]。自 20 世纪 80 年代以来，原本以教学为主的应用科学大学也更多地参与和从事科研工作，重点集中在应用研究领域，与企业建立科研合作关系在应用科学大学科研中占主导地位（白春礼，2013）。

2）德国的科技研发主体：科研院所

科研院所在德国科技创新中扮演着至关重要的角色，其致力于推动基础和应用研究领域的前沿研究，并为德国的经济和社会发展提供了强有力的支持。这些机构以其高度的自主权、灵活的组织形式和多元化的资金来源，成为德国科技创新的重要力量，如马普学会、亚历山大·冯·洪堡基金会（Alexander-von-Humboldt-Stiftung）等。这类机构通常由学者或专家自行组建，享有较高的自主权，致力于推进学术界的基础研究和人才培养。因此，这些机构在组织结构上相对灵活，通常由一个董事会或理事会统一管理和指导，具有较高的自主权和决策能力。此外，德国的科研院所还普遍实行民主制度，即每个成员都有表决权并参与重要决策。在资金来源方面，德国科研院所资金来源多样化，包括政府拨款、企业赞助、私人捐赠、基金会资助等。其中，政府拨款是德国科研院所最主要的资金来源，通常由联邦和各州政府共同出资，用于支持基础研究和应用研究等科技创新项目。

德国的科研院所在科技规划实施中扮演着关键角色，通过开展基础研究和

---

① Hochschulrektorenkonferenz. [EB/OL]. https://www.hochschulkompass.de(2022-03-29)[2023-04-15].

应用研究，推动了许多高科技领域的突破性进展。以马普学会为例，其作为德国最大的基础研究机构之一，广泛涉足物理、生命科学、人文社会科学等多个领域，在推动德国科技规划实施中发挥了重要作用。该机构的研究成果被广泛应用于医药、能源、材料等多个产业领域。在工业领域，德国政府为提高国际竞争力制定了多项计划和政策，其中包括"工业 4.0"等。在电能直接转化为生化能的研究中，马普陆地微生物研究所的研究人员开发了一种人工代谢途径，首次将电能直接转化为生化能，使合成高含能材料成为可能。在数字图像处理领域，马普信息学研究所的研究人员开发了 DragGAN 技术，用户可以通过简单的鼠标操作改变 AI 图像，这被认为是 AI 图像处理的下一个重要步骤。可见，德国科研院所作为重要的国家科技规划执行者，为德国在科学技术领域走在世界前列做出了突出贡献。

专栏：德国的产学研融合——弗劳恩霍夫协会

德国的"双元制"职业教育模式曾在很长一段时间内为世界各国学习效仿，校企之间的密切合作为德国培育了一大批高度符合市场需求的高素质技术技能人才。无独有偶，德国在产学研的创新融合中，也一贯坚持了"双元制"的贯通合作精神。受德国包括联邦与州分权在内的特定的社会、经济、历史等因素影响，德国诞生了弗劳恩霍夫协会。弗劳恩霍夫协会于 1949 年成立，是世界领先的应用研究机构，考虑未来的关键技术并商业化是其优先事项。弗劳恩霍夫协会有效沟通了政府、企业和高校，联邦和州政府按 9：1 的比例提供科研资金以及大量的政策支持，企业提供先进的生产条件与市场思维，大学教授的常驻不仅完成了人才培养与输出的闭环，还分担了企业的科研压力。企业从一开始就参与在项目当中，知识和专利在三者之间充分流转，以弗劳恩霍夫协会为重要载体，实现了科研成果向市场的快速转化。在弗劳恩霍夫协会，跨学科研究团队与来自行业和政府的合作伙伴合作，将开创性的想法转化为创新技术，协调和实施与系统相关的研究项目。目前，弗劳恩霍夫协会已经与来自世界各地的杰出研究伙伴和公司开展国际合作，与最杰出的科学界和最有影响力的经济地区保持直接联系。目前，弗劳恩霍夫协会在德国各地拥有 76 个研究所和研究单位，约有 30 800 名员工，主要是科学家和工程师，每年的研究预算约为 30 亿欧元，其中 26 亿欧元被指定为合同研究。弗劳恩霍夫协会合同研究收入的约三分之二来自行业合同和公共资助的研究项目。德国联邦和州政府又提供了大约三分之一的基础资金。此外，德国还依托优势大学建立了大量的大学科技园，链接企业、科研院所、高校，如慕尼黑高科技工业园区。除传统的财政和货币政策支持外，德国还建立了企业孵化器、技术转移机构等系统专业的科技服务体系，值得借鉴。

资料来源：

陈恒, 初国刚, 侯建. 2018. 国内外产学研合作培养创新型人才模式比较分析[J]. 中国科技论坛, (1): 164-172.

Homepage Fraunhofer-Gesellschaft. https://www.fraunhofer.de/en. html[2023-07-10].

3）德国的科技研发主体：企业

在德国的科技研发主体中，企业是一个重要力量。德国的企业在科技研发上的投入非常可观。根据德国联邦统计局的数据，德国企业在 2019 年的研发支出达到了 1287 亿欧元，占全国研发总支出的 68%以上。其中，高科技行业如汽车、机械制造等行业的企业的研发投入更是占到了德国国内的绝大部分，这些行业也成为德国经济的重要支柱。德国企业在科技规划实施中起到了非常重要的作用。德国企业通过资金、人力等多种资源的直接投入，设立其自身的研究机构，如西门子研究院、戴姆勒研发中心等，在技术创新研究上取得一系列的进展。德国发布的《德国 2020 高技术战略》中，蒂森克虏伯集团和西门子公司等企业成功研制出了全球最先进的高铁列车技术、可再生能源等，对德国的经济发展贡献巨大。欧盟第七研发框架计划（FP7）中，宝马集团成功研制出了"i"系列电动汽车，在多项指标上属于世界前列，为欧洲的环保事业做出了积极贡献。

3.1.2.5　日本的科技研发主体

1）日本的科技研发主体：高校

日本高校在日本科技规划实施体系中发挥着至关重要的作用。有学者认为，日本基础研究能够取得今天的成就，日本高校科研体制在其中发挥了某种决定性的作用（节艳丽，2004）。截至 2023 年，日本高校共计 805 所，其中私立大学 620 所，占总体的 77.0%；国立大学 86 所，占总体的 10.7%；公立大学 99 所，占总体的 12.3%；剩下的是专门职业大学和文科省所管外的大学①。

20 世纪 90 年代以来，日本政府面对世界政治、经济、科技格局的调整，强调要重视以基础研究为中心的高校的作用，产业界也强烈要求加强高校科研。以光学领域为例，日本高校在激光技术方面的研究相当活跃。由日本文部科学省资助、东京大学等多所机构联合发起的 ILE 项目，旨在推进高能激光器的研究和应用。该项目拥有世界上最强的超高功率激光器，并开展了一系列重要的实验。此外，东北大学、大阪大学、理化学研究所等单位也积极参与了激光器技术的研究和应用。

2007 年以来，日本在高校实施"世界顶级科学研究中心计划"（World Premier International Research Center Initiative，WPI），致力于在日本高校中遴选高地，建设具有世界影响力的科研中心。截至目前，日本政府一共支持了 17 个 WPI 中心，这些中心一般开展学科交叉融合研究。日本 WPI 建设的几个基本特点主要有：①择优限期资助。一般在十年资助期内为每个 WPI 提供 7 亿日元的经费支持，资助期结束后对每个 WPI 提供 0.7 亿日元的经费支持。目前，已有 17 个 WPI 中心获得资助，其中 9 个 WPI 中心已经结束了 10 年的资助期限。②高水平专家评估。一般 WPI 中心成立后，每年要接受专家指导性评估（听主任汇报，并访谈 10 位科学家）；运行第五年后接受中期评估，一般评估委员会由 15～16 个专家组成，其中一半是海外专家；10 年资助期结束后接受终期评估，评估结果决定是否进入 Academy（进入后日本学术振兴会每年提供 0.7 亿日元资助）。③与国际科技界接轨。为促进日本科技界更好地融入全球科技界，日本政府要求 WPI 中心采用英语为主要工作语言；同时，

---

① 文部科学省学校基本统计(R4)[EB/OL]. https://www.mext.go.jp/a_menu/koutou/kouritsu/ index.htm(2023-03-29)[2023-04-12].

WPI 中心大量聘用海外专家来中心工作，一般采取交叉任职（双聘）的方式；此外，WPI 中心还打破日本学术界传统的薪酬制度，实行基于业绩的薪酬体系。

2）日本的科技研发主体：科研院所

日本的科研院所在日本科技规划实施中发挥着重要作用，为日本的科学技术研究和应用创新作出突出贡献。日本的科研院所在科技研究和应用方面的投入非常可观。根据日本科学技术振兴机构的数据，截至 2020 年，日本所有科研院所年度预算总额达到了 1.7 万亿日元，约合 1564 亿美元。其中，物理、化学、生命科学等领域的研究预算最高，且在大量领域拥有重要的研究成果。科研院所致力于开展基础研究和前沿科技研究，为企业提供了技术储备和借鉴，如太空探索、3D 打印技术、生物医药等领域的突破性发展。例如，日本产业技术综合研究所作为日本的非营利性科学研究机构之一，在日本产业技术综合战略计划中起到了关键性作用。其通过开展基础研究和前沿科技研究，成功研发出了多项具有世界领先水平的技术，如高效 LED、智能机器人等。日本理化学研究所（RIKEN）是日本最大的综合性科学研究机构之一，成立于1917 年，总部位于日本东京。RIKEN 致力于广泛的科学研究领域，包括物理、化学、生物学、医学、材料科学等，其研究范围非常广泛，从基础科学研究到应用研究，再到技术开发。RIKEN 拥有多个研究所和研究中心，分布在日本的不同地区，如位于东京的脑科学研究所、位于筑波的先进科学研究所等。这些研究所和中心都配备了先进的科研设施，吸引了来自世界各地的科学家和研究人员。该研究所在多个领域取得了显著的科研成果，近年来的杰出成果包括表情数据库的开发、安德烈耶夫分子的观测与控制、新型冠状病毒排出与黏膜抗体的关系、女性非吸烟者食管癌与免疫的关系、功能性反铁磁性体纳米线的磁气成像、促进植物发根的新功能氨基酸的确定、高效率动作的波长228nm 的远紫外 LED 等多项研究。RIKEN 不仅在科学研究方面有着卓越的表现，还致力于科学教育和普及，通过各种活动和计划，向公众传播科学知识和科学精神。此外，RIKEN 还与全球的科研机构和大学建立了广泛的合作关系，推动国际科学交流和合作。总的来说，日本理化学研究所是一个在国际科学界具有重要影响力的研究机构，其研究成果对科学发展和社会进步有着深远的影响。

3）日本的科技研发主体：企业

日本企业具有强劲的科技研发能力和创新力。通过开展前沿研究和探索性项目，其成功研发出了多项具有世界领先水平的技术，如超级计算机、高速列车、半导体等。其强大的研发能力来源于资金投入。根据日本经济产业省公布的数据，截至 2020 年，日本企业的研发投入占 GDP 比例高达 3.5%，其中高科技行业的研发投入占比更是在 10%以上，且日本企业的研发开支规模持续增长。

日本企业在日本科技规划实施中发挥着重要作用，为日本的科学技术研究和经济发展做出了积极贡献。产业结构调整和高附加值产业培育计划中，日本电气股份有限公司（NEC 公司）在计算机、通信设备等领域进行了大量投入和研发，在互联网时代打造了多个具有国际竞争力的新兴产业；绿色新技术开发推进计划中，松下电器公司在太阳能电池、节能家电、环保材料等方面进行了大量研究和开发，成功推出了多款绿色产品，并获得了国际认可；健康医疗产业的支持计划中，丰田汽车公司成功地开发出了许多高附加值的医疗产品，在国际市场上获得了广泛的认可，其中包括机器人和医疗设备等领域。

专栏：日本的产学研融合——超大规模集成电路计划

超大规模集成电路（Very Large Scale Integration Circuit，VLSI）计划，是日本在微电子领域的一次重大科技规划。该计划起始于 20 世纪 80 年代初，在个人电脑和消费电子产品市场爆炸式繁荣和以美国为首的西方国家的打压背景下，VLSI 计划的首要目标是发展先进的集成电路技术，提升日本的半导体产业竞争力。为了提升技术水平和市场份额，日本政府和企业决定联手推动集成电路技术的发展。日本通产省推动的 VLSI 计划也成为政府组织实施的产学研合作的典型代表。

在通产省的强行政干预带领下，日立公司、富士通公司、NEC 公司、东芝公司和三菱电机公司五家实力最为雄厚的计算机公司打破了竞争壁垒，共同指派优秀技术人员与日本通产省的电子技术综合研究所、电气技术实验室、电信电话公社联合开发。在联合实验室和小组实验室中，日本的 VLSI 技术，尤其是通用性和基础性的部分得到了前所未有的扩散与创新发展，各企业的核心竞争力均有长足进步，有效地抵御了美国 IBM 等企业的强大攻势。1984 年，日本率先研发出 1 微米制程技术，日本电子技术综合研究所及其所联合的日本企业日立、NEC、富士通、三菱电机等成功研发 1M DRAM，并且 1M DRAM 以及更大规格工艺技术全部采用最为先进的 CMOS 工艺，这标志着美国在 DRAM 领域已经不具备竞争力。日本自此与美国、欧洲成为并列的半导体三巨头。

日本通产省主导的 VLSI 计划鲜明地揭示了国立科研院所在企业之间、企业与大学之间的利益缓冲与润滑作用。具体措施上的共同技术研发、设备投资、人才培育与引进等在产学研合作中是通用的，但美国的 SEMATECH 计划和欧洲的 JESSI 计划效果远未达到预期的根源就在于没有找到共同利益的安放容器。进入 21 世纪后，随着技术的快速迭代和市场竞争格局的变化，日本集成电路产业也面临着一系列的挑战。如何维持其技术领先地位、提升产业竞争力以及与其他国家或地区的合作与竞争关系成为新的议题。

资料来源：

董书礼, 宋振华. 2013. 日本 VLSI 项目的经验和启示[J]. 高科技与产业化, (7): 26-31.

周程. 2008. 日本官产学合作的技术创新联盟案例研究[J]. 中国软科学, (2): 48-57.

周千荷, 吕尧. 2020. 战后日本发展半导体产业的经验分析[J]. 网络空间安全, 11(7): 130-135.

3.1.3　科技服务主体

随着科技的发展，科技规划实施成功的关键因素不仅仅是科技研发本身，还包括科技服务主体在科技创新生态中的贡献。科技服务主体为科技规划实施的各个环节提供了支持和保障。科技服务业起源于西方发达国家，自 20 世纪中后期以来，随着新技术革命和经济全球化浪潮的持续推进，科技服务业在西方发达国家得到充分发展，成为西方发达国家的主导产业和新的经济增长点。我国的科技服务业起步较晚，但进入 21 世纪以后，随着改革开放步伐的加快，产业经济对技术的需求不断升温，科技型企业不断涌现，我国的科技服务业也迎来了蓬勃发展期，现已成为国家大力实施创新驱动发展战略、推动经济提质增效的重要抓手，在国民经济中的地位日益突出。

对于科技服务主体的内涵，目前国内外尚未形成统一界定。联合国教育、科学及文化组织将科学技术服务定义为：任何与科学研究和试验性发展有关的，有利于科技知识的产生、传播和应用的活动。美国劳工部对"专业、科学和技术服务业"的定义涵盖了一系列专门机构，这些机构提供包括专业、科学和技术在内的各类服务。这些服务要求从业人员具备相应的专业素养和训练。各个细分产业根据其专长，为不同行业以及个人客户提供定制化服务。国内学者对于科技服务业内涵的界定观点也不一致。孟庆敏和梅强（2010）认为科技服务业是指运用新兴技术与专业知识，为科学技术的产生应用与扩散提供智力服务，具有较明显的客户互动特征的新兴产业。王富贵和曾凯华（2012）认为科技服务业是为促进科技进步和提升科技管理水平，以科学知识、现代技术手段和分析方法为主要支撑手段，为科学技术的产生传播、应用等科技创新活动提供专业化和社会化服务的新兴产业，是解决科技与经济"两张皮"问题的重要抓手。陈春明和薛富宏（2014）将科技服务业定义为第三产业的一个分支产业，主要包括咨询业、技术贸易服务业、科技信息服务业、科技培训业及其他技术服务业等各类行业。

不仅学术界对科技服务业的内涵界定存在不一致，官方的表述也一直在演变发展，由此也可以看到科技服务业的发展进程。1992 年 8 月，国家科学技术委员会发布《关于加速发展科技咨询、科技信息和技术服务业的意见》，将科技服务业定义为科技咨询业、科技信息业和技术服务业的统称。广东省是最早提出大力发展科技服务业的省份之一，2012 年印发的《广东省科技服务业"十二五"发展规划纲要》将科技服务业定义为"在研究开发链和科技产业链中，不可缺少的服务性机构和服务性活动的总和，主要包括研究与试验发展、专业技术服务、科技交流和推广服务、新兴科技服务等领域"。"十二五"期间，随着经济社会的快速发展，社会对科技服务的需求迅速增长，科技服务业的含义也随之拓展和延伸，科技部将科技服务业重新定义为：科技服务业是为科技创新全链条提供市场化服务的新兴产业，主要服务于科研活动、技术创新和成果转化（广东省生产力促进中心，2021）。

科技服务业主要是为了促进科技进步和提高国家科技创新能力，服务对象主要是科技研发机构、科技需求和使用单位，服务手段主要是利用科技和知识，也具有明显的"科技"特征。基于科技服务业服务对象和服务手段的科技性，再结合已有研究成果，本书认为，科技服务业是运用现代科学技术、知识和信息等要素，在特定区域内为社会创新和科技规划实施的各个环节提供专业化服务的总和，最终促进了科技创新、成果转化和产业升级。

国家层面相关管理部门对科技服务业的类别进行了划分，最具代表性的是2014 年国务院出台的《国务院关于加快科技服务业发展的若干意见》，其将科技服务业划分为研究开发、技术转移、检验检测认证、创业孵化、知识产权、科技咨询、科技金融、科学技术普及等专业科技服务和综合科技服务业。本书认为，涉及科技规划的实施与过程管理的科技服务业主要有研究开发主体、技术转移主体和科技金融主体。其他科技服务主体也发挥重要作用，但与科技规划的实施关联较弱。以创业孵化为例，虽然其是中小企业相关科技规划实施的重要内容，但是本书主要探讨较高层次的科技规划的执行和过程管理，不进行过多讨论。

3.1.3.1　研究开发服务

研究开发是科技创新的基础，研究开发服务是科技服务业最基本的业态类别。研究开发服务是指以自然、工程、社会及人文科学等专门性知识或技能，提供研究发展服务的产业。研究开发服务通常是由高校、科研院所和其他研究机构通过市场服务、产学合作等方式，为企业、政府部门等委托方提供创新所需的外部知识，包括专业技术知识、知识产权或成果、技术商业应用或技术市场化知识等。通俗来讲，研究开发服务主体通常致力于为企业、科研机构和政府部门提供技术创新和产品开发的支持。这些服务包括协助研发、研发外包、技术咨询、试验验证、原型设计等。

钱学森于 1990 年提出了开放的复杂巨系统（Open Complex Giant System）的概念，其基本观点是对于自然界和人类社会中一些极其复杂的事物，从系统学的观点来看，可以用开放的复杂巨系统来描述，解决这类问题的方法是从定性到定量综合集成研讨厅体系。

开放的复杂巨系统是指一个由多个相互作用和相互依赖的子系统组成的整体，这些子系统之间通过信息、能量和物质的交流与协作而形成一个动态的系统。这个系统具有非线性和不确定性特征。随着科学技术发展的复杂性和不确定性日益提高，科技规划的实施与过程管理日益需要更多主体参与进来。除了多家各类主体直接合作以外，目前的科技规划实施当中，技术整合方普遍存在。某个科技规划的主要委托人为某个企业，但该企业在研究中发现有两个困难点为自己所不擅长的方面，于是将这部分的攻关任务委托给其他企业，最后完成技术整合，以高效率、高质量地完成科技规划的目标。但是，这也造成了目前科技规划实施中的一个突出问题——层层外包。因此，规范发展研究开发服务尤其重要，其良性发展有助于真正促进新技术、新产品和新方法的研究和开发，更有效地整合和利用各种科技资源，从而提高国家科技规划的执行效率，保障科技规划的顺利实施。

美国能源部国家实验室在组织科技规划开展时，通常将任务分为核心挑战任务和外包任务。核心挑战任务是指那些需要实验室内部专业人员和设施资源来解决的关键问题和挑战。这些任务通常涉及前沿科学研究、技术开发和创新，其目标是推动能源技术的发展和应用。然而，在实验室资源有限的情况下，为了更好地利用外部资源和合作伙伴的专业知识和设备，实验室也会将一些任务外包给企业或其他科研机构完成。外包任务通常是与核心挑战任务相关但不是直接核心的工作，包括子项目的研发攻关、数据分析、模型建立、实验测试等。通过将这些任务外包，实验室能够专注于核心挑战任务，并充分利用外部专业团队的特长和资源。外包任务的具体执行方式可以采取不同形式，如与企业签订合同进行研究合作，或与其他科研部门共享设备和实验室资源。通过这种合作模式，实验室能够加强与行业和学术界的联系，促进技术交流和知识转移，加速科技成果的转化和商业化进程。这种任务分配策略使得实验室能够更高效地利用资源，将有限的内部专业人员和设备集中用于核心挑战任务，同时借助外包任务的执行，获得更广泛的技术支持和合作机会。这种合作模式也有助于实验室与外部机构建立更紧密的合作关系，促进科技创新和能源技术发展的推进。

3.1.3.2　技术转移服务

技术转移服务是科技服务业的核心内容，大部分科技服务机构的服务内核都是支撑技术转移，某种程度上一个国家技术转移服务水平代表了这个国家科技服务业的整体水平和发展方向。技术转移是指一种技术从其实践领域或起源地，经过特定的转移过程，应用于其他实践领域或地点的过程，包括技术成果、信息、能力的转让、移植、吸收、交流和推广普及等，而技术转移服务就是为上述活动提供支撑服务的活动过程。技术转移服务的具体内容包括系统知识的转移（即技术转移活动本身）、通用知识的转移（即支持性知识的转移）及专有知识的转移（即伴随该技术而产生的专有技术的转移）等。

技术转移办公室（Technology Transfer Office，TTO）的设立是发达国家高校推动科技成果转化的关键策略。从职能来看，对内，作为校内科技成果转移的唯一授权代表，TTO 的主要职责包括知识产权背调、价值评估以及预估商业化路径等方面。通过这些活动，TTO 将发掘知识产权的市场潜力，并推动科技成果的商业化应用。对外，TTO 致力于与各产业领域建立紧密联系，以确保科技成果的转化过程基于最优匹配而非效率原则进行。通过与各行业的合作，TTO 的目标在于推动研究成果转化为产品和服务，促进创新应用的实现。TTO 的组织架构主要可以分为三种类型：外部模式、内部模式以及混合模式。内部模式为 TTO 隶属于高校，为高校的一个部门；外部模式为 TTO 外包给技术转移专业公司，高校内部不设立相关部门；混合模式为高校内部设立技术转移部门，同时由该部门与外部的技术转移公司合作。目前，内部模式占据主流地位。

以斯坦福大学技术许可办公室（Office of Technology Licensing，OTL）为例，其创办于 1970 年，是斯坦福大学专门负责校内科研成果转化的机构，其目标是努力促进斯坦福大学的技术成果转化为对社会有用的工业产品，并在技术许可过程中尽可能多地产生收益，最终回馈教学和科研，进一步支持斯坦福大学的研究和教育事业。围绕 OTL 的主要目标，OTL 形成由执行委员会、许可办公室、高影响力技术基金、知识产权管理集团、工业合同办公室、业务发展与战略营销团队、行政业务运营团队等部门组成的扁平化的组织机构[①]。第一，OTL 模式将专利营销置于工作首位，其强调大学自行设立机构，亲自管理专利事务，并将重点放在专利营销上，以促进专利保护。第二，OTL 采用自收自支的经营模式。它只需在创立时投入基本启动资金，后续费用全部从收入中扣除。因此，OTL 非常注重经济效益，对教职工和学生提交的专利申请进行严格审查和筛选。在收入分配方面，通常遵循共享原则：总收入的 15% 用于 OTL 的运营经费，剩余部分均分给发明者、发明者所在系和学院。第三，OTL 的工作人员都是具备相关领域专业知识的技术经理。他们负责整个流程，从发明的披露开始，包括专利申请和确定授权公司等市场运作。这要求技术经理不仅熟悉工程技术，还必须了解金融、法律等多个专业领域。第四，OTL 拥有严谨、专业的工作流程。首先，发明人向 OTL 提交"发明和技术披露表"，然后由一个技术经理负责全程。技术经理在与各方接触并掌握大量信息后，独立决定学校是否申请该发明的专利。因专利申请费高，OTL 通常在企业有意接受专利后才开展申请，企业商业化条件满足后，技术经理就与企业签约许可，确保该次技术许可有效商业化。最后，OTL 负责收取和分发专利许可收入。

技术许可办公室的运作模式使得各方共赢。对学校来说，采用 OTL 模式使斯坦福大学成为全球大学技术转移的领先者，取得了许多成功的技术转化案例，如 DNA 克隆技术和 ADSL 电话上网技术。截至 2018 年底，斯坦福大学共披露了 12 414 项发明，约有 4000 项专利许可，累计收入达 19.5 亿美元。对教师而言，OTL 建立了与企业之间的联系，使他们能够从企业获得基础研究的资助和反馈信息，可以更好地投入研究中，形成科技成果转化的良性循环。对所在区域来说，OTL 许可的技术成为一些高技术产业增长和壮大的源泉，与硅谷的发展同步。对政府和公众来说，OTL 将由政府资助的大学研究成果

---

① Stanford Office of Technology Licensing[EB/OL]. https://otl.stanford.edu/(2023-12-26)[2024-01-06].

成功转移到企业界，增强了企业竞争力，也为创业企业等小企业提供了技术机遇。中国应该吸取 OTL 模式的经验，大力推动高校、科研院所和企业的技术转移服务发展。在高校和科研院所因地制宜地设立技术转移办公室机制，积极推动企业加入拥有技术转移办公室机制的政府技术转移协会或成果转化中心。

3.1.3.3　科技金融服务

科技金融属于产业金融范畴，是科技产业与金融产业的融合，但由于科技创新的高风险性，两者的融合更多的是科技产业寻求融资的过程，两者也非简单结合，而是高度耦合，是一种机制创新。赵昌文等（2009）在《科技金融》中将"科技金融"定义为"促进科技开发、成果转化和高新技术产业发展的一系列金融工具、金融制度、金融政策与金融服务的系统性创新性安排，是由向科学与技术创新活动提供融资资源的政府、企业、市场、社会中介机构等各种主体及其在科技创新融资过程中的行为活动共同组成的一个体系，是国家科技创新体系和金融体系的重要组成部分"。所以科技金融服务就是为上述一切科技研发主体及科技成果发展、创新等多方创新资源体系提供的融资服务。

科技金融的融资渠道主要包括两种：一种是政府资金通过设立基金或母基金引导民间资本进入科技企业；另一种是科技企业股权融资渠道的多样化。这些渠道包括政府扶持、科技贷款、科技担保、股权投资、多层次资本市场、科技保险和科技租赁等。前者以苏州为例，该市政府借鉴了以色列的科技金融体系，创建了一种独特的"苏州模式"。这种模式以银行为中心，以政府打造的产业环境和政策体系为基础，加强与创投机构、保险机构、证券机构等合作，同时结合科技金融中介机构，如会计师事务所、律师事务所、人力资源机构等，为科技企业的发展提供综合化、专业化的金融服务。后者则随着互联网金融的发展而兴起。科技金融出现了新的融资渠道，如众筹。股权众筹是创业者通过互联网平台展示功能吸引公众投资者投资，并以出让一定股权比例的方式回馈投资者的融资模式。这种融资模式具有广泛的受众、风险分散以及低门槛等特征，非常适合科技型企业融资。例如，北大创业众筹是中国第一家科技成果转化类众筹平台，它引入了科技成果科学化评价体系，为科技金融的科学化发展提供了多样化的选择（闫方玲等，2018）。

未来，科技金融的发展将更加聚焦于以下几个方面。第一，要注重跨界融合。随着大数据、云计算、人工智能等创新技术的广泛应用，科技金融需要与其他产业进行跨界融合，打破传统金融与科技产业之间的界限，为创新企业提供更加便捷、高效的金融服务。第二，政府应继续发挥引导作用，出台一系列优惠政策，鼓励资金及社会资源向科技创新领域倾斜，促进科技金融市场的健康发展。第三，加强风险防范。由于科技创新具有高风险性，科技金融需要建立完善的风险评估和控制体系，强化风险防范意识，确保资金的安全运作。科技金融在推动科技创新和产业转型升级方面具有重要意义，应更多发挥其在科技规划实施中的作用。在科技规划的实施中，要推动科技金融从传统渠道向新兴渠道拓展，不断优化其服务体系，以适应科技快速发展的需求。

3.2　科技规划实施中组织力量的基本方法

3.2.1　以项目支持的方式来组织

在管理学中，项目化管理通过筹集、整合和配置资源，打破传统管理上的限制，提高组织运行效率。同样地，项目制度也成为科技规划实施过程中的重要工具，可以提高科技规划实施的效率。以项目支持的方式来组织是指在科技规划实施与过程管理中，国家将科技目标分解为多个相互关联的项目，并通过委托不同主体来执行这些项目，以实现科技规划的目标。这种方式具有明确的目标、清晰的时间表和严格的预算控制，可以有效地协调不同机构之间的资源和力量，提高科技研发效率和成果转化率。以项目支持的方式来组织强调协作性、灵活性、目标导向性。

根据项目获取方式的不同，以项目支持的方式来组织可以分为竞争性项目和指向性项目。竞争性项目指由多个研究团队或机构提交竞标方案，在评审后获得资助的项目。这种项目可以促进科研机构之间的竞争和创新，提高科研水平和研发质量。指向性项目指由国家对某一领域或问题进行明确规划和定向资助的项目。这种项目可以充分发挥不同科研机构的优势，帮助国家解决当前的重大科技问题，推动战略性科技发展。

根据资金来源、管理层级的不同，以项目支持的方式来组织可以分为国家级项目、地方级项目、企业级项目。国家级项目如国家自然科学基金、国家重点研发计划等。此类项目通常具有严格的申报条件、高竞争性以及较大的资金支持力度，旨在推动国家科技创新能力的提升，支持战略性新兴产业的发展。地方级项目如各省、市自然科学基金、地方重点研发计划等。此类项目与国家级项目相比，资金规模较小，但竞争压力相对较低，主要用于培育地方特色产业和支持区域经济发展。企业级项目一般由企业内部团队或外包团队承接，如企业研究所、企业内部研发项目等。此类项目以市场需求为导向，注重产业链优化与竞争力提升，对技术创新成果的实际应用有更高的期望。

在不同国家中，以项目支持的方式来组织也有不同的实践。以中国为例，国家自然科学基金项目和国家社会科学基金项目就是两个典型的以项目支持的方式来组织的例子。国家自然科学基金项目注重基础研究和原始创新，采取竞争性评审方式，支持优秀的青年科学家和研究团队进行基础研究。近年来，国家自然科学基金已成为全球规模最大的科研基金之一。国家社会科学基金项目则注重社会科学领域的研究和应用，对符合国家战略需求的社会科学研究进行资助。美国在科技规划实施中以项目资助为主要手段，通过联邦资助、产业联盟、大学研究机构等多种方式来推动科技发展。美国政府投入巨额资金，设立各类项目基金，如美国国家科学基金会（NSF）和美国国立卫生研究院（NIH）资助的项目，在各个领域支持大型的科技计划和项目。NSF 作为美国最主要的科技基金之一，通过资助基础研究项目，为美国科技创新提供了强有力的支持。近年来，NSF 逐渐增加对跨学科研究的资助，并促进了科学界和工业界之间的合作。日本在科技规划实施中注重以产业需求为导向，通过委托制度、官民合作等方式来支持科技研发和产业升级。

以美国国家航空航天局（NASA）火星探测任务为例，NASA 以项目支持的方式推进火星探测任务，旨在研究火星的地质、气候和生物潜力。火星探测任务由多个子项目组成，包括不同类型的火星车、着陆器和轨道器等，如"好奇号"、"毅力号"火星车和"宇宙神"5-541 运载火箭等。每个子项目专注于解决特定的科学问题，涉及地质学、生物学、工程学、计算机科学等多个领域。力量组织环节，各子项目之间共享人力、物力、财力等资源，确保资源的高效利用。此外，项目还建立了与高校、科研机构和企业的紧密合作关系，共同推进火星探测技术发展。"Mars 2020"任务由美国加州理工学院喷气推进实验室负责执行，其管理权则由位于华盛顿特区的 NASA 科学任务理事会负责。进度控制环节，项目组织一般采用阶段性管理模式，对各子项目的进度进行跟踪，确保按计划进行。设置关键节点和里程碑，以实现项目目标的顺利完成。

以项目支持的方式来组织也面临很多困境，如可持续性困难。项目具有明确的起止日期、预算限制及可衡量的目标。注重效率性的同时，以项目支持的方式来组织在结项后受到的关注、资源将大大减少，后续成果发展与转化困难，并且现行的科研项目评价体系往往过于注重短期成果和论文发表数量，功利性过强，一定程度上造成了大量高被引论文难以落地。但总体而言，以项目支持的方式来组织是推动科技创新和发展的一种重要机制，在不同国家和领域的科技规划实施中有着广泛的应用和实践。通过不断优化项目管理机制和提高创新能力，我们可以期待一个更加繁荣和可持续的科技创新生态。

3.2.2　以国家科研机构为核心来组织

以国家科研机构为核心来组织是指国家将各种科研机构作为科技规划主要执行单位来推动科技发展。这些机构通常由政府或其他公共机构管理和资助，其研究方向和领域往往与国家战略需求以及经济社会发展需要紧密相关，因而成为国家科技规划实施的重要力量。一般而言，国家通常会授予各个科研机构一定的研发自主权，允许各类研究机构形成不同的研究方向和优势领域。这些机构之间也会形成非正式的科研网络关系，促进科研资源的共享和合作。这些机构层级较高、实力强大，承担了大量国家科技规划的任务，在推动科技创新和发展中具有重要意义。

从我国来看，中华人民共和国成立以来中国科学院作为我国最主要的国家科研机构承担了推动《十二年科技规划》等历次国家科技规划实施的重要职责。这些机构拥有丰富的科研资源和人才储备，并在不同的学科领域形成了优势方向。中国科学院涵盖了自然科学和部分社会科学的各个领域。在科技规划实施过程中，中国科学院通过发挥自身优势，整合各类资源，推动重大科技项目的研发与实施。例如，中国科学院在国家科技重大专项中发挥了关键作用，牵头承担了一系列科技创新项目，如量子信息科学、脑科学与类脑智能、碳中和等领域的研究。同时，中国科学院还可以通过与其他科研院所、高校和企业合作，形成科研合力，共同推进科技规划的实施。近些年，我国政府稳步推进国家实验室建设，通过强化国家战略科技力量，形成国家实验室体系，提升国家创新体系整体效能。国家实验室作为新生的国家科研机构，逐步在国家科技规划实施中发挥着重要作用。以昌平国家实验室为例，该机构定位于满足国家重大需求，作为生命科学创新的上游源泉；提供关键科技支撑，成为重大应急攻关的国家队；联合优势科技力量，占据国际竞争的制高点。

3.2.3　以非法人的研究中心的方式来组织

在科技规划实施过程中，一种有效组织力量的方法是通过建立非法人的研究中心来进行组织。这种方式在许多国家的科技发展中得到了广泛应用，并取得了显著的成果。非法人的研究中心是一种依托于国家或地区政府的科研机构，它与企业组织形式不同，不具备法人地位。该研究中心通常由政府提供资金支持，并聚集了一批优秀的科学家、研究人员和工程师。研究中心根据来源，大概分为三类，企业内部研究中心、高校附属研究中心、非政府组织研究中心。企业内部研究中心如阿里巴巴集团控股有限公司旗下的达摩院专注于前沿技术研究，如人工智能、量子计算和生物识别技术。高校附属研究中心如清华大学的量子科学与技术研究中心，其旨在促进量子科学和技术领域的研究与创新。高校附属研究中心还包括跨领域、跨学校的研究中心，如清华大学—北京大学生命科学联合中心致力于生命科学领域的研究与创新。非政府组织研究中心如世界自然基金会（World Wide Fund For Nature，WWF）在中国设立的研究中心，其专注于野生动植物保护、生态系统恢复和可持续发展等领域的研究。

在科技规划的实施中，非法人的研究中心可以根据项目需求灵活调整其组织结构和人员配置。它能够集结各个领域的专家，形成一个高度专业化的团队，从而提供更加精确和全面的科学研究和技术支持。在这样的基础上，其通常拥有较高的科学自主权，能够根据科学需要进行独立决策，并为国家科技发展提供战略性的支持。

3.2.4　基于大科学装置的方式来组织

　　基于大科学装置的方式来组织是指在科技规划实施中，国家通过建设和运用大型科学设施，为研究人员提供尖端的技术设备和实验条件，从而推动科学研究和发展。这种方式的研究活动通常与特定的大科学装置或基础设施相关联，需要借助这些设施才能展开。在这种方式下，大科学装置往往作为科技规划实施的核心节点和重要资源，在各个领域和项目中发挥着至关重要的作用。同时，这些装置还需要精密的技术支持和严格的管理，以确保其正常运行和高效利用。许多国家设立持续的计划，以建设并更新世界级的研究设施，确保有特色与有价值的研究设施供给科技规划的实施。

　　随着前沿科技日益复杂的发展，大科学装置在诸多领域已经成为科研突破的必要条件。例如，欧洲核子研究中心（European Organization for Nuclear Research，CERN）的运行依赖于数百名研究人员和极为复杂的粒子加速器等多项大科学装置。CERN 成立于 1954 年，总部位于日内瓦西部与法国接壤的边境，是世界上最大型的、由多个国家联合建设和管理的科学实验基地及粒子物理学研究中心。该机构负责提供高能物理研究所需的粒子加速器和基础设施，以支持众多国际合作的实验。CERN 拥有世界上规模最大、能量最高的粒子加速器——大型强子对撞机（Large Hadron Collider，LHC），以及其他先进的粒子加速器和探测器。这些装置为科学家提供了进行实验和观测的理想条件，帮助他们探索物理学、天文学、生命科学等多个领域的前沿问题。此外，该机构还拥有一座大型计算机中心，用于处理和分析实验数据。德国亥姆霍兹联合会（Helmholtz Association of German Research Centres，HGF）是德国最大的科研机构，拥有一批卓越的有些甚至是世界唯一的大型科学基础设施。通过与本国及国际伙伴的紧密合作，HGF 利用自身的大型设备和科学仪器，在对复杂系统进行跨学科的科研上取得了重大成就，是德国科研体制的核心组成部分。美国能源部国家实验室拥有 30 多个大型研究设施，如布鲁克海文国家实验室拥有的国家同步加速器光源、相对论重离子对撞机，橡树岭国家实验室拥有的高通量同位素反应堆、橡树岭领导力计算设施、散裂中子源。凭借着这些大科学装置，美国能源部国家实验室成为高能物理与核物理等领域全球规模最大、综合性最强的研究机构。类似地，中国 500 米口径球面射电望远镜（Five-hundred-meter Aperture Spherical radio Telescope，FAST）是目前全球最大的单口径射电望远镜，它为中国和世界的天文学家提供了一个观测宇宙起源、结构和演化等方面的独特平台。

2022 年 1 月，FAST 通过国家验收进入正式运行。同时，FAST 科学委员会批准了 5 个优先重大项目：①FAST 漂移扫描多科学目标同时巡天（CRAFTS）；②快速射电暴的搜寻和多波段观测；③银道面脉冲星巡天；④M31 中性氢成像与脉冲星搜寻；⑤脉冲星测时。这些项目占据约 50%的总观测时长，系统覆盖 FAST 核心科学目标及快速射电暴这样的新兴前沿领域。

总的来说，基于大科学装置的方式来组织是推动科技创新和发展的一项重要机制，在不同国家和领域中都有着广泛的应用和实践。这种方式通过建设和利用大科学装置，为科学家提供了一个高效、精准的研究平台，为国家科技规划的实施提供了一种有效的手段，推动了科技的进步和社会的发展。

3.3　科技规划实施中力量组织的国际实践

3.3.1　美国国家纳米技术倡议

2000 年，美国国家纳米技术倡议（National Nanotechnology Initiative，NNI）正式宣布，并于第二年正式实施。NNI 是一个跨部门的合作计划，旨在推动纳米科学、工程和技术的发展和应用。自 2001 年启动以来，NNI 已经吸引政府、民间和产业投入了 300 亿美元以上的资金支持纳米技术研究和开发。

NNI 由美国国家科学技术委员会（National Science and Technology Council，NSTC）负责统筹协调。历届政府和国会均对 NNI 的管理主体提供了支持，其中包括克林顿政府、布什政府、奥巴马政府和特朗普政府，以及六届国会。NSTC，成立于 1993 年，是经由总统行政命令设立的内阁级委员会，由总统亲自担任主席，其成员包括副总统、内阁秘书以及负责重大科技任务的机构负责人等白宫官员。美国白宫科技政策办公室（Office of Science and

Technology Policy，OSTP）是 NSTC 的办公机构。NNI 的主要特点在于其跨机构协调机制，旨在加强纳米技术研发的机构间合作，避免重复工作，并广泛吸纳高校、国家实验室以及企业参与（樊春良和李东阳，2020）。NNI 涉及的科技服务主体很多，如民间投资、风险投资 200 亿美元以上的科技金融主体。

NNI 力量组织的主要方式是通过项目资助，通过设立共同的战略、目标和优先领域，指导和影响相关联邦政府机构的预算和计划过程，帮助政府相关机构根据国家的优先发展目标和机构本身的使命投入纳米技术的发展浪潮中。此外，NNI 还通过设立研究中心、基于大科学装置的方式来组织，如引导和扶持纳米科技研发中心和网络的建设、支持纳米科技研发的基础设施网络建设、注重大科学装置的分类管理，推动开放共享、聚集创新要素。

3.3.2　美国"脑计划"

美国"脑计划"是由白宫科技政策办公室发起的政府与民间联合支持的研究计划，旨在推进对人类大脑功能的整体理解，被称为脑科学领域的"登月计划"。

美国"脑计划"的实施以美国国立卫生研究院（NIH）为主导，构建了一个自上而下的多层次组织管理网络。NIH 即为"脑计划"实施的统筹协调主体，是美国"脑计划"的管理机构，也是项目的主要资助机构。正式过程中，作为美国"脑计划"的承载平台，NIH 院长作为美国"脑计划"的领军人，由其组建 NIH 院长咨询委员会的"脑计划"高级别工作组 2.0，内设"脑计划"神经伦理亚组，作为中坚力量和智囊团掌舵"脑计划"的战略方向与落地实施。非正式过程中，"脑计划"高级别工作组 2.0 中的成员由 NIH 院长依靠自身的关系网络召集领域内的顶级科学家组建。美国"脑计划"的科技研发主体为项目的承研方。在 1137 项资助项目中，前 15 位承研机构以高等教育机构为主导。其中，美国斯坦福大学以 42 项承研项目位居榜首，美国麻省理工学院和麻省综合医院紧随其后，共承担了 36 项。此外，美国艾伦脑科学研究所承担了 26 项，冷泉港实验室则承担了 20 项。同时，企业也作为重要的科技研发主体参与进来。美国"脑计划"资助的公私合作项目吸引了众多领先科技企业的参与，如波士顿科学公司和贝莱德公司。通过签订合作研究协议和保密协议，该项目大大简化了研究机构与设备制造商进行临床研究的法律和行政程序。这进一步推动了新型神经调制技术和工具在临床中的创新应用。美国"脑计划"中涉及的科技服务主体主要为科技金融主体，如美国西蒙斯基金会和美国科维理基金会共发布的 10 项资助计划。

美国"脑计划"力量组织的开展主要采用以项目支持的方式来组织。在《2025 年脑科学：一个科学愿景》(*BRAIN 2025：A Scientific Vision，BRAIN 2025*)报告框架下，"脑计划"高级别工作组 2.0 负责评估项目进展，明确解析脑回路工作机制的关键工具，以及持续资助有价值的研究领域。作为"脑计划"的管理主体，NIH 的 10 个研究所/中心负责管理国会拨款。各个研究所/中心代表与联邦成员代表等组建"脑计划"多理事会工作组和神经伦理学工作组。多理事会工作组长期监督项目实施，确保"脑计划"的发展方向与科技规划的长期愿景相符，并在发布资助公告前对新项目进行初步概念审查。神经伦理学工作组则负责明确研究中的伦理问题和预测伦理挑战，为研究人员提供伦理学咨询，资助神经伦理研究项目，并发布伦理问题指南（祖勉等，2023）。

3.3.3　德国高技术战略

为应对竞争日益激烈的全球经济社会形势，2006 年 8 月，德国推出了第一个涵盖主要科技门类的《高技术战略》(*High-Tech Strategy*)，以不断增强科技创新能力，使德国在未来技术市场上保持全球领先地位。随着环境恶化、资源紧张、人口结构转变、社会不平等、原材料紧缺等全球性挑战的日益严峻，联邦政府强调从单一的技术竞争导向，逐渐转为以社会和人为导向。2010年，德国政府认为"高技术战略"是一种成功模式，决定把《高技术战略》扩展为《德国 2020 高技术战略》，在气候与能源、健康与营养、移动交通、安全、通信方面，从需求角度寻求最佳解决方案。2014 年，联邦政府将社会创新的思想引入"高技术战略"。在 2018 年 9 月，德国政府通过了《高技术战略 2025》，该战略确定了三大行动领域和 12 个优先发展主题。这三大行动领域分别为："解决社会挑战"、"构建德国未来能力"和"树立开放创新和风险文化"。《高技术战略 2025》的实施更加强调了不同社会主体间的通力合作以及社会参与的重要性。德国"高技术战略"的目标在于将科技界和经济界的力量进行整合，以主导市场，共同开发未来发展的重要领域。通过公共资金的投入，鼓励并吸引其他资金投入到重点领域的研究和开发中，以促进经济界和科学界的联合。此外，该战略还为研究人员、创新者和企业家创造了自由的空间，以推动创新和发展（孙国旺，2009）。

与美国的国家纳米技术倡议和"脑计划"类似，德国的"高技术战略"是综合性、跨部门的创新战略。因此，德国联邦教育与研究部、联邦经济和能源部、联邦食品和农业部、联邦数字化和交通部等政府机构均为主要的统筹协调主体。在此基础上，德国依托具有专业知识和科研创新管理能力的专业化机构开展科技计划的组织与管理，包括德国科学基金会和社会化项目管理机构。德国科学基金会作为国家级专业管理机构，是德国重要的科研资助和管理机构。在德国，社会化项目管理机构是科技计划管理的核心主体，其主要包括三类：一是依托科研机构建立的项目管理中心；二是以咨询公司性质运作的项目管理机构；三是依托产业协会建立的项目管理机构。这些专业化项目管理机构通常接受联邦或州政府的委托，负责科技计划的实际管理。具体而言，这包括项目咨询、招标与谈判、经费拨款、项目监督与评估以及成果转化等任务（陈佳和孔令瑶，2019）。科技研发主体包括德国高等院校、科研机构、企业等主体。"高技术战略"中，德国政府尤其注意组成跨界研究小组或平台，如推动德国三大工业协会共同建立办事处，充分协调调动高校、科研机构、企业的力量。此外，德国尤其注重科技服务主体作用的发挥。德国科技服务机构的业务范围广泛，涵盖多个领域。这些机构为企业提供信息咨询和职业培训服务，对政府资助的科技项目进行立项评估和监管，协助项目融资，并推动技术转移。

为推动"高技术战略"的顺利实施，德国政府综合运用了以项目支持的方式来组织、以国家科研机构为核心来组织、以非法人的研究中心的方式来组织和基于大科学装置的方式来组织。第一，在每个领域，"高技术战略"都依据其使命，设立若干"前瞻项目"，以研究该领域所面临的重要挑战。这些项目旨在探索未来10～15年与科学、技术和社会发展相关的具体目标。"高技术战略"以这些"前瞻项目"的目标为基础，并将其作为实现最终里程碑的路线图（樊春良，2019）。第二，公共科研机构是科技计划执行的关键力量。虽然公共科研机构的研究经费主要来自联邦和州政府的财政拨款，但这类机构在法律上都是独立的，以"有限责任公司"、"基金会"或"注册社会团体"的形式存在，实行自主管理（陈佳和孔令瑶，2019）。第三，高技术战略尤其注重各类科技研发主体的联合攻关，如联邦经济和技术部开展的工业 4.0 能力中心（Industrie 4.0 Kompetenzzentren）和工业 4.0 测试场（Industrie 4.0 Testfelder）计划，加强科学与产业之间的紧密合作，搭建各类研究中心与平台。第四，德国政府通过投入大量财政资金支持大科学装置建设，并邀请国内外顶级科研团队参与，从而确保这些装置能够为广泛的科研领域提供高质量的研究条件，如"欧洲 X 射线自由电子激光"设施是世界上最大的能产生高强度短脉冲 X 射线的激光设施。这一大型科研项目由德国和欧洲其他 11 个国家共同参与，总耗资大约 15 亿欧元，一半左右由德国出资，另一半由其他国家分担。

3.3.4　日本科学技术基本计划

为发挥科技引领社会发展的作用，1995 年，日本正式通过了《科学技术基本法》[①]，为日本的科技政策提供了一个基本框架。这部法律成为日本推动科技创新，努力建设"科技创新国家"的法律依据。自此，日本的科学技术政策主要依据《科学技术基本法》来制定，并通过实施科学技术基本计划来执行。科学技术基本计划，是基于《科学技术基本法》制定实施的日本政府的科学技术政策基本计划。科学技术基本计划在展望未来 10 年左右的科学技术状况的前提下，制定每 5 年中所应采取的具体政策计划。目前为止，日本政府已出台六期科学技术基本计划。2020 年，《科学技术基本法》修改为《科学技术创新基本法》，突出以"创新"为焦点的变革，第六期《科学技术创新基本计划（2021-2025 年）》就在其基础上设立。

在实施科学技术基本计划的过程中，综合科学技术创新会议（Council for Science，Technology and Innovation，CSTI）和文部科学省为主要的统筹协调主体。1959 年设立科学技术会议（Council for Science and Technology，CST），2001 年调整为综合科学技术会议（Council for Science and Technology

---

① 随着 2020 年日本政府对《科学技术基本法》进行修订并更名为《科学技术创新基本法》，2021 年日本《科学技术基本计划》也改名为《科学技术创新基本计划》，但为便于表述，本书仍统称为《科学技术基本计划》。

Policy，CSTP），2014 年重组为综合科学技术创新会议（CSTI），这些依法设立的最高科技政策咨询机构，为日本科技政策的稳定性和可持续性提供了强有力的保障。CSTI 在首相的直接领导下，总揽全国科技创新大局，制定科技战略和科技政策，统筹各部门组织实施科技规划。2001 年，日本中央政府各部委改组，科学技术厅归入文部省，依法组建新的文部科学省，促进科技立国战略的顺利实施。科技研发主体仍为企业、高校和科研院所，需要注意的是日本高校和科研院所占了研发支出的很大份额，大约一半的支出用于高校。一定程度上，这也解释了日本基础研究发展繁荣的原因。日本政府也启用了大量科技服务主体，在咨询方面，CSTI 设有专门机构负责意见综合，通过座谈会等形式听取各类协会和工商会议的建议。同时，CSTI 注重实施效果评估。在制定第四期《科学技术基本计划》后，均在本期计划实施的第三年开始，由日本科学技术政策研究所负责评估调查，并允许其灵活利用民间智库力量，联合开展相关工作（李瑾，2021）。

同德国"高技术战略"一样，各类力量组织的基本方法均有体现。在以项目支持的方式来组织中，日本着重采用竞争性项目的方式。在第一期《科学技术基本计划》中，日本就明确了政府 R&D 投入原则，要扩大竞争性项目的比例，以及严格筛选竞争性科研经费等内容。目前，竞争性资金制度已经成为政府资助科研的重要渠道。在以国家科研机构为核心来组织中，日本政府不遗余力地对高校、科研院所的设施与设备进行更新，开展 WPI 等各类计划，力图扩大公立大学和研究机构的研究能力，使其承担科技规划实施的重任。在非法人的研究中心的组织架构下，日本政府积极倡导企业参与并协助高校建立"共同研究中心"。这一中心作为高校与产业界合作研究的重要平台，为技术研讨、技术升级以及科研信息提供了强大的资金支持，从而确保了大学研究经费的稳步增长。同时，基于大科学装置的组织方式，日本政府成功地实施了国际宇宙空间站、大型强子对撞机等国际合作项目，并在粒子物理、生物医学等领域提高了科技论文的国际合著率（张宇馨，2021）。

3.3.5　启示

发挥科技骨干的引领支撑作用。发挥战略科学家的方向引领作用，建立一支由顶尖科学家和专家组成的战略科学家团队，在科技规划中担当引领者的角色。他们能够提供前瞻性的科技发展方向，为国家科技决策提供重要参考，确保科技规划与国家发展战略相契合。发挥国家战略科技力量的核心研发作用。依托高校、科研院所和企业的研发网络，建设强大的国家战略科技力量，承担关键技术研发任务，推动科技规划的实施。这些核心研发机构应该具备高水平的研发能力和创新资源，成为科技创新的主要驱动力。发挥科学顾问委员会的监测落实作用。成立科学顾问委员会，负责监测科技规划的执行情况并提出改进建议。

调动中小微企业的创新灵活性。中小微企业由于规模小、决策迅速、适应能力强，常常能更早地感知市场变化并做出反应，特别是在新兴领域和边缘领域更有可能产生差异化创新。因此，政府科技主管行政部门应当通过会商等形式，与基金会建立紧密的沟通机制，促进双方的合作与协同。这样可以更好地了解中小微企业的需求和创新潜力，以便制定相应的政策和计划。同时，政府可以制定小型企业创新培育计划，为中小微企业提供资金支持、技术咨询和市场推广等方面的帮助。这种培育计划可以帮助中小微企业发展尖端技术，并成为国家科技规划的重要参与者和贡献者。

重视科技服务主体的催化剂作用。科技金融是一种重要的催化剂，可以促进科技规划的实施和科技创新的发展。政府可以建立科技投资基金，通过公私合作的方式，为科技创新提供资金支持和风险投资，推动科技成果转化和产业化。

建立责任与合作框架攻坚克难。建立跨部门、跨行业、跨领域的多主体合作框架，通过合作共享资源和经验，共同攻克科技创新中的难题和挑战。这种协作模式可以有效整合各方力量，形成合力，推动科技规划的顺利实施。其中，尤其要发展政企合作伙伴关系，充分发挥"有形的手"和"无形的手"的作用，真正降本增效、控制风险，优化创新资源配置。

3.4　本章小结

本章主要介绍了科技规划实施的力量组织。首先，介绍了科技规划实施的三类主体，统筹协调主体、科技研发主体和科技服务主体，并分别列举了三类主体在不同国家的实践情况。其次，介绍了科技规划实施的力量组织方式，以项目支持的方式来组织、以国家科研机构为核心来组织、以非法人的研究中心的方式来组织、基于大科学装置的方式来组织。最后，通过对国外科技规划实施中力量组织的案例的学习，总结经验，提出建议。

第4章 科技规划的研究部署

作为国家层面促进和引导科技发展的政策工具，科技规划为我国科技活动提供了总体发展思路、发展目标和主要任务，其中科技规划执行和实施部署是推动科技规划落地的重要环节，与科技目标的实现紧密相关。

4.1 科技规划研究部署的主要形式

为保证国家历次科技规划顺利实施，国内外主要通过科技计划（项目）、配套政策、依托各类机构等形式完成科技规划部署工作。

4.1.1 通过科技计划（项目）部署

20 世纪 80 年代以来，全球范围内的科技规划呈现出日益强化的态势，设立科技计划（项目）是各国普遍采用的一种规划部署方式。

科技计划（项目）一般由国家层面牵头部署，由具体行业领域或科研机构主管或承接。中国《国家中长期科学和技术发展规划纲要（2006—2020 年）》（以下简称《科技规划纲要》）于 2006 年由国务院颁布实施。行业主管部门依托 2006 年设立的公益性行业科研专项等，通过动员和整合行业内科技资源，围绕《科技规划纲要》重点领域及其优先主题部署项目课题。同时，各行业主管部门也积极开展各类专项科技行动。例如，2005 年国家发展和改革委员会开展了"十大重点节能工程"；2008 年，铁道部与科技部联合开展"中国高速列车自主创新联合行动计划"[①]；交通运输部、环境保护部（现生态环境部）、卫生部（现国家卫生健康委员会）、农业部（现农业农村部）、工业和信息化

[①] 铁道部科技部联合深化时速 350km 及以上高速列车自主创新[J]. 中国铁路, 2008, (3): 68.

部、国家广播电视总局、国家药品监督管理局等均与科技部门联合实施了多项科技行动计划。美国通过总体科技战略规划确定国家科技目标和国家战略优先领域，然后通过跨部门、跨领域、部门以及国家实验室（包括大学、私营部门）、R&D（规划）计划与其衔接，确立该计划的科技目标、优先领域、预算及其政策措施。日本于 2018 年启动的《官民研发投资扩大计划》（PRISM）在综合科学技术创新会议专家委员会成员组成的理事会下推进，PRISM 子计划的专项管理委员会确定项目及预算，再以委托费等形式划拨到项目研究主体或直接划拨给研究主体（田方等，2023）。英国国家科研与创新署将科学预算草案上报给科学、创新和技术部及财政部，科学、创新和技术部初步制定科技计划的内容和执行框架，在接受公开咨询后由各研究理事会和委员会等组成工作小组，对规划进行细化，确定实施方案及预算、管理机制等。预算草案通过后由科学、创新和技术部拨款给国家科研与创新署并予以监督，国家科研与创新署再根据当年的科学预算，将公共科研基金拨给下属的研究理事会及其他研究机构[①]。

　　科技计划（项目）往往具有明确目标导向性，主要用于落实规划的任务。日本通过对规划目标进行分解形成科技计划（项目），日本于 1996 年开始，每五年出台一期《科学技术基本计划》（陈光，2022），采用逐层分解目标的方式，将顶层规划分解为大政策目标、中政策目标、个别政策目标，然后制定配套实施的各领域推进战略，根据研发领域重点遴选出一批重要研发课题，将重要研发课题的研发目标、成果目标与规划的政策目标直接挂钩"对接"，并明确了每项研发目标、成果目标的归口部门。中国科技规划中的科技任务主要通过科技计划（项目）加以落实，国家层面的科技计划（项目）主要可以分为三类：一是涉及重点领域及其优先主题，包括国家科技支撑计划、"863"计划、公益性行业科研专项以及国家重点研发计划；二是涉及重大专项，即国家科技重大专项；三是涉及基础研究和前沿技术，主要包括"863"计划、中国科学院知识创新工程、先导科技专项、中国科学院"创新 2020"规划、"973"计划、教育部"985 工程"、高等学校创新能力提升计划（"2011 计划"）以及国

---

① UKRI. UKRI's budget allocationexplainers[EB/OL]. https://www.ukri.org/publications/ukri-budget- allocation-explainers/[2023-08-22].

家自然科学基金、国家重点研发计划。同时，中国各级政府也通过科技计划（项目）落实规划。中国通过实施一批具有战略性质的科学计划和科学工程，取得了众多突破性科研成果，同时形成了具有中国特色的资源配置和科研管理模式。例如，在"两弹一星"工程、"载人航天工程"等系列重大工程中，得益于强有力的政府决策和资源聚集组织能力，以科技计划为抓手，提升各类机构的研究平台共享、研究人员协同，提升科研攻关的效率，实现众多国家战略需求。

随着"大科学"时代的到来，科技创新表现出研究问题复杂、涉及领域多样、投入规模巨大、参与主体众多、组织管理难度增大等特点。目前，以战略性科学计划和科学工程为代表的重要组织方式，成为联通国家实验室、科研机构、高水平研究型大学、科技领军企业等各类国家战略科技力量的重要载体，是在战略性科技领域、前沿领域及相关基础科学领域等多元研究领域推进形成国家竞争优势的重要科研组织模式和战略抓手。以美国加强人工智能布局为例，"战略规划牵引"是美国发展人工智能的最重要特点。自 2016 年以来，美国各机构已陆续颁布十余份涉及人工智能的战略计划，在政府、学术界、企业界掀起了人工智能发展的浪潮。美国实行了国家阿尔茨海默计划、国家纳米技术倡议等科技计划，德国实行了"创新未来集群竞赛计划""原材料经济战略计划"等科技计划（葛春雷和裴瑞敏，2015）。科技计划（项目）一般聚集在基础研究、高新技术产业或国计民生重点领域，成为规划部署落地的重要手段。

4.1.2　通过配套政策部署

科技规划部署离不开政策的保障，政策主要包含相关法律法规与细化政策两大类。前者以国家基本法律的形式出台，对科技规划的制定以及实施给出根本的要求；后者则是为了更好地部署规划而存在，二者相配合，共同完成规划部署工作。

一方面，法律法规为科技规划部署提供指导。日本国会于 1995 年通过《科学技术基本法》，要求日本政府必须每五年制定一期关于科学技术振兴的基本计划（陈光，2022），并且对保障科技规划顺利部署和实施的国家层面、研究开发机构层面、高校层面应当采取的措施进行了规范和要求。韩国于 2001 年出台了《科学技术基本法》，其是韩国五年科技规划的法律基础，对韩国技术预见、技术水平评估等工作要求进行了明确，突出其对科学技术政策和研究事业的部署协调机能，该法律于 2013 年进行修订，一直对韩国科技规划的制定、部署和评价起到不可替代的指导作用。另一方面，法律法规为科技规划部署提供立法保障。美国有一系列法案为科技规划的组织实施提供立法保障。例如，《史蒂文森—怀德勒技术创新法》赋予美国联邦政府在促进商业创新方面的首要职责（张冬梅，2024），《小企业股权投资促进法》和《投资顾问法》等利用社会资金（汪江桦等，2013）为科研资金提供有效补充，以及《2009 年美国复苏与再投资法案》确保了对基础研究领域的大规模资金投入等。中国于 2008 年 7 月 1 日修订了《中华人民共和国科学技术进步法》，以法律形式明确了新时期国家发展科学技术的目标方针和战略，强化了激励自主创新战略的措施，为《科技规划纲要》的落实提供了重要法律保障。

　　配套政策聚焦规划重点领域，强化科技规划的部署落实。我国的配套政策通过不同政策工具，覆盖不同创新主体和创新环节。《国家中长期科学和技术发展规划纲要（2006—2020 年）》（以下简称《科技规划纲要》）在 2006 年由国务院颁布实施，是 21 世纪初指导我国科技工作的纲领性文件。国家顶层配套政策体系为落实规划目标、顺利取得实施成效提供了重要保障。例如，在《科技规划纲要》实施过程中，国务院先后发布了 99 条配套政策和 78 项实施细则（王楠，2022），作用于供给侧、需求侧、环境侧等各个方面，包括科技投入、税收激励、金融支持、政府采购、引进消化吸收再创新、创造和保护知识产权、人才队伍建设、教育与科普、科技创新基地与平台、加强统筹协调等各类手段在内的多样化政策工具体系。具体来说，为落实《国务院关于印发实施〈国家中长期科学和技术发展规划纲要(2006—2020 年)〉若干配套政策的通知》，2008 年，科技部、国家发展和改革委员会等相关部门分别就《科技规划纲要》及《配套政策》与各自职责范围，研究制定相应的配套实施细则。相继出台《中央级公益性科研院所基本科研业务费专项资金管理办法（试行）》等 7 项科技投入政策、《科技开发用品免征进口税收暂行规定》等 9 项税收激励政策、《关于加强中小企业信用担保体系建设意见的通知》等 9 项金融支持政策、《自主创新产品政府采购预算管理办法》等 5 项政府采购政策、《关于鼓励技术引进和创新，促进转变外贸增长方式的若干意见》等 2 项引进消化吸收再创新政策、《教育部关于进一步加强引进海外优秀留学人才工作的若干意见》等 14 项加强人才队伍政策、《首台（套）重大技术装备试验示范项目管理办法》等 4 项创造和保护知识产权政策、《国家重点学科建设与管理暂行办法》等 7 项教育与科普政策、《国家自主创新基础能力建设"十一五"规划》等 11 项科技创新基地与平台政策、《关于非公有制经济参与国防科技工业建设的指导意见》等 2 项加强统筹协调政策、《国家高技术产业发展项目管理暂行办法》等 3 项其他政策。

《科技规划纲要》形成了涵盖科研院所、高校、企业等各类创新主体，覆盖基础研究、技术开发、技术转移、产业化等各个创新环节的配套政策体系，其中党中央、国务院层面的文件详见表 4-1。

表 4-1　党中央、国务院关于实施《科技规划纲要》的文件

时间	文件名称	文号
2006 年	中共中央 国务院关于实施科技规划纲要增强自主创新能力的决定	中发〔2006〕4 号
2006 年	国务院关于印发实施《国家中长期科学和技术发展规划纲要（2006—2020 年）》若干配套政策的通知	国发〔2006〕6 号
2009 年	国务院关于发挥科技支撑作用促进经济平稳较快发展的意见	国发〔2009〕9 号
2012 年	中共中央 国务院关于深化科技体制改革加快国家创新体系建设的意见	中发〔2012〕6 号
2013 年	国务院关于印发"十二五"国家自主创新能力建设规划的通知	国发〔2013〕4 号
2013 年	国务院关于印发国家重大科技基础设施建设中长期规划（2012—2030 年）的通知	国发〔2013〕8 号
2014 年	国务院关于改进加强中央财政科研项目和资金管理的若干意见	国发〔2014〕11 号
2015 年	中共中央 国务院关于深化体制机制改革加快实施创新驱动发展战略的若干意见	中发〔2015〕8 号
2016 年	中共中央 国务院关于印发《国家创新驱动发展战略纲要》的通知	中发〔2016〕4 号
2017 年	国务院办公厅印发关于深化科技奖励制度改革方案的通知	国办函〔2017〕55 号
2018 年	关于进一步加强科研诚信建设的若干意见	
2018 年	国务院关于优化科研管理提升科研绩效若干措施的通知	国发〔2018〕25 号
2018 年	关于深化项目评审、人才评价、机构评估改革的意见	
2018 年	国务院办公厅关于抓好赋予科研机构和人员更大自主权有关文件贯彻落实工作的通知	国办发〔2018〕127 号

资料来源：根据公开资料整理

　　《科技规划纲要》任务包括纲要中的重点领域、重大专项、前沿技术和基础研究四方面,《科技规划纲要》从体制改革与国家创新体系建设、政策和措施、科技投入与科技基础条件平台、人才队伍建设等方面部署了 27 项具体保障措施, 见表 4-2。

表 4-2　政策保障措施

方面	措施
体制改革与国家创新体系建设	以企业为主体的技术创新体系; 知识创新体系; 军民结合的国防创新体系; 区域创新体系; 中介服务体系; 提高国家创新体系的整体效能; 科研机构改革和现代科研院所制度; 科技管理体制改革等
政策和措施	实施激励企业技术创新的财税政策; 加强对引进技术的消化、吸收和再创新; 实施促进自主创新的政府采购; 实施知识产权战略和技术标准战略; 实施促进创新创业的金融政策; 加速高新技术产业化和先进适用技术的推广; 扩大国际和地区科技合作与交流; 提高全民族科学文化素质等
科技投入与科技基础条件平台	建立多元化、多渠道的科技投入体系; 调整和优化投入结构; 提高科技经费使用效益; 加强科技基础条件平台建设; 建立科技基础条件平台的共享机制等
人才队伍建设	培养造就具有世界水平的高级专家; 发挥教育在人才培养中的作用; 企业培养和吸引科技人才; 吸引留学和海外高层次人才; 构建有利于创新人才成长的文化环境; 支持培养农村实用科技人才等

　　资料来源: 根据公开资料整理和《国家中长期科学和技术发展规划纲要 (2006—2020 年)》实施情况专题评估报告, 2019 年, 科技部科技评估中心

　　《科技规划纲要》形成与教育、人才等领域中长期规划的横向联动。《科技规划纲要》出台后, 在教育、人才、知识产权事业等领域, 中共中央、国务院相继出台了 10～15 年不等的中长期发展规划纲要, 形成了与《科技规划纲

要》相互支撑、横向联动的规划纲要体系，见表4-3。

表 4-3　其他领域中长期规划

时间	文件名称	文号
2006 年	国务院关于印发全民科学素质行动计划纲要（2006—2010—2020 年）的通知	国发〔2006〕7 号
2008 年	国务院关于印发国家知识产权战略纲要的通知	国发〔2008〕18 号
2010 年	国家中长期人才发展规划纲要（2010—2020 年）	中发〔2010〕6 号
2010 年	国家中长期教育改革和发展规划纲要（2010—2020 年）	中发〔2010〕12 号

资料来源：根据公开资料整理

4.1.3　通过机构部署

科技规划部署通常由政府部门牵头，企业、科研机构、高校等共同组成落实规划部署的"组合"，在这个过程中，每个主体各负其责，共同推进科技规划的部署实施。

4.1.3.1　国家层面政府部门进行统筹协调

各国的科技规划部署均在国家层面设置专门机构负责规划部署的统筹协调，具体可分为集中式管理与松散式管理。

1）集中式管理

集中式管理是一类比较普遍的管理体制，以中国、日本、英国为典型代表。

中国为加强科技规划的管理与部署，在组织层面完成了一系列的改革重塑，不断适应国际和中国社会发展，促使政府更好地发挥指导职能。1956年，中国成立了科学规划委员会，由国务院直接领导，主要负责监督《十二年科技规划》的实施（武衡，1991）。1958 年，科学规划委员会与国家技术委员会合并，成立国家科学技术委员会，开展国家科学技术发展的年度计划和长远规划的制定、督促、落实、总结、鉴定等工作（崔永华，2008；李建军，2023）。1998 年，中国国家科学技术委员会更名为中华人民共和国科学技术部（简称科技部），负责研究提出科技发展的宏观战略和科技促进经济社会发展的方针、政策、法规，研究科技促进经济社会发展的重大问题[①]，为保证中长期规划的顺利开展，科技部也牵头拟制了《〈国家中长期科学和技术发展规划纲要若干配套政策〉有关实施细则的工作方案》，以明确分工、加强领导。2023年3月，中国重新组建科技部，强化了战略规划、体制改革、资源统筹、综合协调、政策法规、督促检查等宏观管理职责。

日本规划的制定与组织实施均由首相作为议长的综合科学技术创新会议具体负责，在日本整个科技规划的变迁过程中，综合科学技术创新会议的权利不断加强，已经成为日本科技规划制定和落实的"指挥部"，拥有规划目标制定、项目立项、预算审议分配、建设创新综合环境等诸多权利（陈光，2022），其他的相关行政机构给予相应的支持，一定程度上保证了规划组织实施的一致性。

英国政府设立专门的政府机构（科学技术办公室），统一制定国家层面的科技政策与科技创新活动的战略规划，逐步加强了对科技的宏观指导和调控。英国科技管理的最高权力机构是内阁，负责制定科技发展方向，并根据各部门/领域相应的科技发展计划和实施细则决定拨款和资助（王海燕和冷伏海，2013）。政府科学办公室（Government Office for Science，GOS）和科研与创新署领导的七个研究理事会是落实国家科技战略规划的具体拨款单位，负责"政策引导、资金鼓励、推动创新、建立基地"等，很好地执行了英国政府的各项要求，确保了英国科技规划的部署和实施。

2）松散式管理

采用松散式管理体制的国家较少，以美国为典型代表。

美国没有设立专门的机构来负责国家科技活动的组织、协调和规划，参与科技规划管理的主要有白宫科技咨询与管理机构、国会以及各联邦部门。其中，科技战略规划由美国白宫科技咨询与管理机构及国会负责制定，科技计划的制定和组织实施按照领域进行权责划分，各联邦部门专门机构根据承担的使命进行科技计划管理；对跨领域的科技计划，由各领域相关部门组成专门的委

---

① 宋笛. 新一轮新起点：机构改革这些年——科技部体制改革的历次变迁[EB/OL]. https://baijiahao.baidu.com/s?id=1593711766136806158&wfr=spider&for=pc(2018-03-01)[2023-08-22].

员会进行管理（汪江桦等，2013）。

4.1.3.2　国家实验室、高校、科研院所和企业等战略科技力量发挥支撑作用

国家实验室、高校、科研院所和企业是科技规划部署的重要载体，往往承担规划的具体执行和支撑项目的研发和应用工作。各国基本形成国家重点实验室、高校、科研院所和企业执行科技规划分工互补、高效协同的格局，不同机构分别定位于基础研究、应用研究、转移转化、规模化应用等创新链上中下游环节，既职责清晰、功能定位明确，又有序协同，共同完成科技规划的落地实施。

国家实验室以重大科技计划项目和大型战略科技基础设施为支撑，专注于基础科学、多学科交叉科学，瞄准中长期国家战略科技任务，在国家科技界占据着关键的地位（王江，2022）。因此，国家实验室通常执行科技规划中普通学术机构或商业部门无法完成的重大、敏感任务。同时，国家重大科技基础设施是国家重点实验室的优势资源，提供最先进的设施和仪器，如同步辐射光源、高性能计算机系统和网络等，供学术界、企业界的研究人员使用。我国国家实验室体系作为国家科研战略力量，战略定位是为解决战略性、基础性、前瞻性重大科学问题、突破重大共性关键技术和产品，为国民经济和社会发展提供持续性的引领和支撑，与国家科技重大专项、国家重点研发计划、国家自然科学基金的重大专项等国家研发计划的目标高度契合，是承担国家（重点）研发计划的主导力量。

国家实验室及其体系的名称及具体构建方式在不同国家有所不同，有的称"国家或联邦实验室"，有的称"国家科研中心"，也有的称"学会或联合会"。美国国家（或联邦）实验室体系独特而复杂，国家实验室分别隶属于美国联邦政府的能源部、国防部、卫生与公众服务部、国家航空航天局、国家科学基金会、农业部等部门，如美国的橡树岭国家实验室等。英国国家实验室有的也称为中心、研究所，其中著名国家实验室有：英国国家物理实验室、卡文迪许实验室、卢瑟福·阿普尔顿国家实验室以及英国国家海洋研究中心等。英国国家实验室大部分实行自我管理，政府一般不干涉实验室的具体事务，研究经费主

要来自政府财政预算拨款。

高校、科研院所承担着人才培养、科学研究和社会服务职责，其科技工作的任务是使教学和科学研究结合起来，同时注意基础科学和当前生产实践中紧迫的科学技术问题相结合。在高校和科研院所作用发挥方面，中国在《十二年科技规划》落实过程中，形成中国科学院作为全国学术领导和重点研究中心的民用科学技术研究工作系统，在基础理论研究、国家建设所需要的世界最新技术以及国民经济中综合性的、关键性的科学技术问题等相关研究方面作出贡献。此后，我国高校、科研院所也在承接规划部署的项目中发挥了主要作用。美国科研机构根据其在国家战略中的使命安排了独立的科研计划，并通过国家拨款和争取科研项目的方式得到研发经费支持。科研机构计划的决策主体是机构领导层，在制定计划时会进行社会需求分析和技术水平评估，进一步确定科技机构计划的短期和长期行动计划，以及研究主题，并由来自科研院所、企业和政府机构的各界人士共同研讨与补充完善（汪江桦等，2013）；英国国立科研机构、大学科技园是英国政府科技战略规划的实施主 体，承担了大批的具体研究项目，完成英国科技规划的落地工作。

企业在科技规划实施中也发挥着重要作用。美国注重加强科技规划管理与企业之间的联系，充分调动企业参与规划组织实施的积极性。据统计，美国企业开展的研究约占总研究量的 67%，其研发资金一方面来自企业自发投入，另一方面来自联邦各部门与机构的基金资助。企业一般位于创新链的下游，侧重于产业应用，如美国的贝尔实验室、德国的西门子、日本的三菱重工等（夏婷，2023）。

另外，还有一类新型研发组织正逐渐成长为国家战略科技力量的重要组成部分，在实施科技规划中也占有一席之地。20 世纪后，美国等主要发达国家为了寻找未来新的经济增长点，保持创新领先优势，建设了大批创新平台，如重点实验室、企业孵化器、技术转移中心等，这些新型研发组织提升了创新效率，成为科技创新的中坚力量。特别是华尔街金融风暴以后，美国将科技创新及科技成果应用提升到了新的高度，新型研发组织也受到了美国政府部门的高度重视。在这一阶段，各独立的研发机构越发成熟，其中美国国家制造业创新网络和美国未来产业研究所是具有较高知名度的科研组织，其构建了一个以特定先进制造技术为基础、"产学研政"共同参与的创新生态系统，促进了从基础、应用研究到新技术产业化的创新链全流程整合。我国的新型研发机构多偏向于科技创新及科技成果转化，紧密围绕国家和区域经济社会发展需求，坚持体制机制创新，在摸索与发展中形成了一套自有的且符合科技发展规律的运行机制。近年来，伴随一系列支持政策密集出台，一大批新型研发机构迅速在全国落地，规模效应初显，广东、江苏、浙江、重庆、福建是新型研发机构发展较快的地区，其产业布局明显。从我国第一家新型研发机构——深圳清华大学研究院诞生至今，新型研发机构大量涌现，其中不乏一批高质量的新型研发机构，如深圳清华大学研究院、中国科学院深圳先进技术研究院、江苏省产业技术研究院、武汉光电工业技术研究院、广东华南新药创制中心等，与各地重点产业密切契合，部分成果实现产业化并有力地支撑了产业发展（李廉水等，2022），新型研发机构正逐渐成长为支持科技规划落实的国家战略科技力量的重要组成部分。

4.2　科技规划研究部署的基本方法

科技规划实施部署的过程中往往涉及多个部门、多家单位的相互合作，科技规划实施效果体现在科研产出、目标实现程度和经济社会影响三个层面，因此工作方式方面需要历经部署重点选题、统筹预算资金、执行动态监测和实施绩效评估等环节；落实到具体计划和项目的过程中需使用技术预见法、技术路线图等方法，在实际应用中，常常以技术预见法为主要方法，兼容各种方法的组合使用。

4.2.1　部署重点选题

科技战略规划制定后在实施的过程中，往往涉及政府部门、企业、科研机构、高校等，其共同组成落实科技规划的"团队"。在"团队"中，各个主体均有不同的定位和职责，要想保证科技规划的有效落实，团队主体之间要做到优势互补、各司其职，实现信息、资源等要素的高效流通和共享。政府部门主要负责确定宏观层面的科技发展方向，并根据各部门以及不同领域的科技发展计划和实施细则决定拨款和资助，实现政策引导，推动建立科技创新基地，为科技规划的部署实施提供政策支撑和基础保障。通过税收优惠、高新技术认定等一揽子政策措施，吸引财力雄厚、科技水平高的企业融入科技发展格局之中（王海燕和冷伏海，2013）；通过国家自然科学基金等重大科研项目申报，鼓励科研机构、高校承接具体研究课题，对重点科技领域进行着力突破；通过"揭榜挂帅""赛马"机制，推动产学研深度融合，激发科技创新潜能。此外，应注重科技创新与社会创新之间的协同，为技术要素和社会要素的良性互动创造系统环境，使相关的、受系统控制的要素纳入系统之中，形成联结和无缝之网（杨海红等，2020），从而有效应对科技规划实施过程中意料之外的风险和挑战。2018 年，德国《高技术战略 2025》以"面向人类发展的研究和创新"为主题，将科技创新与可持续发展和持续提升生活质量相结合，确定了三大行动领域和 12 个优先发展主题，并整合和增加联邦政府科技投入，以实现 2025 年研发强度达 3.5%的目标，进一步夯实德国科技创新的世界强国地位（孙浩林，2018）。

技术预见法是科技规划实施过程中必不可少的方法，对科技规划的实施起到良好的支撑作用。技术预见作为战略性预测，对未来科技发展展现出强大的前瞻性，通过集成各界专家意见，为未来一定时期内的科技资源分配提供了参考，其支撑作用主要体现在三方面：①技术预见所得成果为科技规划实施明确了方向，确定了规划战略目标，同时为实施过程中重要资源分配与倾斜提供了重要依据；②科技规划需要社会共识的支撑，技术预见为实现这种共识提供了一种新的认识和方法论，技术预见的主要方法德尔菲法更是集合各领域专家、政府、智库的优势资源，进行整合、汇总、推敲，并最终形成一致见解，有助于各方立足于未来的沟通、协商、合作；③技术预见相较于技术预测的动态性，保障科技规划实施过程中可以进行充分的动态调整，从而更加适应当前环境、面向未来挑战。

技术路线图法在科技规划实施的过程中有着重要的应用。科技规划在战略上对国家未来科技发展进行了全面安排，并通常要在经济社会分析、技术预测和定期评估的基础上，建立纲要实施的动态调整机制。战术上，则需要利用国家技术路线图对科技发展宏观布局、对纲要实施的具体步骤和细节等进行系统谋划。从国家层面来看，就是通过科技规划引导社会资源流向科技创新。科技规划对计划实施具有指导作用，主要靠"自上而下"和"自下而上"相结合的技术路线图法明确科技发展重点，体现国家意志。"自上而下"就是以各科技规划纲要的顶层设计为起点，通过技术预测调查和专家论证，凝练出国家科技发展规划重点技术项目，形成科技规划主要任务的内容框架，并完成科技规划初稿的编制工作；"自下而上"就是广泛征求社会各方面意见，组织专家对规划发展重点进行增删和修改，最终完善规划文本。

科技部在启动国家"十二五"科学与技术发展规划战略工作时就曾强调：采用编制技术路线图，实现科技规划的方法创新，切实提高规划的前瞻性、指导性和可操作性。这足以见得技术路线图在科技规划实施过程中的重要地位（刘鲲，2010）。此后，湖北省、湖南省、河北省、黑龙江省、吉林省等诸多省份相继开始运用技术路线图进一步落实科技规划，准确把握科技创新脉络。2007 年，科技部组织有关专家首次开展了我国国家技术路线图研究。该研究以落实《中华人民共和国国民经济和社会发展第十二个五年规划纲要》的战略任务为重点，按照"国家目标–战略任务–关键技术–发展重点"的分析框架，首先分析了我国经济社会发展需求，从"解决经济社会发展重大瓶颈制约、提高农业综合生产能力、增强重点产业核心竞争力、抢占前沿技术制高点、提高人民生活质量"5 个方面凝练出未来 10~15 年我国科技发展的 30 项战略任务；其次，在技术预测基础上，选择出了 90 项国家关键技术及其 286 个技术发展重点；最后，编制了国家技术路线图，明确每项战略任务的发展重点、优先序、实现时间和发展路径等。国家技术路线图不仅从国家宏观总体目标出发逐项分解到各项国家关键技术，而且从每项技术发展重点回溯分析它们对实现国家顶层目标所作贡献的性质和程度，从而为宏观管理提供有价值的决策信息（国家技术前瞻研究组，2008）。

综上，技术路线图对科技规划实施部署的作用主要体现在如下三个方面。

（1）利用技术路线图谋划科技宏观布局。国家战略任务的完成，依赖于一批关键技术的突破。国家技术路线图通过翔实的调查数据，把规划文本中没有明确的发展优先序、技术路径等通过技术路线图方式表示出来，将增强规划的可操作性。同时，能加强规划和计划的有机衔接，使国家科技计划能够根据规划总体部署和国家技术路线图，选择出优先发展重点，并做出时序和经费等方面的安排。

（2）利用技术路线图组织关键技术研发。国家技术路线图给出了每项关键技术的发展重点、优先序、研发基础、与领先国家差距、发展路径、实现时间等，根据技术路线图可以合理配置科技资源，把有限的科技人力和财力投到关键和最需要优先发展的领域，尽快实现知识产权自主化和产业化。同时，通过路线图，可以明确每项国家战略任务需要研发哪些关键技术，这些关键技术的突破对实现国家目标起什么重要作用。结合科技计划安排，对研发重点进行及时调整。

（3）利用技术路线图构建创新链。科技创新是一个系统过程，需要企业、高校、科研机构、政府所有主体的广泛参与。制定国家技术路线图实际上就是各创新主体之间互相学习、更新理念以及知识不断产生和扩散的过程。国家技术路线图有利于建立以企业为主体、市场为导向、产学研结合的技术创新体系，使各创新主体可以根据路线图采取协同一致的行动。例如，技术路线图有助于政府选出可以促进国民经济又好又快发展的战略产业和关键技术，从而采取更有针对性的财政及其他政策措施支持创新活动；有助于科研机构明确研发重点和发展路径，便于在政府指导下进行联合攻关和集成创新；有助于企业明确技术研发和市场实现之间的关系，有利于在最佳时间进入研发和及时推出新产品。

（4）利用技术路线图指导地方科技发展。国家技术路线图揭示了规划目标、战略任务与发展重点之间的关系，对关键技术的研发进行了系统评价，是国家科技发展规划的深度分析，有利于指导地方科技工作围绕国家目标，按照国家统一部署，组织地方力量进行攻关。同时，结合地方需求选择优先发展重点，使中央和地方上下联动，协调一致（国家技术前瞻研究组，2008）。

4.2.2　统筹预算资金

经费预算是科技规划实施过程的重要组成部分，为科技规划项目完成落地提供资金保障。在经费投入的结构上，政府部门立足于国家发展大局，对研究和开发活动支持的优先顺序依次为基础性研究、战略性研究和应用性研究，这与企业的支持顺序是相反的。企业参与市场竞争，注重应用性研究成果，同时企业在科技创新的投入和产出中占有较大比例，是科技创新不可或缺的一部分，也是科技规划实施过程的重要参与主体（王海燕和冷伏海，2013）。中国在社会主义市场经济体制下，面对庞大的创新需求，科技规划的落实单纯依靠政府或者市场的力量是远远不够的，也会出现着力点分散、力量不集中等问题，因此就需要政府部门对科技规划的经费预算进行总体统筹，并与公共团体、科研院所、高校、企业以及其他利益相关主体通力合作，在国家重点科技研究领域，通过预算统筹和政策引导，明确各主体资助的研究顺序、支持的优先领域和支持力度。此外，规范化经费预算审批制度，从严从实，将项目评估结果与预算审批相联系，加强对资助项目的政策落实审计、财务审计和经济责任审计工作，从而保障资金用到实处（孙东等，2023）。

德国高技术战略依托系列科技计划实施，采取创新主体需求导向的配置资源方式。德国政府对科技计划预算一般采用项目资助和机构资助两种资源配置方式。高技术战略项目资助预算纳入政府财政预算安排，需由议会审议，议会批准的预算经费由财政部拨付给联邦各部门[①]。德国联邦科技预算过程可分为编制与汇总、审计与修改、审议与决定编制的指示，各相关部门需在指定日期前将本部门科技支出需求上报财政部，经汇总形成联邦科技预算草案。随后，财政部将联邦科技预算草案提交联邦审计局，审计局对草案的合法性、合规性和经济效益性进行审计，财政部可与各相关部门协商对草案进行修改，并提交联邦政府。联邦内阁通过后，联邦议会对草案进行审议，若无异议，议会批准草案，财政部向各联邦部门拨付预算款。高技术战略预算编制采取自下而上的方式，以创新主体的研发需求为导向确立预算，以相关法律法规为依据审议预算，更能激发创新活力，提高财政资源配置的有效性。

4.2.3　执行动态监测

科技规划实施的过程，易受到社会环境、经济环境等多种因素的影响，科技规划实施部门应当及时进行管理监督，以使规划在实施过程中能够及时应对

---

① 中华人民共和国财政部. 德国财政预算制度及政府间财政关系[EB/OL]. http://www.mof.gov.cn/pub/yusuansi/zhengwuxinxi/guojijiejian/200810/t20081020_82834. html(2015-11-19)[2018-11-23].

变化（黄宁燕等，2014）。设立可测度的战略目标和实时监督、评估的指标体系来对科技规划的实施进展进行监督、评测，并根据评测结果及时反馈修正科技规划，保证科技规划实施过程与科技规划目标的一致性。加快建立健全监测评估相关政策法规，强化法治保障，提高执行监测的法制化、规范化①；大力支持开展第三方监督评测，引导第三方机构对科技规划实施的情况进行总体评估，并结合评估情况发布科技规划实施情况专报，剖析现有问题，提出未来对策，以点带面，推动实施管理办法持续完善，保障执行监测的专门化、长效化；强调公众的参与性，将执行监测评估结果向社会公布，引导社会公众参与和关注，接受社会意见的反馈，保障执行监测的公开化、透明化（黄建安，2018）。在此基础上，实现对科技规划实施情况的动态修正，以适应发展需求、目标实现和公众期待。

德国高技术战略以创新活动的领域与主题为政策制定的出发点，形成了涵盖领域计划、政策引导类计划和专项计划的科技计划体系。创新活动的领域与主题往往涉及多个部门的职能，德国《高技术战略 2025》就特别强调在确定研究政策重点和制定优先领域中各部门的有效沟通和密切合作。因此，多部门协同监管成为高技术战略中一种典型模式。跨部门科技计划通常由其中一个部委组织协调，其他参与部门按照领域分工合作管理部分计划。在多部门合作参与的联合资助计划中，参与部门首先联合委托一个项目管理机构来征集所有的项目方案，并对项目方案进行评估，之后根据项目方案内容进行领域归类，分配到相应部委。各部委接收方案后，再分别委托各自的项目管理机构接收项目申请，组织项目实施。联邦政府"第六能源研究计划"是《德国 2020 高技术战略》的一个典型的跨部门研究计划。联邦经济和能源部、联邦教育与研究部和联邦食品和农业部分工协作，共同组织实施该计划，以项目资助、机构资助等形式支持能源领域的基础与应用研究。联邦经济和能源部是该计划的主管部门，负责定位政策目标、协调各相关部门工作，向决策部门汇报研究进展，资助可再生能源、核安全领域等能源应用研究项目，并支持德国航空航天中心（DLR）开展能源研究；联邦教育与研究部主要负责资助能源技术领域的基础

---

① 赵正国. 提升监测评估水平，助力重大科技规划制定实施[N]. 科技日报，2021-09-27(5).

研究项目，并资助马普学会、莱布尼茨协会等研究机构开展能源研究；联邦食品和农业部负责生物能源领域应用研究的项目资助（陈佳和孔令瑶，2019）。

4.2.4　实施绩效评估

绩效评估是对科技规划实施效果的综合衡量，需要从全面、系统的角度推动落实，保证覆盖范围的广泛性、评估结果的客观性、未来发展的参考性。拓展科技评估范围，将科技政策、科技计划、科技机构、科技项目和科技人员等与科技活动相关的方方面面纳入科技绩效评估的范围；推动绩效评估指标体系的建立，从选取方法、指标数量、客观指标与主观指标比例等方面出发，综合考虑系统性、均衡性、可操作性、目标一致性原则（张利华和李颖明，2007），形成与我国科技发展现状相契合的指标体系；针对不同的科技领域和科技项目，采取因地制宜的评估手段和衡量标准，加强对创新环境、科技计划、专项、基金、工程等经费管理使用的综合性绩效评估，保证绩效评估对科技规划实施情况的充分展现（全国政协科协界，2015）。

4.3　科技规划研究部署的国际实践

4.3.1　日本在科技计划部署上的做法经验

日本的科技计划部署与组织管理方式相对集中，基本采取自上而下、统筹协调的科技管理体制，同时又有会议制度发挥统筹协调作用，在管理中充分对技术发展形势和政策执行效果进行评估，对规划内容进行调整。

日本的科技规划主要通过相关计划、项目进行部署，并经过多年变革和发展，逐渐形成了逐层推进的科技计划部署形式。日本于 1995 年制定了《科学技术基本法》，其是日本关于科学技术的第一部根本大法[①]。为推进创新工作，落实法律规定，日本政府主导、综合科学技术创新会议牵头每五年制定一次全国性的《科学技术基本计划》，到 2023 年已进行至第六期（2021～2025 年）[②]，第六期将《科学技术基本计划》更名为《科学技术创新基本计

① 日本内阁府. 科学技术基本法[EB/OL]. https://www8.cao.go.jp/cstp/cst/kihonhou/ mokuji.html[2023-08-22].
② CSTI. 6th STI Basic Plan[EB/OL]. https://www8.cao.go.jp/cstp/english/sti_basic_plan. pdf[2023-08-22].

划》（为便于表述，以下统称为《科学技术基本计划》）。每一期各有侧重，反映了日本社会对科技创新的时代需求和发展方向。综合科学技术创新会议是日本最高科技政策咨询决策部门，成立于 2014 年，隶属于日本内阁，负责日本科技创新政策的规划、拟定、调查、审议与推进，是政府与学术界和产业界的重要纽带[①]。综合科学技术创新会议组织对现有科技规划与政策的实施效果进行调查和评价，制定新一轮《科学技术基本计划》，明确不同领域的具体执行政策和负责的部门或机构。《科学技术基本计划》发布后，各省、厅等政府部门会根据《科学技术基本计划》提出每一年度的财政预算及其关联的具体科技计划、项目等，由内阁批准实施，如文部科学省设立的先进技术探索性研究计划（Exploratory Research for Advanced Technology，ERATO）、目标驱动研究的适应性和无缝技术转移计划等。行政机构及其下属的科研院所、其他独立法人研究机构、高校是承接和推进计划的主体，部分科研机构也会制定机构的五年中期规划或年度科研计划（王海燕等，2013）。

日本重视对科技计划部署的过程管理。制定计划的政府部门不直接管理项目，而是组建相关推进委员会或委托拥有独立法人的专业机构进行管理，经费的拨付也是由项目管理机构执行，另外一部分项目则交由研究机构自行实施和管理。在日本，管理科技计划项目的专业机构主要有日本科学技术振兴机构、日本学术振兴会等，主要采取全流程化管理，覆盖了项目立项、实施、第三方评估及成果转化等环节（甄子健，2014）。虽然在科技计划的部署过程中各项工作是相对独立和分离的，但各部门会在综合科学技术创新会议的组织协调下不定期开会讨论规划落实效果、情况。综合科学技术创新会议在不同领域成立项目工作小组，监督项目的发展进程并做出评估，定期收集项目信息并形成调查报告，尽可能避免实施项目出现重叠情况，关注是否与国家科技战略规划实施方向一致，并做出调整。这种方式介于"全局"和"局部"之间，能够在保持宏观目标统一的情况下灵活配置资源（张志刚，2020）。

在项目部署的资助方式上，日本逐渐形成了竞争性与培养性资助共存的二元体系（乌云其其格，2016），非竞争性经费直接分配给科研机构，一般用于

---

① 日本内阁府. About CSTI[EB/OL]. https://www.8.cao.go.jp/cstp/english/policy/index. html[2023-08-22].

大学机构等维持正常运营、科研人员开展基础性研发活动及国家战略层面关键核心技术研发等，竞争性经费通过课题、计划等拨付，考量各研究要素分配经费，多用于前沿的或具有变革性但具有高风险和高回报的项目。一般非竞争性经费占到总体经费的 75% 左右。

日本科技计划的推进过程总体来说可分为制定计划、确定项目、分配预算和跟踪项目等。例如，《官民研发投资扩大计划》（PRISM）是日本最高级别的科技计划之一，于 2018 年正式启动，在综合科学技术创新会议专家委员会成员组成的理事会下推进工作。PRISM 由研发子计划和机制改革子计划组成，制定计划时，各子计划确定负责各专项的负责人并组建专项管理委员会，在草案中确定拟承接的机构及分配的预算额度、资助周期等细节，交由理事会或计划负责人审查，并最终确定项目及预算。分配预算时，PRISM 经费通过转移支付，既可作为政府各部门科研项目的运营费用补贴等拨付给科研管理部门，再以委托费等形式划拨到项目的研究主体；也可以直接划拨给研究主体，课题负责人就可以开展独立研究。为了使产学研的结合更加紧密，日本政府对项目的资助资金为引导性质，计划下的项目只有私营部门参与并持续投资才能获得政府资助。PRISM 理事会下的计划管理人员会对项目进行监测，每年至少听取 3 次各专项的进展汇报，各专项委员会也会对项目的预算执行情况和实施情况进行跟踪并提出建议（田方等，2023）。又如，创新中心计划（Center of Innovation，COI），是日本一项支持产学研合作的科技计划，于 2013 年由日本科学技术振兴机构设立，隶属于文部科学省，是帮助推进科技规划的核心机构之一。细化计划时，COI 以十年后的日本社会愿景为出发点来设置研究基地。想加入 COI 计划的单位需提交建设提案，由日本科学技术振兴机构组织的计划支持委员会进行评估，确定入围基地的核心机构和参与单位。分配预算时，每个 COI 基地最高可以获得每年最高 10 亿日元的资助，最长支持 9 年。为了确保基地有序建设，共建单位要与日本科学技术振兴机构签署合作研发协议，约定研究过程中产生的知识产权等问题，并要求 COI 基地采取双负责人制，项目负责人来自企业，负责监督研发活动和整体情况，科研负责人来自大学或科研院所，负责研发等相关事务。计划管理机构日本科学技术振兴机构会监控基地推进情况，为基地的研发活动提供支持和建议^①。

专栏：日本第六期《科学技术基本计划》

2021 年 3 月，日本政府发布第六期《科学技术基本计划》，作为指导 2021～2025 年科学技术与创新发展的纲领性规划。第六期《科学技术基本计划》延续了上一期的基本理念，将建设"社会 5.0"作为未来 5 年的发展目标，"社会 5.0"的具体图景被阐述为"确保国民安全与安心的可持续发展的强韧社会"和"实现人人多元幸福的社会"。

针对"社会 5.0"目标，第六期《科学技术基本计划》推出了三方面的科技创新政策，一是建设韧性社会，确保安全舒适的生活和可持续发展；二是强化研究能力，开辟新知识领域和创造新价值；三是重视培养人才，使国民拥有幸福生活并应对各种挑战。每方面下都设定了具体的量化目标，如"2022 年接受大学、专业技能学校再培训的社会人员达到 100 万人""2025 年企业聘用博士生的人数比往年平均水平增加约 1000 人，未满 40 岁的大学教师人数占总数的三成以上"等。

除上述三方面政策外，第六期《科学技术基本计划》优化了日本科技创新推进体制机制。一是进一步提高科技创新投入强度，撬动社会资本参与。设立 10 万亿日元规模基金资助大学开展基础研究和可持续发展，通过完善税制、优化补贴政策等吸引民间机构投资科技创新活动。二是加强官民合作，在重点基础研究和产业领域推进政府与民间机构、企业的科研创新活动。三是加强综合科学技术创新会议职能。做好政府决策信息的发布和咨询工作，推行科技管理系统的使用，保障科技创新政策的一致性和持续性，日本内阁设立"科学技术创新推进事务局"，协调其他部门开展科技创新工作。

日本的科技计划部署具有层次明显、自上而下组织和指导的特点。围绕"社会 5.0"核心目标，第六期《科学技术基本计划》提出具体要达成的目标和项目领域，设置年度的综合创新计划，明确研究的主题与委办部门，指

---

① SVCafe 开放式创新. 中日大学展暨论坛：日本技术转移及创新推动计划[EB/OL]. https://mp.weixin.qq.com/s/fSqjoOhiA-lJoySLLc200g##[2023-08-22].

导省厅级科技计划的设立。省厅级部门根据计划要求再设立专门项目，明确承担的研究机构，形成领导小组并制定具体的执行政策，部分需要对外征集研究课题的项目会在这一阶段进行。科研机构再根据省厅级科技计划的要求设立自己的计划，参与和执行项目。对于跨部门的科技计划，主要由日本的综合科学技术创新会议指定一位专业领域内的优秀专家作为"协调员"，由负责计划的政府部门主管人员和外部专家组成工作推进组，协调员牵头工作组会议，对项目实施质量负责，及时进行政策报告和决策咨询建议。第六期《科学技术基本计划》设置了每年的综合创新战略、量子技术创新战略、以人类为中心的 AI 社会原则、聚变能源创新战略、探月研究开发计划、跨部委战略创新推进计划项目、"通用服务自动驾驶"跨部委战略创新推进计划项目（Cross-Ministerial Strategic Innovation Promotion Program-Automated Driving for Universal Services，SIP-ADUS）。跨部委战略创新推进计划项目下又设置了若干子项目，覆盖了大数据、人工智能、物联网、新材料、能源等领域。

资料来源：

惠仲阳. 2021. 日本发布"第六期科学技术与创新基本计划"[EB/OL]. http://www.casisd.cn/zkcg/ydkb/kjzcyzxkb/kjzczxkb2021/zczxkb202105/202108/t20210809_6155315.html[2023-08-15].

4.3.2　脱欧后英国在科技计划部署上的做法经验

2023 年 3 月，英国提出到 2030 年巩固英国作为全球科技超级大国地位的目标和愿景。英国是世界科学研究强国，尤其在基础研究领域拥有长期相对稳定的支持，但是近年来，英国也面临着科技研发资金投入强度不足、科技人才流失、科技成果转化能力不强等问题，脱欧进一步影响了英国科技强国的可持续发展。英国政府在"脱欧"投票结束后迅速采取行动，启动相关行政管理办法，优化科技计划部署方式方法，应对脱欧后英国科研面临的严峻挑战。

相比日本，英国的科研体制相对分散。英国议会是最高立法机关，内阁是英国政府的最高决策机构。脱欧后，英国进行机构改革，成立商业、能源和产业战略部，负责制定具体的科技战略并细化执行，出台了如《英国研发路线图》等。2023 年初，英国对商业、能源和产业战略部进行整合改组，成立科学、创新和技术部等三部门，整合了商业、能源和产业战略部的相关部门并承载相关职能，旨在专注科技创新，负责国家科技创新体系的总体管理，协助管理政府科学办公室和英国国家科研与创新署。政府科学办公室属于英国的独立政府机构，负责国家科技战略规划的顶层设计和管理，直接向内阁提出科技政策与咨询建议，以科学建议为依据，不断提高政府所采纳的科学建议的质量，审议需要优先关注的项目。英国国家科研与创新署于 2018 年成立，其定位是由政府资助的非营利性独立机构，是英国国家层面的科研资助与项目管理机构，下设英国的七大研究理事会、英国创新署和英格兰研究署等机构。

在英国，战略规划或科技计划在制定后，有以下几种组织及落实形式。

一是通过政府的公共科研资助体系进行项目部署和资助。每个财政年度，英国国家科研与创新署收集下一年度下属的七大研究理事会和英国创新署与英格兰研究署提出的科学预算草案，并统一上报给科学、创新和技术部及财政部，科学、创新和技术部初步制定科技计划的内容和执行框架，在接受公开咨询后由各研究理事会和委员会等组成工作小组，对规划进行细化，确定实施方案及预算、管理机制等。预算草案通过后由科学、创新和技术部拨款给国家科研与创新署并予以监督，国家科研与创新署再根据当年的科学预算，将公共科研基金拨给下属的研究理事会及其他研究机构，各理事会和研究机构再以课题经费、项目基金、研究津贴、奖学金或研究生助学金等形式划拨给研究人员、下属科研院所或其他研究中心[①]。国家科研与创新署横向联合下属的七大研究理事会和两个研究机构部署科技计划项目，每年管理的资助基金超过 60 亿英镑。这些经费被用于竞争性项目支持和研究机构定向支持，大致遵循 5∶5 或 4∶6 的比例进行分配（丁上于等，2021）。这七大研究理事会分别是"艺术与人文研究理事会""生物技术与生物科学研究理事会""经济和社会研究理事会""工程和物理科学研究理事会""医学研究理事会""自然环境研究理事会""科学技术设施理事会"（夏航，2017）。七大研究理事会具有决定相关专业领域重点科研项目如何推进和执行的职责（刘娅和冯高阳，2023）。英国的科研

---

① UKRI. UKRI's budget allocationexplainers[EB/OL]. https://www.ukri.org/publications/ukri-budget- allocation-explainers/[2023-08-22].

项目预算遵循"霍尔丹原则"，即研究经费使用决策尊重科研人员同行评议意见，而非由政策制定者决策。不同理事会再衍生出多样化的科研计划、资助模式和资金来源。

二是制定地方科技战略，推进区域创新体系建设和区域协调发展。在英国，创新资源相对集中于伦敦、英格兰东部等地区，为解决不均衡问题，具体做法有加大对部分地方的研发投入强度，在总体规划下依托企业、独立研究机构完成更多原创性技术创新；制定相应人才引进和培养计划；加大基础设施建设投入力度，以中心城市为圆心辐射带动周边城市发展，形成产业协作优势。

三是设立政府基金撬动社会资本，支持科技创新战略实施。国家科研与创新署设立了产业战略挑战基金（ISCF）、全球挑战研究基金（GCRF）、战略重点基金（SPF）、地方强化基金（SIPF）、未来领袖奖学金（FLF）、国际合作基金（FFIC）等资助性基金，覆盖了重点产业发展、前沿技术研究、地方科技创新、人才培养、国际合作等多个方面[①]。以 2016 年设立的产业战略挑战基金为例，总金额约 56 亿英镑，其中政府投入约占 46%，其他来自产业界等配套（谈戈和蒋苏南，2021）。基金关注英国核心科技领域与重点发展前沿，用于资助上述相关项目或设立研究中心。

四是做好科技工作的评估评价。英国政府在落实战略内容，进行科技管理和组织的过程中，发挥科技评价的导向作用（夏婷，2023），采取同行评审和评估、德尔菲法、广泛征求意见等，提高运行效率与资金使用效益。国家科研与创新署会定期开展评估工作，不仅对资助项目的科研绩效进行评估，还涉及基金申请的工作流程，减少申请人负担，同时加强平等、多样性、包容性和必要的问责制。也是在这样的逻辑下，英国政府在 2008 年开始执行研究卓越框架（Research Excellence Framework，REF），一种基于量化指标的科研绩效评估体系，包括研究成果、影响和环境 3 个方面。REF 引入了文献计量等定量指标，与专家评议等定性指标相结合，科研绩效评估结果作为分配科研经费的重要参考，简化了评估流程和成本，提高了绩效拨款的倾斜程度和拨款机制的透明度。

---

① 史冬梅，王晶. 英国研究与创新署的运作模式及启示[EB/OL]. https://mp.weixin.qq.com/s/GjcLzVigOFzMLTmDItoWoA [2023-12-22].

专栏：英国国家科研与创新署《2022—2027 年战略：共同改变未来》

2022 年 3 月，英国国家科研与创新署（UKRI）发布了《2022—2027 年战略：共同改变未来》（简称《战略》），这是一项长期的、高优先级的科技战略计划，旨在服务于将英国打造成为全球科技超级大国和创新国家，也是英国为实现全球科技超级大国和创新国家目标制定的第一个 5 年战略计划，体现了英国国家科研与创新署在英国科技创新中的关键地位。

《战略》指出要持续加大 R&D 研发投入，定下了到 2024～2025 年投入 20 亿英镑，到 2027 年 R&D 研发投入强度达到 2.4%的目标，并指出要加强跨部门政府合作，吸引更多私营部门加强 R&D 研发投入，在国家层面提出更多引领性和合作性的战略，支持宏大、前沿项目。《战略》具体提出了"多样性"（Diversity）、"连通性"（Connectivity）、"韧性"（Resilience）、"融合性"（Engagement）四大变革原则，设置了六大发展目标和优先发展事项。加大了对数字创新、人工智能、6G 等前沿技术的支持力度。

四大变革原则中，多样性指支持人员、技能的多样性，仪器设备和设施的多样性，以及观点的多样性。连通性指打破藩篱，保障观点和知识在不同创新主体、行业之间的跨学科跨部门自由流动。韧性在本《战略》中指向对科学研究的资金支持，旨在为高校、科研院所等公共财政资助机构提供兼具灵活、可靠、稳定性的资金支持，加强社会化商业性融资。融合性指让科技服务于社会经济发展，让每个人在科技创新中获益。

在四大变革原则指导下，《战略》提出了六大发展目标及目标下的优先发展事项。一是世界级的人才和事业。这一目标旨在让英国成为人才及其团队的首选地，目标下包括的优先发展事项有让英国成为最吸引人才和团队的目的地、广泛培育促进科技创新力量发展的技能型人才队伍和转变创新文化氛围，支持人才追求理想(高钰涵和张翼燕，2022)。二是世界级的地点。优先事项包括加强不同区域范围内的伙伴合作关系，提高研究和科技创新支持资金的可持续性，为世界领先的科技创新和研究活动提供基础设施安全保障。三是世界级的观点。优先事项包括支持前沿领域研究、促进多学科跨学科研究。四是世界级的创新。优先事项包括为促进私营部门投资提供所需的技能、资金和合作机会，加速转化、商业化和知识交换。五是世界级的影响。优先事项包括应对重大国家级和全球性挑战，利用未来技术带来的机遇，变革对未来经济发展至关重要的领域。六是世界级的组织。本目标要求国家科研与创新署更加高效、有影响力、灵活。优先事项包括推动人才合作及成长，优化国家科研与创新署的运营模式等。在各项优先发展事项下，《战略》分别提出了可行的实施方向或落实办法，如设置学生奖学金支持计划、设立研究经费支持项目、强化技能人才培训、促进不同创新主体在科学研究及设施建设上的共同投资和协同研究、促进信息共享并减少官僚化风气等。

资料来源：

科技日报国际部. 2023. 变局之中　预立未来[N]. 科技日报, 2023-01-03.

4.3.3　美国在科技计划部署上的做法经验

美国是联邦制国家，实行三权分立的政治制度，政治上以民主党和共和党的两党制为主，总统是政府最高行政长官，推崇自由市场经济，这些都是影响美国科技政策的重要因素。美国在科技立法方面相对完善，科技计划从制定到部署都受到法律或制度的约束，科技预算、科技计划的制定、组织实施、评估、知识产权管理等环节已经形成一套完整的程序（潘慧，2011），加强了科技计划部署的规范性、效率性和效益性。

美国科技体制和研究体系的基本框架在 20 世纪 60 年代末就已经形成。在政府层面，美国在顶层设计上成立了 3 家机构，帮助制定科技战略规划和组织部署，分别是白宫科技政策办公室（OSTP）、美国国家科学技术委员会（NSTC）和总统科技咨询委员会（President's Council of Advisors on Science and Technology，PCAST），这三家机构也被称为美国科技政策决策咨询的"三驾马车"。其中，白宫科技政策办公室一方面为总统提供科技决策咨询建议，另一方面与国会和政府部门合作，制定科技战略和计划、政策，提出新财年研发预算的优先领域，参与各部门研发预算编制和审核。美国国家科学技术委员会是跨部门协调机构，主要负责确立明确的科技发展目标及跨部门的决策协调，确立计划的实施部门、如何协作、绩效评估等事宜，确保科技政策或计划与目标一致，将总统的科技政策整合到整个联邦政府中。总统科技咨询委员会是独立于联邦政府外的顾问机构，为总统办公室提交来自政府外的政策建议和报告，所建议内容会被采纳成为科技计划的一部分，其也会对已经开展的科技计划进行评估，影响着科技计划的部署。除此以外，其他的政府部门或独立的政府资助机构也会参与科技计划的承担工作，如国防部、国家航空航天局、能源部、农业部、国立卫生研究院、国家科学基金会都与科学技术密切相关。

美国是分散型科技管理体制国家，科技计划体系庞大，种类繁杂，往往没有专门针对单一计划的整体布局和部署（徐峰和封颖，2016），但一般会建立相应的协调委员会或办公室，以统筹推进计划的部署实施。不同的计划在组织实施和项目管理的方式方法上有独特的程序。整体看，科技计划大致可分为两类。一类是国家级跨部门综合性科技计划，具有长期性、综合性和战略性的特点（刘克佳，2021），设立计划往往需要国会立法或总统行政令的授权，结合国家战略需求，聚焦热点和前沿领域科技突破，最终提出跨部门的科技计划，如国家纳米技术倡议、"脑计划"、"美国人工智能倡议"和"材料基因组计划"等。这类计划的部署通过设置众多子项目实现，一般会在计划中明确负责的政府部门，各政府部门按照已有规则进行项目的申报受理、遴选实施、评估监督等。另一类是由政府部门或政府资助的独立机构设立的科技计划，这类计划覆盖领域广、涉及种类多。部署工作依从计划设立部门的规定，一般是由计划设立的部门联合其他单位或委托下属科研项目管理机构细化具体项目，组织实施和监督。

除了在计划中设置子计划和项目，通过财政经费拨款支持研发活动进行部署这一传统方法外，还有一些其他常见的部署模式。

一是对于一些应用课题，政府会通过招标采购，与委托方签订合同的方式部署和管理。这样的做法一般集中在指标具体明确、具有较强应用性的项目中。政府作为委托方的介入更深入，管理也更加严格，会有明确的时间节点和进度标准，合同条款中的内容是重要的验收指标，不能完成既定目标的情况亦按照合同违约处理。

二是在计划部署过程中，除了资助计划下的项目，也会成立相应的研究中心或创新联合体，如 2018 年美国总统特朗普签署了《国家量子倡议法案》，实施至今已成立了 1 个量子经济发展联盟（Quantum Economic Development Consortium，QED-C）、3 个量子跃迁挑战研究所（Quantum Leap Challenge Institutes，QLCI）。美国 2022 年颁布的《芯片和科学法案》发起了"区域技术和创新中心"（Regional Technology and Innovation Hubs，RTIH）计划，5 年内投资 100 亿美元在全国范围内新建 20 个区域技术和创新中心，这一中心旨在将联邦政府、地方政府、高等教育机构、工会、非营利组织、私营企业和社区组织等多方聚集在一起[①]，建立区域合作伙伴关系进行协同创新和商业化。美国国家科学基金会在 2022 年发起"区域创新引擎"项目，旨在建设一批"创新引擎"，将政产学研更紧密连接。

三是与人才培养相结合。人才队伍建设是美国推进计划部署的另一个路径。2023 年最新修订的《国家人工智能研发战略计划》提出了解人工智能研发人员的实际需求，培养更加专业的人工智能研发人才团队。美国国家科学基金会在推出的包容性计划[②]中，鼓励更多的有色人种和少数族裔人口参与科学项目，包括妇女、亚裔、西班牙裔、非裔、土著美国人、残疾人，以及来自农村地区的人员，解决人口多样性参与的问题[③]。

四是某些计划也会以"法案"等形式要求参与计划的联邦政府机构对计划进行"投资"，保障计划的运行，如在美国小企业创新研究（SBIR）计划中，《小企业创新发展法案》（*The Small Business Innovation Development Act*）规定联邦政府部门如果年度对外研发预算超过 1 亿美元，需要将其中至少 3.2% 投入到 SBIR 计划，具体实施过程由各部门结合实际情况来负责（龙飞和巩键，2023）。

---

① 刘国柱. 2022. 百年马拉松：美国《芯片与科学法案》下中国如何跑赢科技竞争[EB/OL]. https://www.thepaper.cn/newsDetail_forward_19494195[2023-08-28].

② 亦有学者称为"多元人才计划"，英文名"NSF INCLUDES"。

③ 瞿敏明. 2018. 美国科学基金会关注的九大科技和四项改革|对 10 Big Ideas for Future NSF Investments 的解读[EB/OL]. https://www.sohu.com/a/221523602_686936[2023-08-28].

　　五是将计划的子项目通过举办各类比赛的方式进行部署。例如，美国商务部经济分析局主导的"规模建造"（Build to Scale，B2S）计划，面向初创公司、孵化机构、投资基金等，举办"风险挑战赛"、"资本挑战赛"和"产业挑战赛"等，以竞争性方式为申请者提供资助，推动高技术产业发展。

专栏：美国国家级跨部门《美国国家创新路径》战略

　　2023 年 4 月，美国白宫科技政策办公室、能源部（DOE）、国务院联合发布《美国国家创新路径》（以下简称《创新路径》）。《创新路径》指出拜登政府正在推行"创新、示范和部署"三方面的行动计划，旨在加快推进清洁能源关键技术创新，扩大美国转型所需技术部署及研究，以在 2035 年实现电力领域零碳排目标，2030 年实现 50% 零排放汽车销售目标，2050 年实现净零排放目标。

　　《创新路径》战略由清洁能源创新战略概述和研究方法、清洁能源创新优先事项及跟踪进展、非联邦政府及私营部门参与、国际合作、国家能源创新生态系统五部分组成。《创新路径》的具体内容涵盖了拜登政府下美国面向未来在能源领域长期创新的阶段性目标及优先开展领域，提出了部署目标所需的行动举措和所设置的长期项目、示范项目，能源部等联邦政府部门在优先开展领域投入的经费预算，展示了在能源领域已有的相关进展及已出台政策文件和美国政府在清洁能源领域参与的多项国际科技合作项目等内容。部署方式包括设置长期项目、示范项目，设置激励资金、贷款授权、贴息等金融支持举措以部署商业和新兴清洁能源技术，使用和调整能源基础设施，设置清洁能源创新优先事项与进展监测指标以跟进和评估任务实施情况，发起清洁能源国际倡议和国际项目合作，以及利用能源部及其 17 个国家实验室启动新项目等。

　　此外，《创新路径》强调政府部门与私营部门进行公开对话与创新合作，应贯穿从研发到全面商业化部署各个阶段，并将其视为达成能源创新的核心。《创新路径》支持能源部与工业界、国家实验室、高校、非营利组织、州和地方政府以及美国各地的其他利益相关者合作，推动基础科学研究和早期技术突破，并在商业上可行。只有产业界和政府之间保持持续和公开的对话，并就商业规模和成功经验达成统一认识，才能为私营部门创新创建合适的有利环境。

资料来源：全球技术地图. 美国白宫科技政策办公室发布《美国国家创新路径》[EB/OL]. https://new. qq.com/rain/a/20230428A0617H00[2023-04-28].

4.3.4　德国在科技计划部署上的做法经验

德国是由 16 个联邦州组成的联邦议会共和制国家。在科技管理中，德国采取科学自治原则，奉行科学自由，政府在科技管理中以干预为辅，实行联邦分权管理（谷俊战，2005）。

德国在 2006 年出台了本国首个全国性的综合科技发展战略计划——《高技术战略》，旨在提升德国的整体创新能力。计划出台后每四年进行修改，2018 年发布了第三版，即《高技术战略 2025》。2023 年 2 月，德国新颁布《未来研究与创新战略》，取代 2018 年的《高技术战略 2025》。该项战略计划提出了德国布局的 6 个优先发展领域，提出了 17 项到 2025 年的具体量化指标。从《高技术战略》到《未来研究与创新战略》，德国部署了不同的科技创新计划和专项等，形成了分工明确、协调一致的科研体系。

一是联邦政府各部门部署任务，按照政府各部门职能分工进行计划的推进和管理。在德国，联邦教育与研究部是德国联邦政府最主要的科技主管部门，主要负责基础研究、关键技术、生命科学和可持续发展研究领域的科技计划（葛春雷和裴瑞敏，2015）。例如，"创新未来集群"竞赛计划，是德国联邦教育与研究部 2019 年在"高科技战略 2025"框架下推出的，跨度十年，这是一项竞争性资助举措，由德国联邦教育与研究部从申请方中选定七个未来集群进行阶段性资助，产业界进行 1∶1 的配套。联邦经济和能源部是仅次于德国联邦教育与研究部的科技主管部门，主要负责产业相关研究，管理能源和航空领域的科学研究及中小企业科技计划（白春礼，2013），部署有"第六能源研究计划"等项目。其他联邦政府部门如联邦数字化和交通部、联邦食品和农业部也会部署出台与本部门职能相关的科技计划。此外，德国各部委还会启动相关技术研究倡议，并发布资助准则。例如，联邦教育与研究部在 2021 年启动了德国的首个 6G 技术研究倡议，设立德国首个有关 6G 技术的研究项目，计划在 2025 年之前为项目提供约 7 亿欧元资金用于 6G 技术的研究。

二是开展跨部委合作，共同部署科研任务。国家级科技计划按职能分工交由各部委组织与管理，对于需要跨部门协同的科技计划，则交由主管该计划的部委承担组织协调工作。2021 年德国联邦政府的 9 个部委在联邦教育与研究部协调下共同制定的社会创新促进方案，明确不同部委在促进社会创新领域所辖的行业重点，参与方案制定的 9 个部委包括德国联邦劳动和社会事务部、联邦食品和农业部、联邦家庭部、联邦卫生部、联邦内政部、联邦环境、自然保护、核安全和消费者保护部、联邦数字化和交通部、联邦经济和能源部、联邦教育与研究部。

三是联邦政府与州政府协同部署创新任务。在德国的科技计划管理体系中，联邦政府和 16 个联邦州政府是德国科技规划的最高决策者和重要投资者，在统筹联邦与州政府科技计划部署方面，德国科技管理体制呈现出集中与分散相结合的特征，联邦和州政府各自行使其科技管理职能（陈强，2015）。德国的州政府在科技事业的制定和管理上具有自主管理权，既可组织实施本辖区的科技创新计划，又可与联邦政府合作共同承担国家级的科技计划。例如，2005 年联邦和各州政府签署了《研究与创新公约》，并已对其进行四次更新，此外还有"精英大学计划"等。除部署相关科技计划任务外，联邦与州政府还会合作建设科研基础设施，如 2018 年联邦与州政府达成一致协议，筹建"国家研究数据基础设施"，首批数据中心已于 2021 年启动。

四是通过德国科学基金会（DFG）资助推进部署。德国科学基金会是德国最重要的科研资助机构，由德国研究型高校、非高校科研机构、科学院和学会协会组成，资助经费主要来自政府财政拨款。作为欧洲最大的科研促进机构，德国科学基金会对德国科研起到决定性的调控作用①。德国科学基金会接受联邦和州政府的委托，与专业化项目管理机构共同组织实施德国科技计划，负责

① Deutschland. de. 德国科学基金会[EB/OL]. https://www.deutschland.de/zh-hans/topic/zhishi/daxueyuyanjiu/deguokexuejijinhui [2023-08-28].

具体的计划项目招标遴选、经费拨付、监督执行、评估跟踪等。此外，德国科学基金会还会围绕前沿热点领域、国家战略需求设立专项研究项目并予以资助。资助类型一般有个人项目、合作项目（包括对特殊研究领域、重点计划、博士研究生院、研究团队、研究中心的资助）、卓越计划、科研基础设施和科研奖项①。2022 年德国科学基金会资助项目超过了 31 750 个，资助金额超过3.9 亿欧元②。

专栏：《未来研究与创新战略》

2023 年 2 月，德国联邦政府内阁通过了由德国联邦教育与研究部提交的《未来研究与创新战略》，《未来研究与创新战略》继承于德国 2006 年发布的《高技术战略》，新出台的《未来研究与创新战略》取代了 2018 年出台的《高技术战略2025》，是德国国家层面研究与创新发展的顶层战略。

《未来研究与创新战略》制定了未来几年研究和创新政策的跨部门目标、重点和里程。在这一战略计划中，德国为到 2025 年全面进一步发展创新系统制定了 17 项指标。在目标下，《未来研究与创新战略》提出了"促进科研和技术转移"及"加速德国转型升级"的重点内容，每个内容下分别设置了 6 个重点任务模块，覆盖了具体的专业与产业领域及主要措施。

《未来研究与创新战略》整合协调了德国联邦政府下制定研究和创新政策的不同部委，有助于汇集和统筹不同相关方资源，进一步推动不同政府部门更加紧密地相互联系，有利于集中应对重大挑战，制定研究和创新政策。

4.3.5　对我国科技计划部署的启示

一是在顶层计划上保持统筹和协调。英国有科学、创新和技术部及国家科

---

① 葛春雷. 德国科学基金会资助结构分析及国际比较[EB/OL]. http://www.casisd.cn/zkcg/ydkb/kjzcyzxkb/kjzczxkb2019/kjzczxkb201905/201906/t20190613_5321907. html[2023-08-28].

② DFG. German Research Foundation-Annual Report 2022[EB/OL]. https://www.dfg.de/en/dfg_profile/about_the_dfg/annual report/[2023-08-28].

研与创新署制定科技规划并统筹部署。隶属日本内阁的综合科学技术创新会议是日本科技计划部署的中枢和核心，在职能上是日本唯一一个统筹负责科技规划组织制定和实施的机构。美国有拉动决策咨询的三驾马车，承担着联邦政府跨部门决策协调的职责。设立国家级综合性科技管理机构，并协调其他行政部门支持和配合科技计划的推进与部署，能够在一定程度上保证科技计划组织实施的一致性和稳定性。当前我国存在科技计划、专项、基金等过多过散、交叉重复的问题，对科技创新工作多头管理，缺乏有效的统筹协调机制。2023 年 3 月，我国组建成立中央科技委员会，着力加强了科技工作集中统一领导。各方在中央科技委员会的统筹下相互配合，明确优先领域、重点任务和重大项目工作安排和部门分工，科技行政主管部门会同有关部门充分发挥科技工作重大问题会商与沟通机制的作用，围绕国民经济和社会发展规划的部署，深化科技计划（专项、基金）的改革，财政部门注意对科技预算的统筹安排。对定位不清、资助领域重复交叉的项目进行调整，对科研工作多头管理、申报渠道不唯一、资源配置分散低效的项目进行统筹和优化。

二是重视对科技活动的评价工作。对科技计划的评价评估是发达国家科技计划部署过程中的重要环节，其在长期实践中积累了丰富经验。例如，英国在计划实施的各个行政层级设置有评价机构，在评价工作中充分发挥专家咨询作用，覆盖从立项到执行监测等全流程。再如，德国有联邦和州政府任命的科学顾问委员会、科学基金会组织的评估委员会和四大学会评估委员会对各自计划和任务进行评估。此外，德国重视对评价结果灵活使用，对部分项目，将评价结果、科研绩效与科研预算经费直接挂钩。我国应持续完善科技评价制度，坚持以科技创新质量、绩效、贡献为核心的评价导向，分类设计评价指标，分段设置评价周期，分层开展评价工作，构建以信任为基础的科研计划部署管理机制；加强科技成果评价理论和方法的研究，将大数据、人工智能等信息技术手段运用到科技评价中；将科技计划评价与科技成果评价相结合，激发科研人员创新活力与潜力。

三是鼓励市场化主体参与科技创新，引导企业在产业领域加强科技创新投入。国外的各项科技计划有对企业、新型研发机构等非公有性质研发主体持续投入开展研究进行补助或设立专有项目，这有助于加强产学研联动和成果转化，推动社会经济发展。目前，我国的高校和科研院所仍然是科技创新的中坚力量，与德国、美国相比，中小企业获得融资难，企业的自主创新能力薄弱，缺少原始技术积累。建议进一步扩大我国科技计划体系的辐射面，促进科技计划部署的多元化。一方面，持续增加财政投入，保障对基础研究、研究型综合大学的稳定性支持；另一方面，拓宽科技投入渠道，鼓励政府起引导作用、风头机构和社会资金参与，进一步完善科技项目评估管理制度和知识产权保护制度等保障性制度，打牢科技创新组织结构基础，帮助激发企业科技创新潜能，引导大企业成为我国科技创新中的主体，带动小企业参与科技创新。

4.4　本 章 小 结

科技规划的研究部署是推动科技规划落地的重要环节，与科技目标的实现紧密相关，可以通过科技计划（项目）部署、配套政策部署、机构部署等形式推动科技规划的实施。科技规划实施部署的过程中往往涉及多个部门、多家单位的相互合作，实施效果体现在科研产出、目标实现程度和经济社会影响三个层面，因此工作手段方面需要历经部署重点选题、统筹预算资金、执行动态监测和实施绩效评估等环节。借鉴日本、英国、美国、德国等国家的经验做法，在科技规划研究部署中应注意在顶层计划上保持统筹和协调、重视对科技活动的评价工作、鼓励市场化主体参与科技创新，引导企业在产业领域加强科技创新投入。

第5章 科技规划的执行监测

为保障科技规划的顺利实施和目标达成，科技规划的执行监测是科技规划管理的关键步骤和重要流程，保证科技规划及时、有序、高效、高质量地推进，并有助于发现和预防可能的科技管理失误。世界上主要的科技强国都非常重视科技规划的执行评估和过程监测工作。本章主要阐述了科技规划执行监测的重要性、执行监测管理的主体、执行监测的基本方法和美欧日典型实践案例。

5.1 科技规划执行监测的重要性

科技规划执行监测与科技规划的目标制定和过程实施管理直接相关。一方面，通过科技规划的执行监测，以目标管理为导向，可以了解科技规划制定目标的依据和成果完成的目标，促进科技规划执行监测对照目标的制定，继而完成科技规划实施效果反馈，判断科技研究是否达到关键节点。另一方面，通过科技规划的执行监测，还可以了解科技规划组织实施和控制协调的内容，便于科技规划执行监测环节实时监测工作的进行，并利用监测评估结果来调整和完善科技规划管理。

科技规划执行监测的主要任务是对预算的执行情况、具体项目实施部门的履职情况、总体目标的完成情况进行监督管理，重点关注阶段性进展，监测科技规划目标的阶段性完成情况。科技规划是一个涉及多个机构、多个部门、不同层级的复杂系统，因此统筹、协调、有效的监测管理显得尤为必要。执行监测环节的缺乏将会影响科技规划实施的效率和效果，造成科技资源的浪费，甚至直接导致科技规划难以达成既定目标。通过执行监测，可以及时掌握规划目标的落实进展情况并发现规划实施过程中出现的新现象和新问题，及时形成对目标定位和资源环境的政策反馈，调整科技规划实施方案的相关安排，针对薄弱环节加强部署，保证科技规划目标的高质量、高水平实现。

美国和欧洲主要科技强国都非常重视科技规划的执行评估和过程监测工作，设立了听证制度、报告制度、审计制度、实地调查和评估制度等规范化、制度化、常态化的管理机制和配套文件来确保科技规划评估监测工作的有效实施。美国的《政府绩效与结果法案》规定，一旦确定了科技规划的优先领域和经费资助，绩效评估就成为常规监测任务；新版美国《政府绩效与结果现代化法案》还专门设立了"绩效改进委员会"来提升联邦政府绩效以实现优先发展目标，并针对优先发展目标建立了"季度检查评估"制度。欧盟委员会为顺利落实"欧盟 2020 战略"中的"创新联盟"旗舰计划，开发出了"快速成长的创新型企业指标"对"创新联盟"旗舰计划的实施进展进行监测，并开发出了"科研与创新绩效记分牌"对实施进程进行全过程监控。

我国也已在国家科技规划中引入科技监测指标，对科技规划执行状况进行评估，并依据评估结果动态调整及改进完善相关部门的科技管理工作。2014年 12 月，国务院印发的《关于深化中央财政科技计划（专项、基金等）管理改革的方案》，要求"建立统一的评估和监管机制""科技部、财政部要对科技计划（专项、基金等）的实施绩效、战略咨询与综合评审委员会和专业机构的履职尽责情况等统一组织评估评价和监督检查"。2016 年 8 月国务院印发的《"十三五"国家科技创新规划》中也明确提出，要"开展规划实施情况的动态监测和第三方评估，把监测和评估结果作为改进政府科技创新管理工作的重要依据"，并提出 12 个"十三五"科技创新主要指标：国家综合创新能力世界排名、科技进步贡献率、研究与试验发展经费投入强度、每万名就业人员中研发人员、高新技术企业营业收入、知识密集型服务业增加值占国内生产总值的比例、规模以上工业企业研发经费支出与主营业务收入之比、国际科技论文被引次数世界排名、PCT 专利申请量、每万人口发明专利拥有量、全国技术合同成交金额、公民具备科学素质的比例。

5.2 科技规划执行监测的主体

按照科技规划的编制目的，可将科技规划分为科技战略规划、科技行动规划和科技项目规划。科技战略规划和科技行动规划通常由政府组织制定。科技项目规划通常在政府科技战略规划和科技行动规划中实施安排，由各个政府管理部门实施；各个政府管理部门编制项目申请指南，通过公开竞争或择优委托等方式遴选研究机构开展相关科技研发活动。因此，科技规划的执行监测责任难以由一个部门或机构独立承担，而应由不同层级的科技规划实施关联者共同承担。此外，在科技规划的实施过程中，科技规划的宏大目标需要通过一个个具体的项目来实现。按照科技规划中具体项目所要达到的目标及具体任务的标准，明确执行主体的责任与任务，也是实施科技规划监测的有效手段之一。执行各方按照自己的责任与任务要求执行科技规划中的项目，更有助于其达到监测标准，顺利完成科技规划的具体项目目标。科技规划监测的最终目的是完成科技规划，而非惩罚达不到任务要求的责任方，明确科技规划执行主体的责任与任务可以起到预防的作用，确保科技规划的顺利实施。

科技规划项目执行监测的主体一般可以分为直接监测管理、外部专家监测管理和第三方机构监测管理，执行监测的方式包括项目书面资料审查、现场考察、科学家座谈等。随着大数据技术的发展，科技规划执行监测的手段也逐渐趋于数字化、智能化。

5.2.1 直接监测管理

直接监测管理，也是内部监测管理，是指科技规划的政府管理部门及其科学技术委员会、技术战略委员会、项目管理主体和研发主体（项目承担方）对科技规划进行直接的、机构内的监督。科技规划执行监测阶段的直接监测管理本质上是一个授权与集权相配合的问题。以美国国家纳米技术倡议为例，美国政府管理部门通过任务责任制，分派项目管理工作，形成分层实施、上下联动、统筹开展、系统高效的执行监测体系，强化科技规划实施过程检查和监督，确保科技规划的质量，如图 5-1 所示。其中，白宫科技政策办公室以及管理和预算办公室为美国联邦监督与预算机构，国家科学技术委员会是美国最高层科技管理机构以及国家纳米技术倡议的最高管理机构，国家科学技术委员会下设的技术委员会（Committee on Technology，CoT）负责政府跨机构研发计划的政策指导和预算指南制定，CoT 下设纳米科学、工程和技术分委员会（Subcommittee on Nanoscale Science，Engineering and Technology，NSET），负责国家纳米技术倡议的战略规划、编制预算、协调实施和评估。

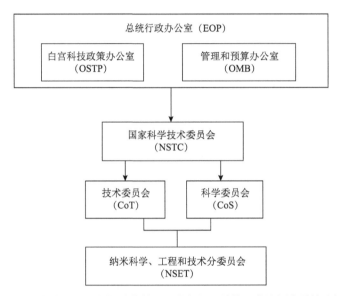

图 5-1　美国国家纳米技术倡议计划的直接管理和监督组织结构（发达国家科技计划管理机制研究课题组，2016）

科技规划研发主体的项目执行监测成员一般由机构内的高级管理人员（如院长、所长、监事会成员、评议会委员等）和项目相关领域的专家担任，主要职责包括：开展资助后管理，对项目重大情况进行预警预判，如预测有可能影响项目进展的技术难题、制定项目实施团队内部意见不一致问题处理预案，评阅项目进展报告，以及进行实地调查等。科技规划项目通常还设有项目专员，其根据项目进展情况，提交阶段性报告。一般需提交项目的开题报告、中期报告和结题报告，报告内容主要涉及预算执行情况、项目执行进展、项目绩效情况等。

5.2.2　外部专家监测管理

外部专家监测管理是指项目承担方指派外部专家作为项目协调人，对项目的执行进度、财务状况等进行监管。项目协调人需要是项目相关领域的专家，同时具备一定项目管理能力。项目协调人作为专家可以直接参与到项目工作中，对项目执行中出现的问题做出及时反应和调整，并向项目管理机构提出项目发展、调整、延续或停止的建议。例如，美国小企业创新研究（SBIR）计划、小企业技术转移（STTR）计划规定，小企业和研究机构各自至少要聘任一名项目审查员，首席审查员将参与项目并负责项目的规划与指导。

对于不同的项目，也可以视项目情况，对项目协调人的职责作出特殊规定。其中，美国国防高级研究计划局（DARPA）作为组织美国国防领域高技术项目研发的重要机构，采用项目经理负责制是其保持活力并且高效产出的核心制度之一。DARPA 项目经理拥有很大的管理权，可以自行对研发项目进行选择和决策，还可以自行对合作伙伴和工作员工进行选择和任免，并对项目执行情况进行跟踪和监督（燕莉和扈啸，2022）。

从安倍晋三第二任政府开始，日本也在国家科技规划中引入美国 DARPA 模式的项目经理制度进行研发管理，如日本的"颠覆性技术创新计划"（Impulsing Paradigm Change through Disruptive Technologies Program，ImPACT）以及被称为"升级版 ImPACT 计划"的"登月型研发计划"（The Moonshot Research and Development Program）（张九庆，2021）。但是日本政府并没有完全照搬 DARPA 模式，而是根据本国国情及科技体制特点，结合未来发展的重大议题和面临的挑战，对项目协调人的职责做出相应调整。日本在 ImPACT 中规定，项目协调人只负责项目管理工作，不参与实际研发。项目协调人其他的职责包括：可适当调整项目进度甚至研究方向、协助实现科研成果的转移转化等（发达国家科技计划管理机制研究课题组，2016）。日本 ImPACT 项目协调人的选拔标准为：具有实际的研发和项目管理经验；在研究课题领域能够提出专业见解，掌握该领域的国内外研发现状；可以与其他科研人员充分沟通；具备信息收集能力和广泛的人脉资源；愿意为实现技术创新付出努力；能够清晰传达管理理念；需要在任期内专职从事该课题的项目管理工作（特殊情况也可兼职）等。

专栏：美国国防高级研究计划局的项目经理研发管理模式

1957 年秋，苏联发射了第一颗人造卫星。这使身处冷战之中的美国人感到深深的"技术惊诧"。为防止美国受到"技术突袭"的威胁并对对手国家造成"技术突袭"，在时任总统艾森豪威尔的倡导下，1958 年 2 月 7 日，美国国防部签署指令组建了国防高级研究计划局（DARPA）的前身——高级研究计划局（Advanced Research Projects Agency，ARPA），负责组织、管理、协调重大科研项目和先进军事技术研究。目前，DARPA 已经发展成为拥有 8 个技术项目办公室和 3 个职能办公室的扁平化项目管理组织。DARPA 始终履行着单一而持久的使命——把关键的投资投向具有突破性的国家安全技术。DARPA 本身的设计目的从根本上决定了其必须抛弃传统官僚主义创新方式，采取更加高效的创新模型。通过与政府、企业和科研机构等多方合作，DARPA 多次将具有变革性甚至看似不可能的概念转换为实用功能。另外，DARPA 还在不同程度上推动了互联网、全球定位系统、远程医疗、个人计算机操作系统 UNIX、激光器、半导体等一系列影响人类社会历史进程的重大科技项目。互联网的诞生，更是将人类社会带入了信息革命发展浪潮中，对人类生活方式产生了深远影响。

DARPA 项目经理通常来自科技企业高管、政府高级官员以及学科研究领域的顶级专家。DARPA 项目经理不仅可以基于其对当前最前沿科技发展态势的研判来促进 DARPA 相关科技发展，还可以加强 DARPA 与政府、企业的广泛交流以及寻找潜在的"技术突袭"。DARPA 项目经理直接对局长负责，这种扁平化管理方式在较大程度上减少了管理层级和官僚主义。因此，尽管 DARPA 的项目经费仅为国防预算的 0.5%，却创造了很多颠覆性技术革命。目前，DARPA 有约 100 个项目经理负责管理约 250 个研发项目。这些项目经理的任期通常只有 3～5 年，但他们在任职期间可以获得政策、法律、技术、金融等各方面专家支持。这种制度使得 DARPA 项目经理可以全身心投入项目研发，从而大幅提高项目完成的质量和效率。DARPA 任职履历也是项目经理个人职业生涯的重要任职经历之一；在 DARPA 任期结束后，项目经理通常可以在国防部及其他军事部门获得极为优越的任职条件。

资料来源：

燕莉, 扈啸. 2022. DARPA: 美国创新型机构成功实例[J]. 军民两用技术与产品, (3): 44-48.

张九庆. 2021. 日本积极推行 DARPA 模式 探索政府研发管理新制[J]. 科技中国, (9): 20-22.

5.2.3 第三方机构监测管理

第三方机构监测管理是指科技管理部门通过直接委托的方式，将项目的监测管理工作交给独立、专业的科技组织承担，由其在科技计划项目实施过程中实行阶段性、节点性或里程碑式的中期检查，从进度、质量、经费等方面对项目进行跟踪控制。第三方评估是一种外部评估形式，可以弥补内部评估和自我评估的缺陷，并有效避免科技政策制定、执行、评估、监督权力重叠问题。

虽然研究界对第三方评估的定义看法不一，但对第三方评估的特征描述有相对统一的认识，认为第三方评估具有独立性、专业性、公开性、公正性、科学性、时效性、权威性等特点（程燕林和张娓，2022）。其中，独立性是第三方评估的本质特征和固有属性，专业性和公开性是第三方评估区别于传统评估的核心特征。第三方评估的独立性要求评估人员秉持独立的道德准则，倡导评估机构和评估人员敢于向政府部门等拥有实权的机构说真话、说实话，做出客观、真实、可靠的评价。第三方评估的专业性体现在评估人员的职业素养能力和评估过程的科学性、专业性。第三方评估的公开性主要体现在通过建立评估公开制度和利益攸关方的参与，向社会公开评估过程和评估结果，主动接受社会公众监督。

委托第三方机构进行监测管理时，保证第三方专业管理机构的独立性成为各国非常关注的问题。美国的科技项目评审，通常是由第三方评估专家作为评估主体来进行的，为了避免少数专家形成小圈子从而把持项目评审工作，管理机构从各种角度平衡专家的来源，设立广泛专家数据库，对项目评审定期实行专家轮换制度。同时，美国多数评估机构还建立了专家回避制度，如在项目申请时，要说明培养导师、曾合作对象、曾就业机构，以此作为挑选评审专家的重要依据。在评估专家选择上，通常聘请相关领域具有一定学术声誉和研究影响力、与项目无利益冲突的大领域/大同行专家、小同行专家或工商企业界高级管理人员。大领域/大同行专家应具有国际视野、有广博的知识和洞察力，同时也拥有一定评估或战略决策管理经验，担任过大型科研机构或大学院系的管理职务或是重大科研项目的管理专家/评审专家等；小同行专家应对领域研究工作具有一定判断力，在评审项目的密切相关领域有深厚研究积累，同时身居科研一线并且具有一定项目评估经验（徐芳等，2019）。

应用市场化方法，由具有独立性、专业性的第三方机构对科技规划及其项目实施评估和监测管理是一种比较科学的监管运行机制，符合科技管理工作的发展趋势和管理规律，是当代社会科技治理的发展趋势（方华基和许为民，2011）。"作为第三方"的非政府组织参与科技治理是多元主体在科技社会化过程中的合作与互动，也是不断监督与完善科技发展的过程。1996~1998 年，美国国家科学基金会和十余个联邦政府机构联合出资委托世界技术评估中心（World Technology Evaluation Center，WTEC）对全球纳米科技研发进行战略评估。世界技术评估中心是一个民间非营利性国际技术评估机构，主要从事全球科技发展趋势的评估。基于美国政府的纳米科技评估需求，世界技术评估中心成立了"世界纳米科技发展评估小组"。该评估小组由九名成员组成，由伦斯勒理工学院材料科学与工程系主任 W.西格尔担任评估小组主任；W.西格尔后来被聘为美国总统纳米科技咨询专家组成员。

5.3　科技规划执行监测的基本方法

科技规划的执行监测本质上是一种项目监测和项目管理行为。项目监测是指管理人员为确保项目顺利进行，根据文本规划内容，按时、按目标、按技术性能和规格要求，对所有活动进行审查、检验和控制的工作，是为了保证项目计划的实施和项目总目标的实现而采取的一系列管理行动（黄锦成等，2006）。

在科技规划执行监测过程中，宏观上可以参考瑞士评估联合体的评估标准作为方法准则，从实用性、可行性、正确性和精确性四个方面进行综合考量。其中，实用性的内涵是保证执行监测以评估结果使用方的信息需求为导向，具体评估标准包括确定利益攸关方、说明评估目标、信息的范围与选择、价值判断的透明性与可信性、报告的完整性与清晰性、报告的及时性、评估的影响。可行性的内涵是保证执行监测切合实际、在周密筹备和成本可承担的情况下进行，具体评估标准包括适当程序、政治负载能力、成本有效性。正确性的内涵是保证执行监测符合法律、伦理要求，充分考虑利益攸关方的福利，具体评估标准包括正式协议、个人权利保障、人际交互作用、完整且公正的评估、结果公开、利益冲突声明。精确性的内涵是保证执行监测能够产生与提供合法、有用的信息，具体评估标准包括评估对象的记录、背景分析、描述目标与程序、可靠的信息来源、有效的信息、系统的信息检验、信息质量与数量分析、有根据且符合逻辑的结论、元评估、中立的评估报告（陈强等，2012）。有些科技规划的事中和事后评估标准也适用于科技规划的执行监测标准，如相关性、质量和绩效三个标准。对于科技规划执行而言，首先要确保科技规划文本中有明确的优先资助领域，然后在科技规划执行监测中充分考虑科技规划执行方向与科技规划总体目标之间的相关性。在科技规划的执行过程中还应特别关注科技资源，尤其是科技财力资源的使用，保证科技规划实施的质量。在监测过程中，科技规划实施中的阶段性投入和产出比例是否合理也应纳入考虑，同时应重点关注科技规划的执行进度和关键节点信息。

科技规划执行监测的实践过程中，具体可采用的方法有很多，如成本控制法、进度控制法、质量控制法和风险控制法等。此外，绩效评估的方法和指标也可用于科技规划的执行监测。绩效评估是由科技管理部门组织的，由各学科、各领域的专业人员组成评价小组，在一定的原则、程序和准则的指导下，对科技规划的科学技术水平、经济绩效、社会绩效以及目标实现程度、经费的使用管理等方面进行综合评价考核，体现完成科研任务、实现既定使命目标、监督执行过程的机制。中期绩效评估从技术进步性、管理有效性、技术转让、跨学科研究、经济社会影响等多个方面，对科技计划进行全方位核查并提出整改建议，切实发挥了科技规划执行监测的作用（刘克佳，2021）。

随着科技管理的不断发展和进步，科技规划的执行监测方法也在不断改进，调查和评估技术越来越先进。随着大数据、人工智能等现代化技术的发展以及科研数据规范化管理的重要性越发凸显，利用数字化、网络化手段推进科技规划过程管理和执行监测信息化、系统化，基于数据采集平台、科技管理信息系统进行科技规划项目数据全过程的动态监测，实现监测评估数据信息的可归集、可统计、可查询，并实现不同过程管理数据的衔接共享，成为提升科技规划监管效率的一种重要手段（许琦等，2022）。

5.3.1 成本控制法

成本控制是对科技规划项目研发过程中产生的各种费用进行计算、控制、调节和监管的过程，也是一个根据科技规划目标合理分配和充分使用研发经费等科技资源以实现产出和效益最大化的科研管理过程。成本控制法包含对科技规划的资金使用、人力资源、资产等业务管理进行控制，分析技术和资金的可行性，特别关注科技资源尤其是科研经费的使用以保证科技规划实施的质量。一般而言，成本控制属于科研经费管理范畴，其需要评估和监管的内容一般涉及已使用经费的审查评估和待使用经费的合理分配。

（1）已使用经费的审查评估。审查已使用经费按照科技规划的发展目标进行安排分配的合理性，确保研发人员经费、业务开支、设施建设和设备购置等各项经费项目支出满足科技规划的文本要求并且符合预算设定。科技规划实施中的阶段性投入和产出比例是否合理也应纳入成本控制的考虑范畴。

（2）待使用经费的合理分配。对预算经费的未来支出进行合理分配，优先保障科技规划文本中明确的优先资助领域和重点资助内容，充分考虑科技规划执行方向与科技规划总体目标之间的相关性。欧洲研究基础设施战略论坛（The European Strategy Forum on Research Infrastructures，ESFRI）会对研究基础设施的各个生命周期阶段进行成本评估，包括从项目建议书的提出到研究基础设施的实施、运行，以及最终除役的各个阶段（张志强，2020）。以运营成本为例，ESFRI 认为传统单一设施的运营成本取决于能源消耗和人力资源成本，通常占每年投资的 8%～12%；移动式设施（如船只）、分布式设施和信息基础设施的运营成本通常更高；分布式设施的运营成本包括与中央枢纽相关的运营成本以及形成分布式设施节点的增量成本（梁田等，2018）。

通常而言，科技规划项目实施成本控制要遵循成本最小化和成本合理化的基本原则，使科技研发经费发挥最大效益。成本最小化原则是成本控制的出发点和落脚点。与此同时，还要确保成本控制的合理原则，使成本控制的各方面既能满足项目开展的需要，也不会造成资金浪费，充分体现各项资金的利用价值。而在企业层面，项目实施成本控制还需要考虑利润的大小、投资回报率等。例如，世界高端光刻机霸主荷兰阿斯麦（Advanced Semiconductor Material Lithography，ASML）公司的研发人员在选择技术路线时不太考虑成本，只选择最具创新性、颠覆性的技术方案组合。ASML 首席财务官杰拉德·韦尔登肖特秉持"成本不重要，利润最关键"的财务管理理念，认为如果利润能达到成本的数倍，那么高成本是可以接受的。这种企业项目研发理念在一定程度上促使 ASML 逐渐跃升为目前最高端光刻机——极紫外线光刻机的唯一生产厂商，在高端光刻机领域具有绝对技术领先优势和市场垄断地位。

5.3.2　进度控制法

进度控制是对科技规划项目进度和关键节点信息进行控制，结合科技规划的实施进程和时间期限需求，主要用于控制科技规划进程是否按期完成，以及各项任务在时间上能否相互衔接等。进度控制需要将分段管理、集成管控思想融入实践工作，兼顾宏观与微观进度管理，基于项目全过程管理实现整体进度把控和分阶段管控，分析确定进度的关键路线和里程碑事件的时间点，加强关键环节管控，结合质量管控合理制定配套进度管理策略，确定项目进度调整的依据。美国"地球探测"（EarthScope）计划为跟踪项目目标成果，列出了一份详细的阶段性评估或重大事件评定清单，按照季度和工作分解结构层要求，将这些重大步骤作为评定项目进展框架而有组织地开展。

欧盟委员会还开发出了"科研与创新绩效记分牌"，以采用更广泛、全面的指标对"欧盟 2020 战略"中的"创新联盟"旗舰计划的实施进展进行全过程、全方位的监控。该记分牌包括了"创新使能""企业活动""创新输出"3个一级指标，"人力资源""企业投资"等 8 个二级指标，以及"25～34 岁人口中，科学及工程类和社会人文类高等教育博士毕业人口比例"等 25 个三级指标（表 5-1）（陈敬全等，2011），每个三级指标的数值均来自公开统计数据，以全方面监测欧盟各成员国和欧盟的科研与创新绩效进展情况。

表 5-1　欧盟科研与创新绩效记分牌监测指标体系

		指标	数据来源
1.创新使能	1.1 人力资源	1.1.1 25～34 岁人口中，科学及工程类和社会人文类高等教育博士毕业人口比例	欧盟统计局
		1.1.2 30～34 岁人口中，接受过高等教育的比例	欧盟统计局
		1.1.3 20～24 岁人口中，完成高中（含）以上教育的比例	欧盟统计局
	1.2 开放、卓越和有吸引力的科研体系	1.2.1 每百万人拥有的国际合作科学论文数	Thomson/Scopus
		1.2.2 进入世界高被引论文排名前 10%的论文占本国所有论文数的比例	Thomson/Scopus
		1.2.3 每百万人中的非欧盟博士生数	欧盟统计局
	1.3 经费和支持	1.3.1 公共研发支出占 GDP 比例	欧盟统计局
		1.3.2 风险投资占 GDP 比例	经济合作与发展组织/欧盟统计局
2.企业活动	2.1 企业投资	2.1.1 企业研发支出占 GDP 比例	欧盟统计局
		2.1.2 非研发类创新支出占营业额比例	欧盟统计局
	2.2 合作与创业	2.2.1 中小企业中开展内部创新的比例	欧盟统计局
		2.2.2 中小企业中与其他企业开展合作创新的比例	欧盟统计局
		2.2.3 每百万人拥有的学术性公私合作出版物	Thomson/Scopus
	2.3 知识资本	2.3.1 每十亿美元 GDP（按购买力平价折算）平均产出的 PCT 专利申请数	欧盟统计局
		2.3.2 在应对重大社会挑战（如气候变化减缓、健康）领域每十亿美元 GDP（按购买力平价折算）平均产出的 PCT 专利申请数	经济合作与发展组织
		2.3.3 每十亿美元 GDP（按购买力平价折算）平均产出的欧盟商标数	欧盟内部市场协调局（现欧盟知识产权局）/欧盟统计局
		2.3.4 每十亿美元 GDP（按购买力平价折算）平均产出的欧盟设计数	欧盟内部市场协调局（现欧盟知识产权局）/欧盟统计局
3.创新输出	3.1 创新企业	3.1.1 （企业雇员 10 人以上的）中小企业中，在产品或流程方面创新的比例	欧盟统计局
		3.1.2 （企业雇员 10 人以上的）中小企业中，在市场营销或组织管理方面创新的比例	欧盟统计局
		3.1.3 （企业雇员 10 人以上的）中小企业中，高成长型企业的比例	欧盟统计局
	3.2 经济效应	3.2.1 从业人员中，从事知识密集型服务业的比例	欧盟统计局
		3.2.2 产品出口中，高技术制造产品的比例	欧盟统计局
		3.2.3 服务出口中，知识密集型服务的比例	欧盟统计局
		3.2.4 市场新产品和企业新产品销售额占营业额的比例	欧盟统计局
		3.2.5 从国外获得的授权及专利收入占 GDP 的比例	欧盟统计局

注：CIS 是欧盟统计局开展的"欧共体创新调查"（Community Innovation Surveys）

5.3.3 质量控制法

质量控制是通过评估科技规划执行过程中的阶段性产出和阶段性进展，如科研成果、科研活动、科研人员培养或引进、目标实现程度和经济社会影响等科研绩效评估内容，衡量其与科技项目规划的相关指标和既定目标的符合情况。

因为科技规划的发展目标不同，针对基础研究、应用基础研究、大科学装置和技术开发研究等不同类型的科技规划的质量控制法也各有特点。为控制科技规划项目的质量，不同组织机构和研究人员提出了不同的衡量维度。衡量和评价基础研究类科技规划的评价指标可包括：期刊论文、出版物、国际会议论文、与产业界及国外的合作等，以及有显示度的重大贡献成果形式，如解决重大科学问题、开辟新的研究方向、造就国际一流科学家、对学科的贡献度、重大科学仪器发明、重大实验方法创新、提出产生重要影响的前瞻科学思想等。衡量和评价应用研究类科技规划的评价指标可包括：专利发展策略的实施效果、科技成果转化和产业化、企业参与的实施情况及其效果、是否驱动经济社会发展取得实实在在的成效和影响。在大科学装置、大科学工程以及技术开发研究类科技规划中，特别是国防军工领域相关项目，可采用技术成熟度指标量化评价，以降低制造风险，提高科研成果的利用率（淡晶晶等，2018）。

随着我国政府逐渐重视财政支出绩效评估工作，加强科技项目的绩效管理成为国家科技项目管理的重要方向。绩效管理评价也是科技项目质量控制的一种评估和执行监测方式。在绩效管理评价方法中，数据包络分析（Data Envelopment Analysis，DEA）法是运用数学工具评价经济系统有效性的非参数方法，适用于多投入多产出的多目标决策单元的绩效评估。DEA 法能在一定程度上揭示多投入多产出之间的复杂关系，目前被广泛应用于相对效率、全要素生产率、产能利用率、资源配置效率、研发活动阻塞效应、方向规模收益测度和最优投入方向等绩效评估的方方面面，为资源的优化配置提供决策参考（宋瑶瑶和杨国梁，2021；杨国梁和刘文斌，2021；杨国梁和任宪同，2023）。金保锋（2009）运用 DEA 方法，以广东中烟工业有限责任公司（简称广东中烟）2008 年在研的科技项目为决策单元，以科技项目参加人员数、参加专家数、科技项目经费支出、科技项目管理经费支出为科技资源投入体系的输入指标，以科技成果数量、人才培养量、经济性评价指标、发展前景评价指标、对后续项目的影响评价指标为输出指标，建立了科技资源配置技术效率和规模效益的评价分析模型，基于影子价格、冗余分析和投影分析，对企业科技项目资源的综合效率进行评价并对非有效项目进行优化，提出了广东中烟科技资源优化配置对策措施。此外，陈伟维（2013）采用 DEA 法对"863"计划农业高技术研发项目进行绩效评估；么红杰（2012）采用 DEA 法对北京、江苏、内蒙古等省（自治区、直辖市）的科技规划进行了绩效评估。

5.3.4　风险控制法

风险控制是指项目管理人员采取各种措施和方法，消灭或减少科技规划项目的不确定性而导致的技术风险、道德风险、伦理风险等发生的各种可能性，或者减少风险事件发生时造成的损失。风险控制法可以对科技规划的全过程进行风险控制，在执行监测方面的作用尤为突出。很多科技规划本身具有不确定性，通过风险管控、全程监测，能够及时识别风险、应对风险，提高科技规划的实施效率和成功率。

一个完整的科技规划项目风险监测与全流程控制一般包括：设定监测程序、采集监测信息、构建监测指标体系和信息分析处理。

（1）设定监测程序。在实施科技规划项目监测之前，设定好风险管控流程，包括监测的信息来源、监测的目标对象等内容。在此流程需要确定项目风险的影响因素，如技术风险因素、经济风险因素、制度风险因素、环境风险因素、社会环境因素等，还可在上述因素的基础上进一步解析子因素，设计下级指标，构成多级指标监控体系。

（2）采集监测信息。监测信息的收集方式，一般采取网络数据收集、现场调研、访谈调研、被监控对象直接提供资料等方式。

（3）构建监测指标体系。为指标分配权重并按照提前设计好的指标体系，结合监控得到的数据加以分析，一般来说，采集的信息会按照指标体系的要求来获取。为指标赋权的方法有多种，常用的方法包括专家直接打分法、逐对比较方法、层次分析方法等。

（4）信息分析处理。将得到的数据进行预处理，判断数据的准确性、适用性，然后根据指标体系进行测算，最终得到风险监控结果。

总体而言，得到风险监控结果的过程就是风险识别的过程。识别出风险之后，需要进一步判断风险所属类别，一般可以分为技术风险、质量风险、过程风险、伦理风险、组织机构风险等。确定风险类别之后，需要进一步评估风险的等级，结合定性和定量的方法，判断风险处于哪一级别，一般可以分为高风险、中风险、低风险。确定风险级别之后，按照风险监控和管理方案，启动对应响应机制，针对不同级别风险采取不同应对措施。

对科技规划项目进行风险评估时，具体可采用模糊综合评价法和层次分析法（Analytic Hierarchy Process，AHP）。根据模糊数学的隶属度理论，模糊综合评价法将受到多种因素制约的事物或对象的定性评价转化为定量评价，从而作出一个总体评价（张学才和郭瑞雪，2005）。模糊综合评价法能够很好地解决模糊、难以评价的因素与评价值之间的函数关系，被广泛应用于各种评估工作中，适用于科技规划各个阶段多层次、涉及多因素的复杂问题评估。随着运筹学的发展，20世纪70年代美国运筹学家萨蒂（T. L. Saaty）提出了层次分析法。层次分析法将要识别的复杂问题分解成若干层次，并结合定性与定量方法进行多目标决策分析（唐新华，2018）。在风险评估中利用层次分析法，可以综合多位专家的评估结论，从而得出相对平均的判断。但是，层次分析法缺乏动态性，而且容易忽略一些"风险奇点"。

随着计算科学和信息技术的快速发展，大数据、人工智能等新技术为风险监测评估带来了新途径。利用人工智能进行风险评估主要有复杂系统建模仿真和大数据风险因子关联性识别两种方法。二者都需要建立在大数据资源基础之上，并且都需要引入人工智能的机器学习机制，区别是前者的核心是场景建模，后者的核心是发现关联。

5.4 科技规划执行监测的国际实践

由于历史、文化、政治、经济等影响因素不同，各国采取了不同的科技管理体制，主要包括以美国为代表的分散型科技管理体制，以及以日本、韩国、德国为代表的集中型科技管理体制（梁正等，2020）。世界上主要科技发达国家通常会为科技规划的制定和实施制定相关配套的实施文件和管理办法，形成分层实施、上下联动的监测评估体系，成立国家科学技术委员会、技术战略委员会等科技咨询与决策相关组织制定阶段性或年度计划，并设立或指定相关组织负责对科技规划的实施过程进行协调与监测。美国和日本还为科技规划的实施制定法律规章制度，明确严格的管理制度、管理程序以及各管理主体的职能、职责、权利和义务，科技规划的各类执行监测主体以这些法定文件为依据进行监测和管理（黄锦成等，2005）。一套有力地保障科技规划研究质量且运作良好的监测评估、奖罚机制对科技规划的成功实施至关重要。

5.4.1　美国国家纳米技术倡议

美国国家纳米技术倡议（NNI）作为一项科技战略规划，美国政府部门没有设立专门的科技规划项目经费，也没有集中的预算或管理，在经费管理及项目执行方面分别由 20 个参与的联邦机构根据各自现有经费情况和 NNI 的建议来进行资源分配和合作研究，并先后按照 1993 年制定的《政府绩效与结果法案》（GPRA）和 2010 年制定的《政府绩效与结果现代化法案》规定的有关内容和程序在 NNI 的框架范围内评估研究活动（发达国家科技计划管理机制研究课题组，2016）。

白宫科技政策办公室（OSTP）、国家科学技术委员会（NSTC）、总统科技咨询委员会（PCAST）等白宫科技管理机构为跨部门计划建立了良好的部门间协调运作机制。NSTC 是美国最高科技管理机构，协调科技计划的管理与执行，也是 NNI 的最高管理机构。NSTC 是依据总统行政命令建立的内阁级委员会，由总统担任主席，成员包括副总统、内阁秘书和负有重大科技责任的机构负责人以及其他白宫官员（樊春良和李东阳，2020）。OSTP 是 NSTC 的办公机构。NSTC 通常在科技规划牵头部门设立科技规划协调办公室，由 OSTP 负责各规划实施情况的汇总、分析、协调、监督与评估等。NSTC 下设的国家纳米科学、工程与技术分委员会（Subcommittee on Nanoscale Science, Engineering and Technology，NSET）是 NNI 相关科技规划制定、预算、实施、监督和评审工作的主要协调者，并设立了国家纳米技术协调办公室作为

NSET 的秘书处，负责行政和技术支持。此外，美国政府问责局还从客观角度对各项科技计划和政策进行相对独立的评估。

除在政府联邦机构进行上下联动的执行监测外，2003 年 12 月美国布什总统还签署通过《21 世纪纳米技术研究开发法案》（21st Century Nanotechnology Research and Development Act，NRDA）。NRDA 法案建立了 NNI 的年度报告评价机制，即通过总统每年向国会提交预算报告以及跨部门的进展分析，特别是分析 NNI 在实现目标和优先领域方面所取得的进展。此外，NRDA 法案还确定了对 NNI 的两种外部咨询和第三方评估机制。NRDA 法案要求总统建立或指定国家纳米技术咨询委员会（National Nanotechnology Advisory Panel，NNAP）对 NNI 进行评估，咨询委员会成员要求来自学术机构和工业部门并具有能够提供与纳米科技有关的研究、技术转移、商业应用或社会和伦理相关的知识与能力（方华基和许为民，2011）。同时，NRDA 法案同时还确定了国家研究理事会（National Research Council of the National Academies，NRC）作为 NNI 外部评估组织。NRDA 法案使 NNAP 和 NRC 两个外部咨询与评估机构对 NNI 的咨询、评估和监督实现了法制化与常规化。NNI 没有专设 NNAP 机构，布什总统在 2004 年 7 月根据 NRDA 法案要求任命总统科技咨询委员会（PCAST）作为国家纳米技术咨询委员会行使咨询、评估与监督职责并开展相关工作。

NNAP（实际由 PCAST 行使职责）和 NRC 作为 NNI 的监督和评估机构，分别对 NNI 进行独立评估，为科技规划提供有价值的意见和具体改进建议，考虑 NNI 是否应继续及怎样继续下去的问题，为 NNI 战略规划的制定提供独立、客观、全面、有效的支持。NNAP 每两年对 NNI 评估一次，在评估时会成立一个由 PCAST 成员和外部技术专家组成的工作组，主席和行政工作人员来自 PCAST，技术专家来自大学、国家实验室等研究机构、企业和咨询公司。NRC 每三年对 NNI 评估一次，评估小组由具有纳米技术专门知识的跨部门技术专家和行政工作人员构成，主席和其他技术专家主要来自大学、研究机构、企业和咨询公司，少量来自慈善基金会和专业学协会；工作人员包括项目助理、财务助理和管理协调者。评估内容具体包括：完成 NSET 制定的目标、技术实现情况；各机构的项目投资水平；技术转移；对伦理、立法、环境以及社会相关问题的关注程度。NRDA 法案还要求 NRC 提供纳米科技促进美国经济发展的政策建议以及推荐新的研究领域、改善评估目标方式等。2017 年，《美国创新与竞争力法案》把 NNAP 和 NRC 评估 NNI 的频率统一改为四年一次（边文越，2022）。

5.4.1.1　NNAP 的 NNI 评估

2005 年 5 月，NNAP 行使国家纳米技术咨询委员会职责进行了第一次评估，完成并发布了《历时五年的国家纳米技术倡议：NNAP 的评估和建议》（*The National Nanotechnology Initiative at Five Years: Assessment and Recommendations of The National Nanotechnology Advisory Panel*）。该报告回答了四个基本问题：①美国纳米科技研究所处的位置？②经费是否合理地使用？NNI 是否得到有效管理？③NNI 是否致力于社会相关的潜在风险研究？④NNI 怎样才能做得更好？NNAP 选择纳米科技研发的投入以及出版物、专利等产出物进行比较，认为美国纳米科技研发处在世界领先地位。对于 NNI 的管理，NNAP 不仅建议 NSET 成立一个跟踪国际纳米科技研发活动的工作组以加强在环境、健康影响方面的合作机会，还建议联邦政府要促进纳米技术转移和商业化。为此，NSET 成立了纳米环境和健康影响工作组并将工作场所的安全作为最优先研究领域。

2008 年 4 月，NNAP 发表《国家纳米技术倡议：NNAP 第二次评估和建议》（*The National Nanotechnology Initiative: Second Assessment and Recommendations of the National Nanotechnology Advisory Panel*）。报告认为，纳米科技研发在许多领域的发展已经超过预期，如药物传送和半导体电子学，同时也指出当前纳米科技发展还没有产生商业化所期望的革命性变革。NNAP 通过分析消费品、生物医学、能源、电子学四个案例的进展，提出要培育商业化技术，促进创新研究。另外，NNAP 还提出了多项建议要求国会继续支持 NNI 实施，加强纳米技术标准化与商业化进程，并建议邀请社会学家对技术伦理进行共同研究。

5.4.1.2　NRC 的 NNI 评估

2006 年 11 月，NRC、国家材料咨询委员会等组织联合评估了 NNI 实施情况并发表了《一个尺寸问题：国家纳米技术倡议的三年期审查》（*A Matter of Size: Triennial Review of The National Nanotechnology Initiative*)。报告对世界各国、地区以及私营企业在纳米科技研究领域的研发投入以及论文、专利等产出进行了定量对比分析，再次明确了美国的纳米科技研发处于世界领导地位，具有竞争性优势。NRC 认为只有将纳米科技商业化才能实现纳米科技潜在利益。尽管纳米科技已实现了许多工业应用，但是人们还不清楚如何衡量和评估纳米科技对经济发展的影响。因此，NRC 建议 NSET 或对外委托开展一项可行性评价指标研究，将联邦政府在纳米科技研发投资的经济回报进行量化分析。

NNAP 和 NRC 都对"负责任地发展纳米科技"进行了监管评估。NRC 还第一次给出了明确定义："负责任地发展纳米科技"的内涵就是实现纳米科技利益最大化与负面效应最小化的平衡。也就是说，负责任地发展纳米科技要考察现实应用与潜在价值，同时尽可能减少不利的负面影响和难以把控的意外结果。NRC 进一步建议扩大纳米科技的环境、健康与安全等影响研究，同时呼吁科学家、工程师、毒物学家、社会科学家、政策制定者和公众共同关注纳米科技伦理以及社会影响研究。

2008 年 2 月，NSET 制定了《国家纳米技术倡议：环境、健康和安全研究战略》(*National Nanotechnology Initiative: Environmental, Health, and Safety Research Strategy*)，分析了致力于环境、健康与安全研究的必要性及其相应战略。NNAP 和 NRC 对该战略进行专题评估后，NRC 建议联邦政府推动明确的环境、健康与安全研究的里程碑式进展以促进相关领域研究。

5.4.1.3 其他非政府组织的监管

2000 年以来，美国新成立了许多有关纳米科技的非政府组织，它们以各种不同方法参与纳米科技的监督与治理。2005 年 4 月，美国的伍德罗·威尔逊国际学者中心和皮尤慈善信托基金会共同设立新兴纳米科技项目，致力于确保纳米科技的发展风险最小化，并创造一个公众和政策制定者对话的平台来激发公众和消费者参与纳米科技潜在利益的讨论。

此外，美国完善的听证制度确保非政府组织能有效地参与国会组织的纳米科技立法听证、监督听证、调查听证等活动。2007 年 10 月，在美国国会听证会上，伍德罗·威尔逊国际学者中心的专家安德鲁·麦纳德（Andrew Maynard）呼吁重视纳米科技安全研究。2006 年 3 月，美国宾夕法尼亚州的非政府组织国际技术评估中心通过法律请愿书，要求美国食品和药物管理局公布纳米科技管理的具体条例以及纳米粒子在防晒霜中的技术标准。2008 年 3 月，该国际技术评估中心再次联合消费者、健康与环境组织，向美国环境保护局递交了法律请愿书，要求环境保护局停止出售含有纳米银粒子的杀虫剂。这次法律请愿活动控告了美国环境保护局对纳米材料的管理不完善。

5.4.2　美国国家阿尔茨海默计划

由于长期缺乏有效治疗药物，阿尔茨海默病被美国联邦政府视为影响美国公民健康状况、有待召集优势科研力量进行联合攻关的重大问题之一。为推进相关科学研究和药物开发以预防和治疗阿尔茨海默病，1999 年美国国立卫生研究院（NIH）下属的国家老龄化研究所（NIA）联合班纳阿尔茨海默病研究所（Banner Alzheimer's Institute，BAI）启动了科技项目规划 "阿尔茨海默病预防计划"（Alzheimer's Disease Prevention Initiative）（韩志凌等，2023）。2011 年 1 月，美国国会通过《国家阿尔茨海默病计划法案》（National Alzheimer's Project Act，NAPA），授权美国卫生与公众服务部（HHS）建立 "国家阿尔茨海默计划"（NAP），从而将阿尔茨海默计划从 NIH 层面的科技项目规划提高到国家层面的科技项目规划。随后，HHS 召集美国相关公私部门专家成立了阿尔茨海默病研究、治疗和服务顾问委员会。当前，该顾问委员会由 23 位成员组成：①8 位 HHS 机构成员，包括来自美国疾病控制与预防中心（Centers for Disease Control and Prevention，CDC）、NIH、美国医疗保健研究与质量局（The Agency for Healthcare Research and Quality，AHRQ）等机构的 HHS 系统人员；②3 位其他联邦政府机构成员，分别来自美国国家科学基金会、美国退役军人事务部（U.S. Department of Veterans Affairs，VA）、美国国防部；③12 位非联邦政府成员，分别是 2 位州政府卫生部门代表、2 位医疗服务机构代表、2 位科研人员、2 位健康协会志愿者代表、2 位护理人员和 2 位患者代表。

阿尔茨海默病研究、治疗和服务顾问委员会每个季度举行 1 次公开会议，并根据需要不定期举行闭门会议。其主要职责包括：①为 HHS 制定首份阿尔茨海默病国家规划及其优先事项提供咨询建议；②对阿尔茨海默病国家规划的实施情况开展年度监督和评估，由此支撑 HHS 对阿尔茨海默病国家规划进行年度动态更新；③吸收采纳社会公众反馈邮件提交意见建议。

《政府绩效与结果现代化法案》规定，美国每个联邦政府机构每 4 年要制定相关战略规划，以阐述机构使命、战略目标以及进展评估方法。HHS 层面的科研战略目标总体上是相对宏观的，需要其下属机构 NIH 来细化落实。为此，NIH 每年都集合政府部门、产业界、学术界、以患者和志愿者为主要代表的社会公众等利益相关方举行战略研讨，以将代表科学界意见建议的、国家层面的专门规划和上级机构 HHS 制定的科研战略规划目标进一步落实为执行过程中的关键节点要求。具体而言，由 NIH 主任咨询委员会成员、公共代表主任委员会成员及研究所、研究中心国家咨询委员会成员组成评估小组，负责对 NIH 的年度目标完成情况进行评估。基于 NIH 项目资助情况、论文、数据库、奖励、项目等产出情况，以及 NIH 工作人员整理总结的重大科学进展材料等数据和证据，评估小组重点围绕 5 个方面开展研讨并形成监督评估意见：①是否增加了关于生物功能正常与否的知识；②是否研发或改进了用于研究和医学的仪器和技术；③是否研发或改进了方法来预防或延缓疾病和残疾的发生或发展；④是否研发或改进了方法来诊断疾病和残疾；⑤是否研发或改进了方法来治疗疾病和残疾。监督评估结果分为目标未完成、目标完成、目标超额完成 3 档；有些情况下还会进一步说明目标未完成情况，即处于进展中还是处于暂停状态。

5.4.3　美国小企业创新研究计划

美国小企业创新研究（SBIR）计划源于美国国家科学基金会（NSF）（龙飞和巩键，2023）。在 NSF 支持下，SBIR 计划扩展到整个联邦政府。1982年，里根总统签署了《小企业创新发展法案》，将 SBIR 计划批准成为全美最大的政府支持的科技项目规划。国会授权 SBIR 计划由美国小企业的最高政府管理部门——小企业管理局（Small Business Administration，SBA）统筹协调多个联邦政府部门共同实施，主要目标是：促进和鼓励小企业的创新研发活动，利用小企业来满足联邦政府对新技术的需求，促进技术创新和推动私营部门将联邦政府资助产生的创新成果商业化。美国 SBIR 计划的申请企业必须是在美国本土经营、美国公民持有 50% 及以上所有权、员工不超过 500 人（包括分支机构）、以营利为目的的企业。SBIR 计划积极促进了美国高技术产业发展，并被全球其他不少国家效仿。

美国《小企业创新发展法案》规定，年度研究和发展经费超过 1 亿美元的联邦政府机构每年需要拨出一定比例的研发经费投入到 SBIR 计划，该投资比例不断增加，到 2017 年为不少于 3.2%。目前有国防部、国家科学基金会、商务部、能源部、农业部、运输部、卫生与公众服务部、环境保护局、国家航空航天局、教育部、核管理委员会 11 个部门参与 SBIR 计划。执行的 11 个联邦机构可根据各机构实际情况和管辖范围设计研发主题、发布征求意见、公布招标项目及申请条件、审查和选择资助方案以及评估企业绩效，对项目实施进展进行灵活管理。

美国国会负责审议 SBIR 计划的管理细则以及制定执行过程的规范化监察制度。国会授权小企业管理局（SBA）协调、监管 SBIR 计划的实施情况。SBA 每年审查各联邦机构的实施推进进展并向国会报告，同时对项目参与机构提供必要政策指导。SBA 制定了有关 SBIR 计划的政策管理手册和绩效标准，用于各联邦机构量化已有成果并评估实现既定目标的情况，各机构必须在年度报告中汇报绩效情况。SBA 还建立数据库以统一格式实现信息的收集和维护，进而支撑和评估 SBIR 计划。SBA 的监察长办公室负责开展审计和调查。

为提高资金的分配和使用效率，SBIR 计划采取分阶段的项目实施方式，依据每个阶段的特点匹配不同的资金支持方式，将实施过程分为三个阶段（陈涛，2015）。

（1）"技术可行性论证"阶段。重点开展新技术实用价值和产业化可行性研究，测试项目的科学性和可行性。资助时限通常在 6～12 个月，资助金额不超过 15 万美元。

（2）"技术拓展"阶段。重点评估新技术的市场化潜能。资助时限由项目承担企业与资助机构商议确定，一般最长不超过 2 年，但也可根据项目特殊性适当延长时限；单个项目的资助金额在 100 万美元以内，也可适当增加资助额，但不得超过限额的 50%。第二阶段的资助对象只有已获得第一阶段资助的企业才有资格参选，旨在根据企业在第一阶段的资助表现和可行性研究进展，推动企业进一步实施研发项目并开发出可能商业化的技术。

（3）"技术转化"阶段。重点寻求技术和产品的商业化。在该阶段，SBIR 计划原则上不再对小企业进行资金支持，而是帮助小企业寻找融资机会、申请政府其他计划资助或者获取政府采购合同以继续支持该企业的创新研究。

美国 SBIR 计划还规定，项目承担机构至少要聘任一名项目审查员（金碚和谢晓霞，2001）。首席审查员对项目的成功至关重要，将参与项目，负责项目的计划与指导，作为项目实施过程中与政府机构沟通联系的桥梁，确保项目按照计划进行。

2012 年，《美国国防授权法案》责成机构间政策委员会制定一份标准化评估框架以系统评估 SBIR 计划，旨在重点解决以下关键问题：量化 SBIR 计划对妇女等弱势群体的投资促进、确定联邦机构是否遵守《SBIR 政策指导》、确定 SBIR 资助程序是否得以简化、提升商业化水平，以及量化 SBIR 计划的整体价值。责成机构间政策委员会由 OSTP 和 SBA 共同负责，成员包括来自各联邦机构的项目代表。责成机构间政策委员会将评审特定问题并向国会提出政策建议，以改善计划执行效果和效率。责成机构间政策委员会采取的具体评估方法包括：改善项目资助和成果的跟踪监测，以及制定各联邦机构 SBIR 计划的绩效机制等。此外，美国政府问责局和美国国家科学院均对 SBIR 计划进行过评估，内容涉及项目的价值、投资回报率、非经济类收益等，并向国会提出改进意见，涉及数据收集、商业化数据库和项目拓展（为妇女和少数族裔企业提高资助）等。

5.4.4　美国地球棱镜计划

美国科技项目规划地球棱镜计划（EarthScope）经美国国家研究理事会（National Research Council，NRC）审查后于 2003 年批准实施，其目标是建立一个多目标设备的观测站网络，以大幅提高美国大陆构造和活动构造的观测能力并减轻地质灾害。美国地球棱镜计划主要包括三大项目（发达国家科技计划管理机制研究课题组，2016）：①"美国地震阵列"项目，旨在利用流动地震台阵勾画美国大陆高精度地下结构；②"圣安德列斯断裂深部观测站"项目，旨在利用钻孔数据获取圣安德列斯断层构造变形资料；③"板块边界观测站"项目，旨在利用全球定位系统和应变仪台阵勾画美国西海岸形变场。

地球棱镜计划的组织管理和协调机构有四个：①机构间协调委员会：确定美国国家科学基金会、美国地质调查局、美国国家航空航天局和美国能源部支持计划实施、协调资金，并同时确定项目宏观目标及执行指南；②地球透镜协调委员会：该委员会成员主要来自研究团队和设施运行者，主要负责科技规划、预算协调、计划实施和任务协调，确保项目设施运行和实现科学目标；③美国国家科学基金会：地球棱镜计划的主要资助机构，同时进行计划的财务控制，通过与设施运行者的合作协议确定具体任务，以法规和财务控制的形式保证联邦资金的有效和合理利用；④科学团队委员会：该委员会成员由领域内科学家组成，通过与美国国家科学基金会以及机构间协调委员会的合作，高水平地确定科学方向、审议技术成就，并评估地球棱镜计划的完成情况。各相关机构有关地球棱镜计划的预算根据各自承担任务进行，这部分经费接受美国国家科学基金会的管理。

为跟踪项目目标成果，在机构间协调委员会组织下，美国地球棱镜计划列出了一份详细的阶段性评估或重大事件评定清单，以此作为评定项目进展框架，采用重大进展报告评估和监督组织实施情况，以技术进展分析来评估和监督设施建设情况，评估报告将提交给美国国家科学基金会。

在技术进展评估方面，地球棱镜计划以两种方式进行：①对圣安德列斯断裂深部观测进程的评定，根据钻井深度、钻井三个阶段的期限、钻井三个阶段的监测进行；②对板块边界测量和地震台站的评估依据安装等效台站的总量进行。与单纯依靠安装完成数量相比，这种利用等效台站的方法可在更高层次上判断评估进度。例如，如果一个专门地球透镜台站 90%的工作已经完成，则这个台站评估等级为 0.9 个等效台站。

美国地球棱镜计划的项目变革以基于美元估值的多层次批准程序进行。按照经费额度和对项目可能造成的影响，美国地球棱镜计划采取不同的审核程序和审核对象对项目变更申请进行逐级审查，以减少项目变更对整个科技规划的影响，并在一定程度上推进科技规划的实际工作。其中，经费小于 10 万美元或造成影响小于一个月，与经费大于 25 万美元或影响大于一个月的项目变更申请相比，二者的审核程序和审核对象完全不同。

5.4.5　日本科学技术基本计划

《科学技术基本计划》是一项科技行动规划。依据《科学技术基本法》，日本于 1996 年开始实施第一期《科学技术基本计划》。日本政府非常重视对《科学技术基本计划》实施情况的监测评估，并十分注重相关配套保障机制建设推进《科学技术基本计划》组织实施。

在开始实施第二期《科学技术基本计划》时，根据《内阁府设置法》，日本内阁办公室成立综合科学技术会议（现综合科学技术创新会议）对第一期《科学技术基本计划》进行评估、调整并制定第二期《科学技术基本计划》。综合科学技术会议是日本内阁的四大"重要政策会议"之一，以抓宏观科技政策为工作重点，根据首相的咨询意见，主要发挥三大职责（尹晓亮和张杰军，2006）：①调查审议科学技术基本政策、制定《科学技术基本计划》及各重点领域推进战略等；②调查审议预算、人才以及其他重要科技资源分配和协调方针等重要事项；③对大规模研发以及其他国家重要研发活动进行评估（陈光，2021）。综合科学技术会议由首相领导，其他成员包括内阁官房长官、科技政策担当大臣、总务大臣、财务大臣、文部科学大臣和经济产业大臣六名与科技相关的内阁大臣以及八名不同领域的专家。原则上，综合科学技术会议应每月召开一次以评估监督国家重点研发项目实施等情况。

第三期《科学技术基本计划》明确提出了"每年底实施跟踪评估，基本计划实施三年后再开展一次更为详细的跟踪评估，以便对任务和措施进行动态调整"的要求，由此建立了"年度监测+中期评估"的监测评估模式（陈光，2021）。在综合科学技术会议组织实施下，日本政府对《科学技术基本计划》开展中期评估。评估的首要目的不是问责，也不是展示绩效，而是为了解掌握基本计划的实施情况和需求变化，为科技任务的动态调整和下一期基本计划的制定提供参考依据，属于内部评估和形成性评估性质，最终的评估报告也会以综合科学技术会议的名义对外发布（陈光，2021）。

在以政令形式发布的《综合科学技术会议令》中，日本首相认为在有必要对专门事项开展调查的情况下，可在该会议之下设置"专门调查会"，并在专门事项调查结束后自行解散。综合科学技术会议先后成立了多个专门调查会，其中科技界和产业界人士起主导作用，主要针对某重要问题向首相提供决策咨询。例如，综合科学技术会议针对第 4 期、第 5 期《科学技术基本计划》以及每年度的《科学技术创新综合战略》设定的"重要政策问题"，设立了"重要问题专门调查会"，并按行业设置了"能源战略协议会""农林水产战略协议会"等多个战略协议会，专门负责对各个重要政策问题应重点设置的课题、应重点采取的措施等任务的实施情况进行跟踪评估并开展调查。在每期《科学技术基本计划》的中期评估、下一期《科学技术基本计划》制定过程中，综合科学技术会议还会设立相应的"基本计划专门调查会"。

此外，日本中央科技咨询与决策组织的顶层设计也在不断优化，从注重目标细分的"领域导向"转向了致力于经济社会问题解决的"问题导向"，其统筹协调的职能与作用也在不断增强，从而为《科学技术基本计划》各项目标任务的执行实施和顺利实现提供了强有力的组织保障。

5.4.6 德国"高技术战略"

面对日益激烈的全球化挑战，为确保德国未来在经济和科技领域的领先地位与竞争力以及利用高科技创造更多的就业岗位，2006 年 8 月德国联邦政府首次正式提出并发布《高技术战略》。该科技行动规划是德国首个国家层面、跨部门和跨领域的科技发展战略总纲领。自 2006 年以来，德国政府相继出台了四份高技术相关战略规划，分别是：2006 年的《高技术战略》、2010 年的《德国 2020 高技术战略》、2014 年的《新高技术战略》和 2018 年的《高技术战略 2025》。德国联邦经济和技术部、环境部、食品和农业部、教育与研究部共同主管该战略的实施工作。

2006 年，德国联邦政府委任六名专家成立了第一届研究与创新专家委员会。该专家委员会目前由德国弗劳恩霍夫协会系统与创新研究所负责，其综合评估德国创新系统的优势和弱势，并进行国际对比和排序，为德国联邦政府提供科研、创新和技术领域的政策咨询服务，并根据联邦政府的需求，定期呈送关于德国科研、创新和技术发展成果的评估报告。德国成立了经济科学研究联盟全面跟踪并监督德国"高技术战略"的实施过程，具体工作包括：制定战略规划的实施细则，为战略的实施情况组织系统性的外部评估。德国还设立了创新与增长咨询委员会为高技术战略的实施提供咨询服务。在《高技术战略2025》中，来自学术界、经济界和社会的 19 位专家组成高技术论坛战略实施顾问委员会（孙浩林，2020）。在高技术论坛 2019 年举办的 3 次会议上，专家们与政府代表充分讨论了战略实施和继续发展的多个重要主题，确定了战略的未来方向。相关部门国务秘书（部长级官员）通过定期举办的国务秘书圆桌会议对高技术论坛的意见进行研讨和评估。

通常而言，德国政府还会委托专门项目管理机构来组织、实施和管理具体领域的科技规划及项目。专业化项目管理机构最初设立在德国电子同步加速器研究所、德国航空航天中心、于利希研究中心、卡尔斯鲁厄理工学院等国家级科研中心内。2010 年后，德国科技规划管理工作面向全社会公开，一些产业协会、咨询公司甚至个人都可以参加德国联邦部委组织的项目管理招标，中标者可以代表联邦部委管理科技规划（葛春雷和裴瑞敏，2015）。项目管理机构的主要职责包括：①提供相关科技规划的专业咨询服务，如科技政策咨询；②负责预备项目的遴选，并将遴选清单提交给委托部门，部分项目管理机构还有权就一些资助项目自主决定遴选结果；③监测项目实施进展，并定期向委托部门汇报任务完成情况；④评审项目成果及转移转化效果；⑤承担政府部门委托的其他业务，如协助制定科技规划、组织交流研讨会、推进国际合作、传播知识等。德国主要科技规划的专业化项目管理机构如表 5-2 所示。以德国航空航天中心项目管理中心为例，其在行政和经费上独立于德国航空航天中心，运行经费和人员经费由竞标所承担的科技规划管理费来支付。德国航空航天中心项目管理中心根据委托部门的科技规划招标指南进行项目招标。小型项目评审由机构内部评审专家负责；大型项目首先由机构内部评审专家进行初步评审，然后针对初步评审结果进行外部专家书面或会面评审，接着将最终评审结果提交联邦部委审批，最后以联邦部门的名义发布评审结果。

表 5-2　德国主要科技规划的专业化项目管理机构（葛春雷和裴瑞敏，2015）

类型	名称	委托部门
依托科研机构建立的项目管理中心	德国航空航天中心项目管理中心	联邦教育与研究部
	于利希研究中心项目管理中心	联邦经济和能源部、联邦卫生部、联邦教育与研究部
	卡尔斯鲁厄理工学院项目管理中心	联邦经济和能源部、联邦教育与研究部
咨询公司性质的项目管理机构	德国工程师协会技术中心有限公司（VDI Technologiezentrum GmbH）	联邦经济和能源部
	德国莱茵 TÜV 咨询公司	联邦经济和能源部
依托产业协会建立的项目管理机构	设施与反应堆安全协会有限公司（GRS）	联邦经济和能源部
	可再生原材料专业协会（FNR）	联邦食品和农业部

此外，德国联邦政府还通过加强科普来提高全社会对研究与创新的重视程度，并激发社会公众和社会团体积极监督创新政策制定进程和实施效果。德国联邦政府开展社会参与方式研究，通过举办对话活动和数字化方式，提高社会公众的参与热情。德国科学研究人员也通过教授课程或专业科普等措施，向社会公众讲解自身研究成果，从而加强全社会对基础研究、技术发展和相应投资的认知。

5.4.7　欧盟"地平线 2020"研发框架计划

"地平线 2020"（Horizon 2020）（2014～2020 年）是欧盟历史上规模最大的研发框架计划，其前身可追溯至 1984 年欧盟出台的"研究、技术开发及示范框架计划"。作为一项持续性、不断调整更新的科技行动规划，欧盟该研发框架系列计划每 4～7 年为一期，旨在通过欧盟层面的资源整合，加强研发创新能力并提升全球科技竞争力，以确保全球市场优势地位（曲瑛德和赵勇，2020）。至 2013 年，该欧盟科技规划共实施了七期。因此，"地平线 2020"也被称为欧盟"第八期研发框架计划"。欧盟一系列研发框架计划根据科技发展状况和实施情况持续改进，不断进行内容和实施手段调整，从而促进了欧盟在科技、社会、经济等领域的发展。

欧盟研发框架计划在实施过程要进行年度监测评估、审计以及中期评估，通过定期评估检查各种项目、措施的进展情况。科技评估包括内部进展评估和外部专家评估两方面。上一期的监测评估情况会作为下一期研发框架计划制定的依据。2013 年，欧洲议会和欧盟理事会还联合发布了《实施地平线 2020：研究与创新框架计划（2014—2020）》规章，制定了"地平线 2020"监测与评估的相关条款，要求欧盟委员会基于定量和定性证据对计划执行情况进行年度动态监测，并开展中期评估和事后评估。

根据欧洲议会和欧盟理事会的管理规章制度，"地平线 2020"基于项目理论方法和最新的信息技术手段，在政策与项目规划层面开发出完善的监测与评估系统，构建有效的监测评估指标或参数进行年度监测；在 2017 年对"地平线 2020"整体项目规划体系及具体项目完成中期评估；在 2023 年对项目规划体系完成事后评估，内容包括计划活动的深度、背景、实施情况及影响范围。中期评估和事后评估都在实证分析的基础上，由独立的外部专家主持开展（常静，2012）。"地平线 2020"计划的监测与评估指标如表 5-3 所示。

表 5-3 "地平线 2020"计划的监测与评估指标（梁偲等，2016）

目标与内容		监测与评估指标
卓越科学	1. 欧洲研究理事会	在 1%高被引率的出版物中，资助项目所占份额； 有多少机构的政策或国家/区域政策受到欧洲研究理事会资助项目的启发
	2. 未来和新兴技术	在同行评议高影响力期刊上的出版物数量； 在未来与新兴技术领域的专利申请量
	3. 支持技能、培训和职业发展的"玛丽·居里行动"	跨领域、跨部门或者跨国家的科研人员流动性，包括博士申请者
	4. 欧洲研究基础设施（包括数字基础设施）	为欧盟及以外的科学家创造了多少利用和学习的机会
产业领导力	1. 使能和产业技术领导力	在不同的使能技术和工业技术领域的专利申请量
	2. 促进获取风险资本	投资总量与债权和风险资本投资的流动性
	3. 中小企业创新	有多少参与技术的中小企业将创新带向企业或市场（评价时间要覆盖项目结束后的三年）
社会挑战	1. 健康、人口变化和人类福祉	
	2. 粮食安全、可持续农业、海洋与航海研究、生物经济	不同社会挑战领域发表在高影响期刊上的出版物数量； 不同社会挑战领域的专利申请量； 不同社会挑战领域欧盟层面的立法数量
	3. 安全、清洁和高效能源	
	4. 智能、绿色和集成交通	
	5. 气候行动、资源效率和原材料	
	6. 包容性、创新型和安全的社会	
其他	1. 欧洲创新与技术研究院	知识与创新中心整合有多少来自大学、商业界以及研究机构； 知识三角内部合作关系紧密，有效促进创新扩散
	2. 非核领域联合研究中心的活动	由联合研究中心所进行的研究有多少内容可以对欧洲的科技政策产生较大影响

"地平线 2020"计划中期评估由欧盟委员会科研创新总司下属评估单位统筹协调,在多个委员会跨部门小组支持下开展。2017 年 5 月,欧盟委员会正式对外发布"地平线 2020"计划中期评估报告。具体内容包括五部分,如下所示[①]。

(1)中期评估目标。根据法律规定,"地平线 2020"计划的评估目标是:评估"地平线 2020"计划是否符合预设目标,目标和措施是否具有持续相关性,实施和资源使用情况是否有效,跨部门协调以及欧盟增值是否实现,并将评估结果通报欧洲议会、欧盟理事会、欧盟成员国、研究机构和公众。中期评估的核心目标是:科学评估 2014~2016 年工作计划的执行情况,改善 2018~2020 年工作计划的实施和项目预算制定,为后期高级别小组发布欧盟研发框架计划影响报告提供证据,并为未来框架计划的动态调整提供信息和事实依据。

(2)中期评估对象和流程。中期评估重点对象是占"地平线 2020"计划经费预算 95%的三大优先战略计划(卓越科学、产业领导力和社会挑战)。根据科研资源投入和科研计划活动的情况,中期评估从五个角度分析了"地平线 2020"计划整体实施情况,并对最初设定的五大量化指标(研发投入占 GDP 比例达到 3%等)、七大旗舰计划(创新联盟、欧盟数字化、产业政策全球化等)等内容进行评估。此次中期评估特别关注中期实施效果,根据项目执行进程测算未来 1~10 年的预期产出,并希望可以在后续评估中进一步了解计划实施的预期结果和影响。

(3)中期评估范围和评估网络。中期评估涵盖整个"地平线 2020"三大优先战略计划及其子计划,还覆盖了"地平线 2020"前半部分实施工作计划,和以往欧洲研发框架计划的长期影响。"地平线 2020"中期评估还进行了灵活调整,额外考虑了埃博拉和寨卡疫情暴发、难民问题等新增优先事项的评估,以通过案例分析和经验分享来寻找欧盟解决紧急突发社会问题的科技手段。以欧洲 RTD 评估网络(EUevalnet)为基础,"地平线 2020"中期评估有效加强了评估和监测方法的研究和使用,增进了欧盟各国监管机构与评估领域的专家和学者之间的对话与合作。

(4)中期评估资料和方法。中期评估通过采访、调查、案例研究、"地平

---

① 张晅昱. 欧盟"地平线 2020"计划中期评估的研究启示[EB/OL]. https:// www.sohu.com/a/234610592_468720(2018-06-08)[2023-11-01].

线 2020"计划监测数据、委员会行政管理数据（如预算）、现有经济合作与发展组织和欧盟统计局等数据库，以及欧洲议会、欧洲经济和社会委员会、欧洲审计院等的系列出版物获得丰富翔实资料。以欧盟第七框架计划为基准，"地平线 2020"计划评估方法涉及宏观经济建模、反事实分析、社会网络分析、文献计量分析、描述性统计、文本和数据挖掘分析、文件审查、案例研究、专题评估组合等分析技术和方法。

（5）中期评估结果。中期评估报告主要结论包括："地平线 2020"计划最初设定的干预原则和目标仍然是有效的。在实施效率方面，"地平线 2020"计划比欧盟第七框架计划更加高效，行政机构实施了 60% 预算，项目拨款时间缩减 110 天，大规模简化了参与规则，明显改善了运营状况。在实施效果方面，"地平线 2020"计划的实施效果显著，不仅提高了欧盟整体竞争力，还形成了不同国家、组织、部门和科学学科之间的合作。同时，中期评估报告也认为该计划面临新挑战。例如，申请成功率由于大规模超额申请而大幅下降，这不仅浪费了申请人资源，也增加了提案评审成本；中期评估时完成的项目非常少（大约只占承诺的 0.6%），受研究和创新影响的滞后效应以及数据可用性和质量影响，中期评估较难对研究和创新做出全面长期评价。

5.5　本章小结

本章主要介绍了科技规划执行监测的有关内容，包括执行监测的重要性、执行监测主体、基本方法和国外实践。科技规划的执行监测是科技规划管理的关键步骤和重要流程，同时也是科技规划顺利实施、目标达成、质量保障、成本控制的重要手段。科技规划项目执行监测的主体一般可以分为直接监测管理、外部专家监测管理和第三方机构监测管理。科技规划执行监测的方法可采用成本控制法、进度控制法、质量控制法和风险控制法等。最后，本章梳理了美国、日本、德国以及欧盟的科技规划执行监测的体制机制，并分析了若干案例，包括美国国家纳米技术倡议、国家阿尔茨海默计划、小企业创新研究计划、地球棱镜计划，日本科学技术基本计划，德国"高技术战略"，以及欧盟"地平线 2020"研发框架计划。

第6章 科技规划的动态调整

科技规划的执行监测程序完成，下一步就该进入动态调整程序。虽然调整机制因各国情况差异而不同，但是根据执行监测情况对科技规划实施开展必要的动态调整，基本已成为各国科技管理的共识。根据科技规划监测评估的结果，当阶段性目标已经实现或者已经没有必要或者实施过程发现新问题时，对科技规划的优先资助领域、资源配置、任务部署或技术路径进行动态调整不仅合情合理，也是更好实现科技规划根本目标的需要。本章重点阐述了科技规划动态调整的重要性、动态调整的相关理论和基本方法以及美国、欧洲和日本典型实践案例。

6.1 科技规划动态调整的重要性

科技规划涉及一个国家科技发展的全方面要素，非常复杂，尽管有一定的规律和惯例可循、资助领域的确定也形成了一定的科学选择方法并有相关领域专家把关，但仍然充满着各种不确定性，极有可能出现预测结果与科技实际发展出现偏差的情况。不同的科技规划有着大大小小的目标，不仅要适应当前阶段本国经济社会发展的需要，还要背负解决阶段性矛盾的责任。另外，科技规划的实施周期一般较长，尽管一个国家的科技发展目标在一定时期内是固定的，但是随着规划执行进度的变化、规划实施效果、国内外科技发展形势改变以及决策者价值观念和评判标准的变化，当初设立的规划目标可能会偏离实际需求。这就需要对科技规划实施动态管理策略，及时动态调整和完善规划内容，及时纠正已经出现的偏差。有研究者将科技规划看作一种通过反馈和调整来动态优化的政策过程（崔永华，2008）。

　　一般来说，科技规划的动态调整需求取决于科技规划执行监测的结果。根据不同的科技规划目标，动态调整的情况也各异。一些相对来说比较短期和灵活的目标，可能只需要进行微调。科技规划的动态调整有时甚至是大的目标调整，这些目标的调整是为了更契合科技规划的根本目标，并最终为本国更好地把握科技发展方向、促进科技进步提供动力。此外，不断出现的新目标也需要加入到科技规划中。这些调整的最终目的是能让科技规划方案在编制及实施的过程中不断趋于完善。例如，如图 6-1 所示，从科技规划的编制方案开始，然后实施方案，接着通过监测反馈，根据需要实施科技规划的动态调整，然后修正实施计划以及修正方案，经过整体调整之后，再次进入编制方案和实施方案的过程，从而形成动态规划的良性循环和更新迭代。

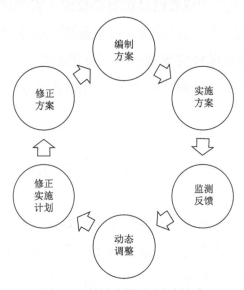

图 6-1　科技规划的动态规划程序

　　许多科技强国都在本国的科技规划中加入动态调整机制，并采取各种措施保证落实。例如，美国非常重视监测评估结果的快速反馈和有效运用，把监测评估结果与预算经费分配直接挂钩，还可对执行低效的科技规划提请国会终止。我国国务院在 2014 年 12 月印发的《关于深化中央财政科技计划（专项、基金等）管理改革的方案》中也明确提出，要"建立动态调整机制""科技部、财政部要根据绩效评估和监督检查结果以及相关部门的建议，提出科技计划（专项、基金等）动态调整意见"。

6.2　科技规划动态调整的相关理论

20 世纪 50 年代初，全球知名智库兰德公司对多阶段决策过程的关注引发了美国数学家贝尔曼（R. Bellman）的研究兴趣（Dreyfus，2002）。贝尔曼在开展多阶段决策过程的优化问题研究时给出了 Bellman 方程，将优化问题描述成递归的形式，提出了著名的最优化原理，从而形成了动态规划（Dynamic Programming，DP）的基本思想，为研究人员解决多目标优化决策问题奠定了数学理论基础（邓国强和唐敏，2014）。动态行为的基本特征包括：一般为一个多阶段决策问题；情况随时间和空间的变化而不断变化；每个阶段的系统都处于任何可能的状态。也就是说，动态行为本身是一种具有反馈性质的决策行为，包含设定目标体系、界定问题、选择方案到实施反馈的决策程序。显然，科技规划就是这样一种动态决策过程，包含多阶段的动态决策问题及反馈过程，这是科技规划进行动态反馈与调整的根本原因（申金升等，2001）。科技规划的动态决策过程不仅包括规划编制过程，还包括规划的实施、实施过程中得到反馈和调整以及实施之后的效果评估。这个动态的过程很复杂，因为涉及多个参与主体行为的协调和沟通。在规划编制的最初阶段，就会不断有新的信息出现而需要动态调整。在规划的实施阶段，根据设定的监测指标，得到的反馈信息会更多且更复杂。

从管理学出发，目前有变革理论、目标管理理论和系统动力学理论等契合科技规划动态调整的理念。科技规划的动态调整不只有理论支撑，还有实践层面，这基本成为各国科技管理界的共识。这些源于企业管理和项目管理的理论，如何有效转移到科技规划管理、与科技规划的动态调整密切结合，仍需在实践中进行深入探索。

6.2.1　变革理论

变革理论源于项目理论（陈光和邢怀滨，2017）。项目理论中的"项目"是一种广义概念，泛指战略、规划、计划、项目、行动、政策等干预措施。变革理论用于描述一项干预措施如何产生预期变化，可以直观展示干预措施的运行机制，特别是能揭示关键假设及潜在影响因素对预期目标结果的风险。

变革理论是目前在发达国家/地区以及国际组织中比较盛行的一种项目管理工具，注重评估项目的实施绩效与长期影响，关注项目的成效链和因果链。一个国家的科技规划是一个牵涉广泛的系统过程，存在多个决策环节，每一个决策环节都同时受到外部环境的影响和规划内部前后各个环节的相互影响，而且影响决策的因素都具有动态性，当时的最优方案可能随着时间和环境的改变需要做出调整与修正。由此可见，变革理论可以在科技规划的编制、执行监测、动态调整、事后评估等多个环节都能发挥重要作用，有利于提高科技规划的整体实施绩效和管理水平。

虽然目前变革理论尚未形成统一的定义和模型，各个国家和组织在实际操作变革理论时也没有统一的做法与术语表达，但是变革理论通常包括项目逻辑模块、背景和假设两个主要部分，包含投入、活动、产出、成效和影响等要素，如图 6-2 所示。变革理论极为重视项目"成效"，认为成效不应只是介于"产出"与"影响"之间的一个简单的线性模块，而是涉及多个层级的"成效链"。与此同时，变革理论也非常关注每一个项目组织实施环节的背景和假设，其直接或间接决定着项目实施的成败。在运用变革理论时，要厘清决定项目实施的重大背景和关键假设，尽可能周全地考虑到所有影响预期结果产生的可能因素。

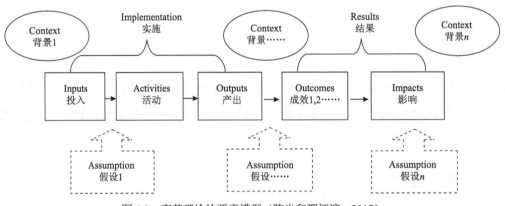

图 6-2　变革理论的要素模型（陈光和邢怀滨，2017）

一个项目的最初设计往往是基于过去的经验与推理设想而成，因此基于变革理论的科研项目不可能是静态的，需要不断根据实际情况的变化进行动态调整。当项目执行到一定阶段之后，科技项目管理部门和项目实施团队应通过对投入、活动、产出、成效、影响等要素的监测评估，审查科技规划是否按照设计的既定目标发挥出了应有的作用和贡献，关键假设和背景是否正如当初预想的方式对项目实施产生影响。如果事实与当初预想有偏差，科技项目管理部门和项目实施团队可以及时修正各要素、关键假设和背景，即基于变革理论不断对项目进行修改完善，使之越发贴近实际情况，促使科研项目更有效地组织实施，从而更好地实现项目预期目标。另外，变革理论还要求对项目的事后影响进行衡量评估，以全面总结项目的整体实施结果与绩效，验证项目的可持续性。科技项目管理部门还可以根据项目的事后影响对科研项目的组织实施形式、资助方向与资助力度等进行动态调整，为科研项目的后续支持与立项提供参考依据。

6.2.2　目标管理理论

目标管理是一种组织管理模式，体现了管理思想和管理哲学，是现代管理学理论体系的重要组成部分。基于前人对"目标"、"计划"和"任务"等的研究，美籍奥地利现代管理学大师彼得·德鲁克（Peter F. Drucker）在 1954 年首次出版的管理学经典著作《管理的实践》[①]中最早提出"目标管理"的概念和体系（李睿祎，2006）。德鲁克认为，企业的每一个成员，包括普通员工以及每一级别的管理人员，都对企业绩效有不同程度的贡献；企业绩效要求每一项工作必须以达到企业整体目标为努力方向，所有企业成员的努力必须凝聚到相同的最终企业目标；每位企业成员都需要自发设定明确目标以及在其管辖范围内需要实现的绩效，并阐述清楚自己及其管辖范围应该为实现的目标和取得的绩效作出怎样的贡献，这样不同企业成员之间才能密切合作、共同实现企业整体目标。德鲁克注重管理行为的结果，而不是行为的监控，其目标管理理念将强制式的"要我干"转变成自我控制式的"我要干"，用自我控制管理方式取代强制式管理方式。

陈光（2021）认为德鲁克的目标管理理论特点与科技规划的管理需求和特

---

① Drucker P F. 1954. The Practice of Management. New York: Harper Business. 其中，译本《管理的实践》可参见机械工业出版社 2006 年版。

性高度契合，符合科学技术发展趋势，为规划目标任务的执行落实、监测评估和动态调整奠定基础，可以有效弥补科技规划在管理理论上的缺失，因此有必要引入到我国科技规划的制定与组织实施中。陈光以日本《科学技术基本计划》和欧盟"地平线 2020"战略作为具体案例开展了深入研究，分析了科技规划中目标管理的机制特点，验证了目标管理理论在科技规划领域的适用性。具体而言，日本第三期《科学技术基本计划》将规划目标逐层细化，将宏观科技规划总体目标分解为大、中、小三个层次，将 8 个重点领域分解为 273 个重要研发课题，并明确了每个课题的研发目标、成果目标、完成时间节点以及责任部门，实现了科技规划目标与具体研发目标、成果目标之间的逐级关联和紧密衔接。基于目标管理理论，只要实现了 273 个重要研发课题的研发目标和成果目标，就能有效支撑实现第三期《科学技术基本计划》的总体目标。此外，日本《科学技术基本计划》在建立目标管理机制的同时也非常注意相关保障机制和制度措施的建设。例如，强化综合科学技术创新会议制定科技规划的法定职能，制定配套实施的领域推进战略和年度实施计划，建立预算等科技创新资源的统筹机制，开展持续的年度监测和中期评估，根据监测评估结果和年度形势变化对每年度的预算、政策措施等进行动态调整。

6.2.3　系统动力学理论

1956 年，美国麻省理工学院福瑞斯特（J. W. Forrester）为分析生产管理及库存管理等企业问题提出系统动力学理论，系统动力学理论最初也叫工业动力学。

系统动力学理论紧密结合系统科学的思想、模型方法和计算机仿真，集成定性分析和定量分析模拟分析信息反馈系统，认识系统问题和解决系统问题，研究和制定社会、经济、生态系统的战略发展规划，并根据客观形势的变化和发展，不断提出新概念、新思想、新政策，旨在促进对复杂、动态系统的理解以辅助研究人员作出更好决策（肖人毅，2011）。

系统动力学基于计算机进行数学建模，研究系统结构功能与动态行为的内在关系，将变量之间的关系进行量化，广泛应用于解决各类系统问题以及项目中的评价问题，在系统的分析、决策和预测中发挥着重要作用。系统动力学解决问题的过程实质上也是寻找更优解的过程，最终目的是通过寻找系统较优结构来优化系统功能。如图 6-3 所示，系统动力学建模过程主要包括以下几个步骤。

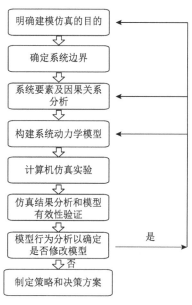

图 6-3　系统动力学仿真流程图

（1）明确建模仿真的目的。明确建模仿真的目的是系统动力学建模的第一步，即明确建模是为了解决什么问题。从系统动力学原理来看，模型应是问题导向的，是为了研究一组具体问题而建模，是为了解决具体问题而建模，而不是为了系统而建模。

（2）确定系统边界。系统边界是问题研究中的变量要素。确定系统边界应遵循两个原则：一是根据建模目的，采用专家咨询、系统思考的方法，集中系统工程专家、管理科学专家、经济学专家、相关领域专家以及实际工作者与课题研究人员的知识和经验，形成定性分析意见以确定边界；二是尽可能缩小边界的范围，去除无关变量要素。

（3）系统要素及因果关系分析。这个过程涉及确定各种变量和参数，建立流位流率系。系统动力学的常用变量包括状态变量、决策变量、辅助方程和常数。确定流位流率系的基本过程包括确定状态变量、确定决策变量、确定辅助变量以及确定增补变量与外生变量及参数。

（4）构建系统动力学模型。这个过程包括：①画出因果关系图，这是构成系统动力学模型的基础；②形成流图模型；③进行反馈环分析，对系统模型进行调试、反馈环分析、结果分析和效果检验；④写出全部数学方程，变量方程的建立通常需要进行更深入、更具体的实证分析，这往往需要与其他统计模型、评价排序模型等结合才能完成。这些数学方程描述了系统中各个变量之间的相互作用和演化，通常由差分方程和积分方程组成[①]。

（5）计算机仿真实验。通过定性分析、参数调控，借助于计算机模拟得出多个仿真结果方案，供决策者选择分析。

（6）仿真结果分析和模型有效性验证。将基于计算机仿真的定量分析与不同的专家定性分析方案进行比较、评价、修改，反复进行仿真调试，验证模型的准确性和可靠性。

（7）模型行为分析以确定是否修改模型。使用数学工具和计算机模拟程序来分析被验证为准确和可靠的模型的行为，确定建立的系统动力学模型是否准确描述了系统的行为和特性，以帮助研究人员了解系统中各个部分之间的相互作用和影响，预测未来发展趋势。

（8）制定策略和决策方案。根据对系统当前状况、未来发展趋势的掌握以及对系统内部敏感变量与系统结构及演化规律的深入分析，综合集成出科技规划等政策的决策方案，基于模型的分析结果改善系统的性能和效率。

建立科技项目动态调整的系统动力学模型需要考虑监督评价系统的结构和边界、系统内部的主要影响因素和影响各子系统运作的各种要素。例如，影响项目经费使用的要素可能包括奖励水平、开发人员能力、市场需求等主要影响因素。王雪原（2008）应用系统动力学理论，构建了科技创新资源配置系统动力学模型，通过确定科技规划关键控制因素以及分析配置系统的因果关系，设计了区域科技创新资源优化配置效果的分形评价模型，为及时掌握科技规划配置效果并进行动态调整以最终实现系统综合优化提供了方法支持。

利用系统动力学定量、动态预测的特点，还可以为技术路线图制定提供系

---

① Alice. 什么是系统动力学? https://mp.weixin.qq.com/s/PsSJT8Nl8Dbg2kFXpOmtwA[2024-01-06].

统思考的框架，及时监测技术创新随时间变化的行为发展趋势和目标需求之间的关系，从而对产业技术路线图的制定和更新提供参考（陈坤，2011；徐显龙等，2018）。

6.3 科技规划动态调整的基本方法

在科技规划的动态调整实施阶段，通常会用到与技术预测相关的方法，如技术路线图方法、情景分析方法、技术功效矩阵方法等，以根据科技发展的现状和前景预测对科技规划的实施进行动态管理和调整。一些自评估方法和工具也在科技规划的动态调整过程中进行探索应用。在实际的科技规划监管和动态调整过程中，一般需要结合定量分析和定性分析方法，将各种单一方法组合起来使用。

6.3.1 技术路线图方法

技术路线图方法是近些年国内外经常使用的一种技术预测方法，在科学研究、技术预测、知识技术管理、产品开发管理、项目规划等领域得到广泛应用，以辅助战略决策（刘细文和柯春晓，2007）。技术路线图围绕特定领域的发展前景目标，通常基于相关领域的科技专家、文献专家、管理专家等的宏观判断，应用图表、文字等描述技术发展的脉络及技术之间的逻辑关系和动态联系，在对一个技术领域进行深入分析的基础上，明确某一项或几项技术发展的脉络、关键技术点、未来的发展趋势，从而得出该技术领域未来发展走向的线路图。

一般而言，技术路线图的绘制过程分为三个阶段（张佳琦等，2021）：①启动阶段，包括分析评估现有资源、确定技术规划范围、确定组织机构和路线图绘制程序等；②绘制阶段，包括明确技术发展现状，确定技术发展方向、主要技术领域、关键和核心技术及技术替代逻辑，编写报告，以及制定实施计划等，这是技术路线图的关键内容；③后续反馈调整阶段，包括技术路线图持续修改更新等。

技术路线图可分为企业技术路线图、产业技术路线图和国家技术路线图。

20 世纪七八十年代，技术路线图方法最先起源于美国的汽车行业，并应用于企业层面。到了 20 世纪 90 年代，美国半导体行业迅速推广了技术路线图方法（陈嫒嫒，2023）。《国际器件与系统路线图》（International Roadmap for Devices and Systems，IRDS）及其前身《国际半导体技术路线图》（International Technology Roadmap for Semiconductors，ITRS）多年以来是全球多个国家相关产业规划或者重大项目计划的重大参考，为半导体行业的相关企业和学术团体提供了研发策略指导，其提炼的半导体产业技术发展规律不仅得到了全球半导体从业者的广泛认可，其预判的未来半导体产业技术发展态势还引导世界各国将创新资源配置到最需要解决的产业重大问题和行业瓶颈问题中。

专栏：《国际器件与系统路线图》

半导体产业发展路线图有其独特的特性。在大多数情况下，只有当行业需要进行重大革命性变革时，行业路线图才会启动。然而，在 1965 年戈登·摩尔（Gordon Moore）描绘半导体工业未来之际，半导体产业甚至还没有真正形成。随着半导体行业遵循摩尔定律不断发展，1991 年美国半导体界决定制定一份 200 页的文件来全方面详细阐述半导体发展行业。1992 年，美国半导体产业协会（SIA）编写了《美国国家半导体技术发展路线图》（National Technology Roadmap for Semiconductor，NTRS），旨在总结半导体行业发展规律、辨析行业发展方向以及避免错误的技术发展途径。

与此同时，半导体产业已逐渐扩大到全世界各个地区，需要汇集全球范围力量。1998 年，SIA 邀请日本、欧洲、韩国以及中国台湾地区的半导体产业协会，联合对 NTRS 进行更新完善，形成了 1999 年发表的第一版《国际半导体技术路线图》（ITRS），这就是《国际器件与系统路线图》（IRDS）的前身。ITRS 每两年更新一次，截至 2015 年，累计发布了 9 个版本。同时，《国际半导体技术路线图》还不断引入新章节以更好反映技术发展新态势和行业发展新动向。例如，2005 年新增"新兴器件"章节，

2011 年将微电子机械系统（MEMS）内容独立成章。ITRS 还于 2005 年发表了首份白皮书，第一次引入了"延续摩尔定律"和"超越摩尔定律"的概念，由此诞生"后摩尔定律"。

2017 年国际电气与电子工程师协会（IEEE）开始负责 ITRS 路线图绘制，将 ITRS 升级为 IRDS 并重新划分章节。ITRS 与 IRDS 都分为摘要版、详细版以及总体路线图技术特征总表（Overall Roadmap Technology Characteristics, ORTC），从战略方向到技术路线，从面、链、点给出面向半导体产业未来 15 年的发展规划。摘要版从器件、系统集成、制造等宏观领域总结行业发展态势，主要供高层决策者阅读；详细版从系统驱动、前道工艺技术、后道工艺技术、使能技术等具体产业链环节展开分析，主要供企业和科研人员参考；ORTC 为关键核心技术点。

资料来源：

半导体材料行业分会. 器件和系统国际路线图(IRDS)的前世今生[EB/OL]. https://mp.weixin.qq.com/s/SKx73TPMD0zBkQuvS7wAIw(2019-08-20)[2023-12-01].

张晓沛, 余和军, 李少帅. 2018. 国际器件与系统路线图对我国科技规划的启示[J]. 世界科技研究与发展, 40(4): 422-427.

技术路线图作为一种规划和管理的有力辅助方法，在科技规划中也有着广泛应用。科技规划用到的技术路线图一般应包括满足未来发展需求的科学和技术、科学和技术领域所有的关键研究问题和关键技术点、发展现状、研究需求、创新轨迹、技术演进和发展计划时间表、技术发展建议等，属于国家层面的技术路线图。近年来，美国、欧洲、日本、加拿大等科技发达国家都采用技术路线图方法来规划科技发展、制定政策战略（张晓沛等，2018）。例如，2005 年美国国防部发布的《2005-2030 年无人机系统路线图》有效地指导了美国无人机系统开发工作，2006 年加拿大发布的《加拿大铝加工技术路线图》确保了加拿大铝加工工艺的世界领先地位。

2007 年，中国科学院根据国家社会未来发展需求，从经济持续增长和竞争力提升、社会持续和谐发展、生态环境持续进化与人类社会相协调三大目标出发，采用技术路线图方法组织开展了中国至 2050 年重要领域科技发展路线图战略研究，从能源、水资源、矿产资源、海洋、油气资源、人口健康、农业、生态与环境、生物质资源、区域发展、空间、信息、先进制造、先进材料、纳米、大科学装置、重大交叉前沿、国家与公共安全 18 个领域，开展面向未来的科技发展路线图战略研究（中国科学院，2009）。该项研究集中了中国科学院 300 多位高水平科技、管理和情报专家，历时一年多的深入研究，基本厘清了至 2050 年我国现代化建设对重要科技领域的战略需求，提出了若干核心科学问题与关键技术问题，从中国国情出发设计了相应的科技发展路线图，形成了 18 个领域中国至 2050 年科技发展路线图的战略研究报告并以"《创新 2050：科学技术与中国的未来》中国科学院战略研究系列报告"的形式陆续出版。

中国科学院还在此次战略研究实践中形成了制定重要领域科技路线图的系统方法，具体如下。

一是建立重要领域科技发展路线图战略研究的组织体系。成立战略总体组，由时任中国科学院院长路甬祥总负责，还包括白春礼、施尔畏、方新、李志刚、曹效业和潘教峰。成立总报告起草组，负责总报告的研究与撰写。确定原中国科学院规划战略局（现中国科学院发展规划局）为主管部门，负责路线图研究的组织和协调，通过组织研究队伍、明确节点目标、提出任务要求、提供研究方法、组织集中研讨、进行独立评议、参与研究工作等方式，保证重要领域科技发展路线图战略研究工作的顺利开展。

二是明确重要领域科技发展路线图的基本要求。集中从国家层面考虑问题，分近期（2020 年前后）、中期（2030 年或 2035 年前后）、长期（2050 年前后）三个阶段，描绘分析领域的需求、目标、任务、途径，重点刻画核心科学问题和关键技术问题，体现方向性、战略性和可操作性，从而提出路线图研究的基本框架。

三是组织好重要领域科技发展路线图战略研究队伍。建立汇集科技管理专家、战略科技专家、一线中青年专家和情报专家的专题研究组持续开展研究。科技管理专家着重开展国家战略需求和可操作性研究。研究组负责人为具有战略眼光、强烈责任心和组织协调能力的战略科学家，把握战略研究的整体和方向。主要战略方向上的研究骨干为一线高水平科技专家，使战略研究工作建构在最前沿研究基础之上。各研究组还配备了文献情报专家，通过数据挖掘与分析等情报工具来提高研究效率和系统性。

四是建立多层次、经常化交流研讨机制。将交流研讨作为确定研究节点和推动研究工作的抓手，以集中交流研讨、专题研讨、研究组层面的交流研讨、相互研究组之间交流研讨以及领域发展战略研讨会五种形式进行多次交流研讨。

五是建立重要领域科技发展路线图评议机制。为保证各领域战略研究报告的质量，加强相关领域的协调，主管部门组织了 30 位评议专家和 50 位研究组专家参加重要领域科技发展路线图战略研究评议研讨，评议专家听取了相关研究组的报告，对报告的总体情况、创新点、存在的问题进行了评议，并提出了许多建设性意见和建议。评议结果形成书面评议意见，反馈给相关研究组修改。

六是建立重要领域科技发展路线图持续研究的机制。从路线图研究的特点来看，为适应世界科技和国家需求的迅速变化，需要从组织和队伍上保持一批战略科技专家持续关注和研究国家长远发展的重点科技领域和重大科技问题，并在持续研究中培养和造就更多的战略科技专家。

专栏：中国至 2050 年人口健康科技发展路线图

人口健康是经济发展和社会进步的根本目标，也是构建和谐社会的重要基础。根据制定战略路线图的需要，中国科学院成立了由院内有关研究院所负责人、学科专家、管理专家和情报专家等 27 人组成的人口健康战略研究组，在一年多时间里通过组员的个人分工开展相关研究并召开了 6 次研讨会，基本厘清了至 2050 年我国人口健康领域的战略需求，确定了相关战略任务与关键技术，形成了至 2050 年的人口健康领域发展路线图战略研究报告（图 6-4）。

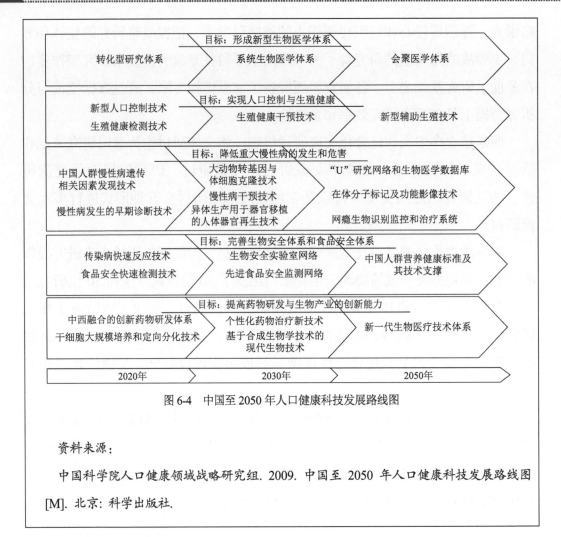

图6-4 中国至2050年人口健康科技发展路线图

资料来源：

中国科学院人口健康领域战略研究组. 2009. 中国至 2050 年人口健康科技发展路线图 [M]. 北京: 科学出版社.

6.3.2 情景分析方法

情景分析方法是结合人为决策因素及其他可能对未来产生影响的因素，基于过去经验的总结、当下局势的研判以及未来状态的推测对将来可能的一系列情景进行描述和预测，并形成一个总体的综合评价的方法。"情景" （Scenario）概念最早出现于 1967 年，是对未来态势以及事态由初始状态向未来状态发展的一系列事实的描述（赵思健等，2012）。一般而言，情景被认为是用文字和数字描述的连贯可信的故事，通常包括对问题边界的定义、对推动变革的当前条件和过程的描述、对关键不确定性的识别、对如何解决这些不确定性的假设以及对未来情形的展望（潘教峰，2022）。众多公共政策制定者使用情景作为交流和协调平台，让多个机构和利益相关者参与决策，共同分析问题以协助决策制定。

情景分析方法起源于20世纪70年代，最早被应用于军事战略领域，随后被推广到交通、土地管理、农业、商业等领域，目前在数据建模、产业技术分析、政策制定、规划评估、未来预测等活动中都有广泛应用。情景分析方法的基本依据是"未来是多样的，几种潜在的结果都有可能在未来实现。通向这种或那种未来结果的路径也不是唯一的，将可能出现的未来以及实现这种未来的途径的描述构成一个情景"（张学才和郭瑞雪，2005）。情景分析方法主要包含4个步骤：①识别情景领域和情景问题；②情景关键因素分析；③情景生成；④情景转移。

作为一种用于未来中长期研究的方法，情景分析方法被各国的政府部门、学术机构和智库广泛应用于长远决策和战略制定。科技政策制定者经常需要在充满不确定性的复杂局势中作出战略决策。在面临较大不确定性的情况下，情景分析法有助于科技政策制定者根据外部环境的变化发现重要的机遇或挑战信号从而更好地作出决策，并通过寻找共同点应对利益之间新出现的冲突，从而进一步推动科技政策制定过程。例如，2021年国际能源署发布的《2050年净零排放：全球能源行业路线图》研究报告，基于"实现2050年净零排放"的未来情景，探讨了全球社会各主要部门应该需要采取的行动（王闻昊和丛威，2021）。

专栏：《2050年净零排放：全球能源行业路线图》

2021年5月18日，国际能源署（IEA）正式发布了具有里程碑意义的报告《2050年净零排放：全球能源行业路线图》，提出全球首个2050年能源行业净零排放路线图。这份重磅报告被时任国际能源署署长的法提赫·比罗尔（Fatih Birol）称为"五十年来最重要的报告之一"。

2015年达成的《巴黎协定》明确提出各国政府应该加强气候变化威胁的全球应对，在2100年前把全球平均气温较工业化前水平升高幅度控制在2℃之内，并努力将温升控制在1.5℃之内。

《2050 年净零排放：全球能源行业路线图》是世界上第一个全面的能源行业净零排放研究报告。该报告基于《巴黎协定》提出的 1.5℃温升控制目标，详细讨论了在全球温升 1.5℃情景下，全球如何快速实现能源转型，旨在为 2021 年 11 月召开的第 26 届联合国气候变化大会高级别谈判提供信息参考。

《2050 年净零排放：全球能源行业路线图》提出了以太阳能和风能等可再生能源而非化石燃料为主导实现清洁、动态和具韧性的能源经济形式。《2050 年净零排放：全球能源行业路线图》还研究了生物能源、碳捕获和行为变化等若干关键不确定性因素在实现净零方面所起的作用。

为到 2050 年实现净零排放目标，国际能源署建议各国政府积极开展八方面行动，具体包括：①加快部署清洁能源技术；②推动清洁能源技术创新；③考虑能源转型对个人和地区的社会和经济影响；④发展可再生能源；⑤停止化石燃料供应源建设；⑥利用清洁能源投资热潮推动全球经济增长；⑦关注传统和新兴能源供应安全问题；⑧积极开展国际合作。

2023 年 9 月 26 日，国际能源署发布新版《净零排放路线图——实现 1.5℃目标的全球路径》报告。国际能源署考虑了自 2021 年首版报告发布以来重要发展情况对全球能源格局和净零排放的影响，如新冠疫情后的经济反弹、一些清洁能源技术的意外增长以及化石燃料和温室气体投资的增加，根据最新技术、市场和政策数据，全面更新了 2021 年发布的第一版报告。

资料来源：

伍浩松, 戴定, 赵畅. 2021. 国际能源署发布 2050 年净零排放路线图[J]. 国外核新闻, (6): 17-22.

伍浩松, 张焰. 2023. 国际能源署发布新版 2050 年净零排放路线图[J]. 国外核新闻, (10): 1-2.

情景分析方法通常分为描述型情景分析方法和定量型情景分析方法。描述型情景分析方法主要是利用专家调查方法，用可视化图表或描绘性文字展示某一问题的未来可能情景；定量型情景分析方法主要是利用概率论方法、计量方法等建立量化模型，通过调整相关参数展示某一问题的未来可能情景。需要说明的是，为了实施定量型情景分析方法，很多因素被简化，也有一些无法量化的因素被忽略，因此定量型情景分析方法得到的结论仅可作为决策支持信息，不能直接用作最终实施方案。

专家调查方法是一种依据专家的知识和判断得到某一问题的研究结论或者预测评估的方法，其核心是设定某种程序以获取专家的观点。常用的专家调查方法包括头脑风暴法和德尔菲法。其中，德尔菲法通常设置一个专家小组进行几轮匿名讨论，以确定具有战略重要性的问题及其优先顺序。参与者互不知道其他参与人员，也不知道其他专家的反馈内容，以确保反馈意见相互独立且无偏见，从而有助于避免群体思维。德尔菲法还可以通过电子邮件、在线会议或使用专业软件进行。德尔菲法通常包括七个步骤：①设定一个与研究情景相关的宽泛问题，如"如何到 2050 年实现全球 1.5℃温升控制目标？"②任命一名协调人，并与专家小组接洽；③收集合并第一轮专家小组匿名形成的反馈内容；④确定最重要的关键问题；⑤对最重要的问题进行优先排名；⑥检查排名并确定优先的关键问题；⑦展示之前德尔菲法的产生结果，并请该专家小组继续探讨已经产生的关键问题。使用德尔菲法可以分析得出一个对拟研究政策领域的未来情景非常重要的问题列表。

专家调查方法在科学研究中，尤其是涉及信息分析、现状调查及未来预测的研究中应用广泛。自 1971 年开始，日本文部科学省每隔五年进行一次全国性大规模科技预测，以把握总体科技发展趋势和技术发展方向。其中，2001年 7 月日本文部科学省组织完成的"第七次技术预测调查"，以政产学的 4000名专家作为问卷调查对象，对 16 个领域超过 1000 个技术课题在今后 30 年间的重要性和实现期限等进行了情景预测（康相武，2008）。总的来说，专家调查方法是一种相对定性的研究方法，主要依据专家的主观判断，因此常常与科学计量等定量方法结合使用。

在科技规划编制或实施的过程中，应用情景分析方法有助于预测可能出现的问题，提前做好风险防范，同时提高对科技规划实施结果的把控力。通过情景分析方法可以建立后期跟踪评价机制，依据规划实施的状况，对情景分析模型做出实时调整和评估，并在此基础上调整科技规划实施方案。

6.3.3　技术功效矩阵方法

专利文本中含有大量的技术、经济、法律信息，是科研成果的一种表现形式。采用一系列技术对专利文献数据进行挖掘分析，不仅可以掌握研究领域的专利布局情况、技术发展历程等，还能了解该领域的技术空白点、热点、重点和技术改进方向的分布以及技术问题解决的程度，为决策者制定产业发展策略提供支撑（刘化然等，2020）。

技术功效矩阵以专利文献作为主要的基础数据，构建技术领域的技术手段与功能效果的矩阵，通过对专利文献的技术主题内容和主要技术功能效果之间的特征研究描述技术与功效之间的关系，寻找技术关键点和技术空白点，辅助开展技术分析和技术预测。此外，技术功效矩阵方法还将分析结果进行可视化处理，可以直观地呈现相应技术主题的发展情况、专利权人、所在国家等信息，便于挖掘专利中隐晦的信息，呈现该领域的总体发展脉络和趋势。因此，技术功效矩阵方法可以为科技规划项目的动态调整提供有力支撑。

早期，技术功效矩阵方法是微观专利分析的一种常用方法，以人工标引、统计为主，技术专家从专利信息中提取手段、功效、目的、功能等各种类型的技术元素，通过矩阵图和气泡图二维静态专利地图的形式刻画各元素之间的关系，尽可能地体现影响技术领域的关键问题，其特点是专业人士深度阅读后标引，内容分析的精度高但耗时长，是重新归纳与组织技术特征与功效的重要工具。胡海荣和石冰琪（2021）基于专利信息对我国区块链技术及其分支领域进行了包括专利申请趋势、法律状态、地区分布、申请人分布在内的技术创新态势与包括 IPC 构成、技术关联、技术功效在内的研发态势分析，以期为我国区块链技术的研发重点、热点、关键领域创新路径提出建议（图 6-5）。

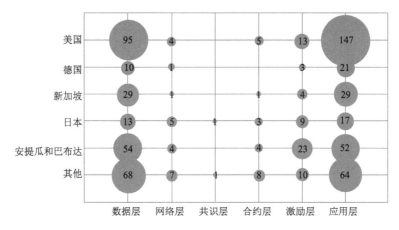

（a）区块链各分支技术国外在华专利分析

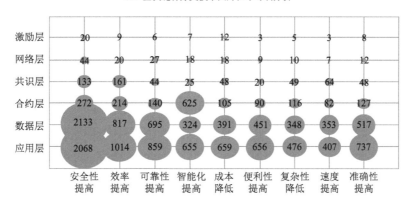

（b）我国区块链专利技术功效矩阵分析

图 6-5　基于专利技术功效方法分析区块链技术创新路径（胡海容和石冰琪，2021）

目前，专利技术功效矩阵方法大部分是面向海量的专利文本开展自动化和半自动化的技术功效矩阵构建，从技术层面改进文本挖掘、语义抽取的效果，以提升人工标引的效率，解决数据标引的数量级限制、更新/更正等问题（刘春江等，2023）。随着文本预处理与抽取方法的发展，半自动化/自动化技术功效分析代替了人工标引，以现有技术分类体系、语法分析、文本挖掘、自然语言处理、SAO（Subject-Action-Object）语义挖掘等方式基于分类或分词快速生成技术功效矩阵，相对客观地提取技术特征词。除了传统的二维矩阵外，王巍洁等（2020）将构成要素纳入产业专利技术的评估维度中，组建了构成要素、技术工艺和功能效果三个评估维度确定产业专利技术，采用文本挖掘技术构建了多维专利技术功效分析模型，并应用于吉林省人参产业的技术研究热点与技术空白点研究（图 6-6）。

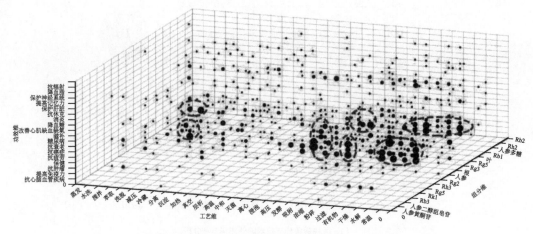

图 6-6　吉林省人参产业多维专利技术功效分析模型（王巍洁等，2020）

从理论方法的未来发展趋势来看，技术功效分析的研究正在转向更加自动化、智能标引、关联或增强语义理解、个性化自动生成矩阵。自 2022 年 11 月 OpenAI 推出人工智能聊天平台 ChatGPT 后，基于人工智能技术的大语言模型在实体识别、文献摘要、情感分析等自然语言处理任务中呈现出良好的效果和广泛的应用前景，给科研工作者带来了新的研究思路（白如江等，2024）。白如江等将 ChatGPT 应用于专利技术功效实体抽取任务，使用 ChatGPT+Prompt 的方法智能感知实现专利技术词、功效词以及技术功效二元组的识别、提取和生成。然而，通常情况下，半自动化与自动化技术功效分析不具有广泛的可迁移性，同时减弱了内容分析的精度，基于规则的抽取方法便于推理但也依赖于领域专家制定相关规则，且快速生成的结果还存在难以解读的问题。

6.3.4　动态自评估方法

欧盟委员会在《良好规章制度准则》中将项目理论作为科技规划、科技项目评价的基本准则，并广泛地应用于其主导的研发创新项目评价中。其中，项目中评价是一个连续的动态变化过程，每一个时间点和每一个阶段都应进行一定进展评估，从而显示科技项目评价的重复性、动态性、连续性和系统性。在确立项目中动态评价指标体系时，要承接项目前评价和项目后评价，兼顾目的性、适用性、系统性和科学性原则。

欧盟为了帮助各成员国顺利落实"创新联盟"旗舰计划以确保实现科技战

略规划目标，在分析整理相关事实数据的基础上，提炼出了科研创新体系绩效表现良好国家和地区的典型特征，作为各成员国在"创新联盟"旗舰计划实施中开展自评估并做动态调整的框架。这个典型特征框架包括了"创新政策的制定超越技术研究与应用的狭义范畴""将追求卓越作为科研教育政策的主要准则""政府对企业研发的资助简单透明与运行高效"等 10 个一级指标以及下设的 27 个二级指标。各欧盟成员国需要利用该评估方法对本国的科研和创新进行全面的自评估，并根据评估结果确定本国根据"欧盟 2020 战略"要求制定的国家改革计划要点（陈光，2021）。

专栏："欧盟 2020 战略"及其"创新联盟"旗舰计划

2008 年爆发的金融危机和 2009 年发生的主权债务危机对欧盟经济造成了巨大打击。在欧盟经济艰难复苏之际，2010 年 3 月 3 日，欧盟委员会发布"欧盟 2020 战略"。随着 2010 年 6 月欧盟理事会的批准，"欧盟 2020 战略"正式生效。这是继"里斯本战略"之后发布的第二份欧盟发展战略。

"欧盟 2020 战略"的战略目标主要通过 7 个旗舰计划贯彻落实。《欧盟 2020 战略旗舰计划：创新联盟》是第一个发布也是其中最核心的旗舰计划。其于 2010 年 10 月公布，并于 2011 年 2 月被批准成为指导欧盟未来 10 年科研与创新发展的战略性文件。

《欧盟 2020 战略旗舰计划：创新联盟》重申了创新对于应对欧洲面临的挑战的重要性，分析了欧洲在创新方面的优势潜力，同时也指出了存在的问题：对知识基础的投入不足、创新体系环境不尽如人意、过多的分散与重复浪费。因此，欧洲必须依据以下原则走出一条与众不同的创新之路：一是聚焦能够应对"欧盟 2020 战略"中提出的重大社会挑战的创新，强化联盟在某些关键技术领域的领导地位；二是追求广义上的创新，不仅包括研发创新，也包括商业模式、设计、品牌和服务方面的创新；三是创新活动的范围要囊括所有参与方、所有地区，包括中小企业、所有的技术领域、所有的成员国等。

为确保《欧盟 2020 战略旗舰计划：创新联盟》绘制的蓝图顺利变成现

实，欧盟委员会还制定了相关保障措施，构建了自评估工作、设立了监测指标，并明确规定了各方面的责任分工。

资料来源：

陈光. 2021. 科技规划的目标管理与评估机制研究[M]. 北京: 北京理工大学出版社.

6.4　科技规划动态调整的国际实践

随着科技管理的精细化水平不断提高，各国科技规划管理逐渐发展成为高度可控的闭环流程，覆盖科技规划的编制、执行、评估监测、动态调整全过程。美国所有接受绩效评估的科技规划都需要根据执行监测和评估结果制定改进计划，从而优化绩效管理。美国通常由联邦政府管理部门和研发主体等相关机构共同制定改进计划，有些计划需要在某一两个具体方面做出改进，有些计划需要在多方面做出改进，而有些计划如果被评估认为跟其他计划存在重复交叉则会宣布结束或者中止（发达国家科技计划管理机制研究课题组，2016）。美国联邦政府高度重视总统科技咨询委员会和国家研究理事会对科技规划的历次评估结果，评估报告提出的重大建议都能够有选择地体现在新一版的战略规划当中。通过多轮"计划执行—评估反馈—调整战略"流程，评估工作切实影响了科技规划的目标修订、组织结构调整和预算申请，也为赢得国会和参与部门的经费与工作支持发挥了积极作用（刘克佳，2021）。

总体而言，要实施科技规划的动态调整，需要采用一定手段，由科技规划实施中总体协调部门进行适当的控制和引导。控制是在获得科技规划执行监测信息的基础上，借助法律、经济、行政等手段，控制各个主体的行为，促使其按照调整方案，对科技规划的实施计划或者方案进行调整。除了控制以外，科技规划的协调部门还应该适当引导，让科技规划系统内的各个主体协调配合，增强联系，使整个科技规划体系有机发展。

6.4.1　美国国家纳米技术倡议

《21 世纪纳米技术研究与发展法案》要求，美国国家纳米技术倡议

（NNI）战略规划必须每三年更新一次。战略规划的制定与计划评估密切联系，并充分吸收评估的结果和建议。

2004 年 12 月，NNI 发布了第一份战略规划，提出了纳米技术计划的发展愿景及其四大发展目标。美国国家科学院、总统科技咨询委员会、国家纳米技术咨询委员会等 NNI 主管部门通过意见征集、研讨会等形式广泛征求纳米科技界关于研发支持政策、组织协调、优先研发领域等问题的意见和建议，认真研究形成指导未来五年发展的 NNI 战略规划。此后，NNI 分别在 2007 年、2011 年、2014 年、2016 年和 2021 年对战略规划进行了更新，愿景和目标保持稳定，仅略有调整。2016 年版的 NNI 发展愿景是"通过在纳米尺度理解和控制物质，引发技术和产业变革，造福社会"，四大发展目标是：①推动世界级的纳米技术研发；②促进新技术转化为产品，满足商业和公共利益；③发展并保持教育资源、熟练的劳动力、活跃的基础设施和工具组合，推动纳米技术发展；④支持负责任地发展纳米技术（边文越，2022）。与以往不同的是，2021 年版 NNI 战略规划做出重大调整。在美国不仅要产出原始创新而且要实现成果转化与社会经济效益的核心思想指导下，2021 年版 NNI 战略规划重新调整和设定了发展目标。除了继续推动技术研发、商业化、基础设施建设、负责任的发展四大发展目标外，NNI 将教育和劳动力方面的内容单列为一个发展目标以增加支持力度，由此反映了 NNI 对教育、发展劳动力、公众参与对整个纳米技术事业重要性的新认识。伴随着 NNI 五个发展目标的调整，其下具体细分目标的内容全面更新，并从组织研发、加强协调和促进纳米技术商业化方面提出一系列重要发展举措。

非政府组织的评估和监督结果也促进了 NNI 的动态调整。例如，2007 年 4 月，伍德罗·威尔逊国际学者中心发表了"绿色纳米科技——比你想象中容易"的研究报告，提出了绿色纳米科技的新思想：以绿色纳米科技思想，将过去被动回应环境问题改变为主动预防，从而减少纳米风险的负面冲击。美国国会研究服务部（Congressional Research Service，CRS）将国家纳米技术咨询委员会（由 PCAST 行使职责）和美国国家科学院的评估结果、其他非政府组织对纳米科技的环境、健康与安全问题的关注以及 NNI 的建议采纳情况，向国会议员进行了汇报。2009 年 2 月，美国众议院、参议院先后采纳了这些建议并修正了《21 世纪纳米技术研究与发展法案》，对降低纳米科技的潜在风险进行了整体规划。修正法案的第六部分以"绿色纳米科技"为标题，加强了面向社会领域的绿色纳米科技研究投入。

6.4.2　美国"信息高速公路"战略规划

20 世纪 80 年代初，信息革命的浪潮促成了全球新的国际分工和产业结构调整，发达国家经济借此走出石油危机阴影，经济发展呈现出新的繁荣景象。20 世纪 80 年代末，以美国为代表的西方发达国家经济发展出现负增长。与此同时，德国、日本科技发展迅速，美国当时的科技战略已经不能适应经济发展的需要，开始探寻以科技促进经济发展和生产力转化的道路。

20 世纪 90 年代，克林顿政府时期，美国正式提出"信息高速公路"的概念并开始着手建设，其正式名称是"国家信息基础设施"（National Information Infrastructure，NII）。"信息高速公路"的主要内容可以概括为：设备、信息、应用系统和软件、传输编码与网络标准、人员。"信息高速公路"科技战略规划将研究和建设"国家信息基础设施"作为美国科技战略规划的关键部分和国家最优先发展的任务，以此来拉动国内经济发展、促进就业、保持科技领先地位，并增强经济实力。

在 NII 战略规划的实施过程中，美国坚持了自上而下推进、以企业为实施主体的原则，并出台了相应的执行监测和动态调整配套措施，保证了规划的顺利实施。美国联邦政府专门为 NII 规划的实施成立了白宫国家信息基础设施工作组，该工作组由商务部领导，主要负责调整政府在该规划中的各项任务、协调政府与企业在规划实施过程中的关系，以及执行管理政策并解决规划实施过程中出现的问题。同时，美国联邦政府还成立了由企业界代表组成的顾问委员会，负责向白宫国家信息基础设施工作组提出建议。在规划实施的过程中，美国联邦政府还不断修正美国通信业的有关法律，力图统一规划标准和总体设计。

专栏：美国"信息高速公路"科技战略规划

"信息高速公路"科技战略规划的总目标是：用 20 年时间投资 2000～

4000 亿美元，建设美国"国家信息基础设施"。按照预期，美国"信息高速公路"科技战略规划可以分为 3 个阶段：第 1 阶段为倡导、规划、推行阶段；第 2 阶段为基础设施建设阶段；第 3 阶段为重新组合经济和社会阶段。

在美国"信息高速公路"科技战略规划的实施过程中，企业为真正的实施主体，政府的资金投入只占 10%左右。联邦政府的投资主要用于推进规划所必需的而企业研发意愿不高的基础技术领域。例如，每年投入约 10 亿美元支持高性能计算和通信计划。此外，美国联邦政府还同时采取多种措施鼓励和吸引企业积极参与其中。例如，对企业的信息技术研发活动给予税收优惠政策激励，除个别进行直接资助外，还通过免税和退税政策来激励个人、企业和科研机构从事研发活动。鼓励与规划相关的电子、电信、有线电视、电影、娱乐等行业的企业进行联合和兼并，以此扩大企业规模，增强企业的市场竞争力。

实践证明，"信息高速公路"科技战略规划的实施非常成功，达到了预期效果，大大增强了美国企业的竞争力，促进了信息产业技术发展，最终达到增强美国科技实力和经济实力的目标，对美国社会经济发展起到了巨大促进作用，致使信息产业的企业、各种组织及个人都满怀信心地行动起来，创新服务，开拓市场，集中并提高国家在全球信息基础设施建设中的主导地位。美国由此引领人类进入信息社会，主导着信息通信科技领域的发展趋势，垄断了高技术产品的生产和销售，实现了保持科技领先地位、促进就业、拉动美国经济并增强经济实力的总体战略规划发展目标。

资料来源：

张赤东. 2010. 以企业为实施主体的美国 NII 计划组织实施方法及其对我国重大专项组织实施的启示[J]. 科技进步与对策, 27 (4): 94-98.

6.4.3 日本科学技术基本计划

日本在《科学技术基本计划》的连续更新制定过程中很好地融入了动态调

整机制。1996 年，日本政府公开发布了第一期《科学技术基本计划》。受时间、经验等因素影响，第一期五年科技规划的编制质量不佳，不仅缺乏明确的战略规划目标，也没有提出战略方向和重点推进内容（陈光，2022）。2001年，日本政府更新调整推出的第二期《科学技术基本计划》，首次提出了"三大战略目标"，并为实现三大战略目标遴选了生命科学、信息通信、环境、纳米材料等重点领域，以及配套制定了各领域推进战略。但是，第二期《科学技术基本计划》未明确各重点领域与战略目标之间的关联关系，也未制定系统、有效的科技规划实施机制。2006 年，日本政府发布的第三期《科学技术基本计划》形成了较为成熟的"重点领域"型规划实施机制，并遴选了生命科学、信息通信等 8 个重点领域作为未来五年科研投入的重点。

虽然日本政府第三期《科学技术基本计划》建立的"重点领域"型目标管理模式实现了科技资源投入的重点化，但是随着《科学技术基本计划》的深入实施，这一做法也引发了一些质疑。2009 年发布的《第三期〈科学技术基本计划〉中期评估报告》指出，研发课题的目标数量众多且非常细化，世界的研究范式正在发生转换，仅以单项技术开发为目标的想法正在变得过时，应面向日本未来发展愿景设定需要解决的重大问题；然而，目前各重点领域的科研人员之间交流不足，新兴、交叉领域创新性研究的制度环境也有所欠缺。受此影响，日本政府第四期《科学技术基本计划》的科技规划编制思路发生了重大战略转变，由"重点领域"型转向"问题解决"型。根据新的发展形势需求，2011 年日本政府发布的第四期《科学技术基本计划》制定了日本应瞄准实现的 5 方面新战略规划目标，包括从地震灾害中复兴重建、实现可持续增长和社会发展、率先解决大规模自然灾害等问题。

由于政党轮替和政权更迭，长期战略方针难以很好地贯彻执行，安倍晋三决定在保持《科学技术基本计划》整体方向不变的前提下，制定《科学技术创新综合战略》并每年进行动态更新。日本综合科学技术会议于 2013 年 6 月首次制定了《科学技术创新综合战略》，并根据年度形势变化，在动态微调的原则基础上，对每年度的日本科技工作进行明确，包括在该年度背景下对政策问题的基本认识、每项重点措施的努力内容、面向社会实际应用需采取的措施、2030 年的成果目标以及相应的责任部门和工程表等。日本政府还要求在战略实施过程中随时开展检测评估，以及根据评估结果不断修正工程表（陈光，2021）。

6.4.4　德国"高技术战略"

《高技术战略》是德国联邦政府制定的综合性国家科技发展战略，形成以"高技术战略"统领国家科技发展的理念和实践机制，以实现通过创新增强德国的全球竞争力的首先目标。2006 年以来，紧密结合科技创新前沿和社会发展需求，德国政府对"高技术战略"的目标与重点领域进行了 4 次调整和变革，形成连续推进的科技创新发展战略体系（陈佳和孔令瑶，2019）（表 6-1）。2023 年 2 月，德国政府出台《未来研究与创新战略》作为联邦政府新一代科技创新顶层战略规划，取代了《高技术战略》。

表 6-1　德国"高技术战略"的演变与发展

战略名称	颁布时间	目标	优先领域与主题
《高技术战略》	2006 年	点燃创新	健康与医药技术、信息与通信技术、汽车与交通技术、光学技术、材料技术等 17 个尖端技术创新发展领域
《德国 2020 高技术战略》	2010 年	理念、创新、增长	气候/能源、健康/营养、交通、安全、通信五大需求领域
《新高技术战略》	2014 年	为德国而创新	信息通信技术、医学等 6 类领域科技计划，中小企业研发、科技人才等 5 类政策引导类科技计划，"工业 4.0"、个性化医疗等 10 个专项科技计划
《高技术战略 2025》	2018 年	面向人类发展的研究和创新	解决社会挑战、构建德国未来能力、树立开放创新和风险文化三大行动领域、12 个优先发展主题

面对全球化的激烈竞争，为了确保德国国际竞争力和技术领先地位，2006 年 8 月，德国联邦政府发布了第一个全国性、跨部门和跨领域的科技发展战略——《高技术战略》，聚焦了 17 个尖端技术创新发展领域，具体包括：健康与医药技术、安全技术、植物技术、能源技术、环境技术、信息与通信技术、汽车与交通技术、航空技术、航天技术、海洋技术、服务技术、纳米技术、生物技术、微观系统工程技术、光学技术、材料技术、生产技术。

随着气候变暖、生态环境恶化等全球性挑战的日益严峻，德国联邦政府开始强调技术变革要解决社会问题，2010 年 7 月，德国联邦政府发布了《德国 2020 高技术战略》。该战略规划重点从原先的 17 个技术领域转移到关注"全球挑战、着眼未来和面向欧洲"的战略重点，特别注重科技发展与社会需求的紧密结合，确立了气候/能源、健康/营养、交通、安全、通信五大需求领域，大力支持战略性新兴技术发展，加速创新成果的产业化。

根据创新政策范式与目标的转变，德国联邦政府更新"高技术战略"的重点与领域，于 2014 年颁布实施《新高技术战略》，该战略更加注重与社会需求紧密结合的科技创新，并将创新范围扩展到社会创新。与之前的"高技术战略"相比，《新高技术战略》注重创新主体与行为的差异特征，形成领域科技计划、政策引导类科技计划和专项科技计划三大类科技战略规划体系，层次清晰、重点突出。领域科技计划包括信息通信技术、可持续经济和能源、创新工作环境、医学、交通、安全 6 类，政策引导类科技计划包括技术转移与知识产权保护、中小企业研发、区域创新集群、科技人才、国际合作 5 类，专项科技计划包括"工业 4.0"、可再生资源替代石油、能源供给智能改造、开发可持续性交通、网络服务、网络身份安全识别、疾病预防和营养健康、个性化医疗、高龄人士自主生活以及碳中和、高效节能且适应气候的城市 10 个。在优先领域选择上，《新高技术战略》除了延续电动汽车、能源、健康、安全等科技领域，还将"工业 4.0"、数字经济列为优先发展领域。

2018 年，德国政府再次更新调整"高技术战略"、发布《高技术战略 2025》，以进一步夯实德国科技创新的世界强国地位。《高技术战略 2025》以"面向人类发展的研究和创新"为主题，将科技创新与可持续发展和持续提升生活质量相结合，确定了三大行动领域和 12 个优先发展主题。12 个主要任务目标包括抗击癌症、智能医学、工业温室气体减排、清洁智能汽车、人工智能应用等,延续了电动汽车、能源、健康、安全、"工业 4.0"等优先发展领域，并将扩大最新科技理念和前沿知识的共享列为重点任务。

6.4.5 欧盟"里斯本战略"

面对全球化和新知识经济的挑战，2000 年 3 月欧盟理事会在葡萄牙首都里斯本通过了欧盟第一份十年（2001～2010 年）战略发展规划，即通常所称的《里斯本战略》，提出了未来十年发展的宏伟目标"把欧盟打造成为世界上最具竞争力和活力、以知识为基础的经济体，创造更多更好的工作机会、更强的社会凝聚力，实现经济的可持续增长"。

《里斯本战略》作为一份科技战略规划，围绕就业、科研、教育、社会福利、社会稳定、经济社会发展等多个方面制定了 28 个主目标和 120 个次目标（黄林莉，2009），包括：欧盟经济增长率年均达到 3%；研发支出占 GDP 的比例到 2010 年不低于年均 3%；平均就业率达到 70%，其中妇女就业率达到 60%、老人就业率达到 50%；年轻人在校辍学率减半；儿童入托率明显提高。

但是《里斯本战略》的执行实施并不顺利。2004 年，应欧盟理事会要求，欧盟委员会成立了一个由荷兰前首相维姆·科克（Wim Kok）为主席的高级别小组，对《里斯本战略》的实施情况开展中期评估，并形成了评估报告、即《科克报告》。该评估报告认为，虽然《里斯本战略》执行即将过半，但结果却是"令人失望"的，当初制定的许多目标的执行进展都很缓慢。例如，工作机会的净增长速度显著降低，实现 2010 年平均就业率达到 70%、老人就业率达到 50%的目标风险很大；只有 2 个欧盟国家的研发支出占 GDP 的比例超过了 3%；为教师提供数字化培训的进展也严重不足。此外，《科克报告》还认为，"超载的议程"、"糟糕的协调"和"目标优先性上的冲突"是导致《里斯本战略》执行不力的原因。《科克报告》也将问题源头指向了欧盟各国领导人，警告如果各成员国不尽快承担起责任、采取措施，《里斯本战略》难免会成为一个"失信和失败的同义词"。2004 年 10 月，欧盟委员会主席罗马诺·普罗迪（Romano Prodi）在即将离任之际也对媒体表示：《里斯本战略》是一个巨大失败。

根据《科克报告》给出的中期评估结论和有关建议，2005 年欧盟理事会决定重启《里斯本战略》，主要举措包括：重新调整发展重点，将"增长和就业"作为战略首要目标，即优先确保到 2010 年达到 70%的平均就业率，研发投入增加到 GDP 的 3%，在完成这两项目标的前提下实现 3%的年经济增长；同时加强了执行力度和治理手段，如要求欧盟各成员国依据《里斯本战略》制定本国的国家改革计划。

虽然根据中期评估动态调整后的《里斯本战略》更加符合实际，在执行上也更为有力，但 2008 年突如其来的全球金融危机对全球经济造成了重创，在 2010 年结束时，《里斯本战略》确定的战略首要目标一个都没有实现。面对 2008 年全球金融危机带来的挑战，2010 年 3 月欧盟委员会发布了第二份十年经济发展规划《欧盟 2020 战略》，旨在帮助欧盟走出金融和经济危机。《欧盟 2020 战略》将欧盟经济发展重点明确为：发展以知识和创新为主的智能经济、通过提高能源使用效率增强竞争力并实现可持续发展、提高就业水平以加强社会凝聚力（冯仲平，2010）。吸取《里斯本战略》执行不力的经验教训，《欧盟 2020 战略》还将综合指导方针的数量从 24 个大幅凝练压缩到 10 个，并通过宏观经济监督、主题协调、财政监督三个维度加大了对《欧盟 2020 战略》及其 10 个综合指导方针的执行监测力度。

6.4.6　英国干细胞计划

英国在再生医学和胚胎学研究领域占据领先地位，取得了许多里程碑意义的成就。2005 年 3 月，英国政府推出了英国干细胞计划（UK Stem Cell Initiative，UKSCI）。作为一项为期 10 年的科技行动规划，UKSCI 计划对英国 2006～2015 年干细胞研究发展进行整体愿景规划并制定了一个节约成本的执行策略，以保证英国的领先地位（发达国家科技计划管理机制研究课题组，2016）。

UKSCI 计划成立了专项工作小组，由英国医学科学院院士 John Pattison 担任主席，小组秘书处设在卫生部，小组成员来自公共管理部门、理事会以及企业。

2011 年 1 月，英国商业、创新和技能部与英国卫生部开始对 UKSCI 计划开展中期评估，以识别商业化和临床应用的瓶颈环节，并确定在实现干细胞疗法临床应用的过程中，英国国家医疗服务体系需要进行的准备工作。2011 年 7 月，英国商业、创新和技能部与卫生部联合发布《英国再生医学评估报告》（*Taking Stock of Regenerative Medicine in the United Kingdom*）。报告分析内容涉及英国再生医学发展影响因素分析、英国干细胞研究实力的国际地位分析、英国干细胞文章和专利分析、英国干细胞产业发展分析以及公私经费投入情况。

　　2012 年 3 月，英国医学研究理事会、工程和物理科学研究理事会、生物技术与生物科学研究理事会、经济和社会研究理事会与英国技术战略委员会在 2011 年的评估报告基础上进一步分析，构建了英国新版再生医学研究路线图《英国再生医学战略》，提出了八大领域战略目标，具体包括：基础研究、支持治疗方法的开发、建立再生医学平台、临床转化与评估、构建创新和价值体系、加强研究的国际性、建立研究集群以及跨学科合作。

专栏：英国干细胞计划

　　英国干细胞计划（UKSCI）确立全国一盘棋的发展模式，是顶层设计科研计划的典范。英国在项目评估方面拥有一套长期运行的科技咨询和评估机制，在 UKSCI 计划的立项前和执行期内都进行了有效的评估，以确保 UKSCI 计划立足英国现状、社会需求和研究前沿，目标设定合理并具有前瞻性。

　　在 UKSCI 计划制定前，专项工作小组委托英国外交部科学创新网络办公室和联邦事务部对英国干细胞研究的国际地位进行了咨询分析，利用 SWOT 分析方法对英国自身的优势和劣势进行分析，并委托剑桥大学的仿制药研究专业团队对全球干细胞知识产权情况进行了分析。UKSCI 计划在立项前评估中还制定了 2006～2015 年的成本范围建议，并确定了科研能力建设、科研支持、监管以及合作交流四个方面的投资额度范围。

　　在执行过程中，UKSCI 计划根据干细胞研究和产业链，不同参与机构的职能侧重点设置不同，对干细胞研发整体链条的支持各有侧重，避免了重复支持、资源浪费等情况。其中，技术战略委员会负责协调公共部门的资金；英国研究理事会（Research Councils UK）协调七大领域研究理事会支持科学研究，在项目中主要负责基础研究阶段；技术与创新中心负责支持应用和转化阶段；英国卫生部为国家医疗服务体系的临床干细胞实验研究提供额外资助、成立干细胞临床研究伦理会以及协调国际战略联盟的建立。

　　从短中期来看，英国 UKSCI 计划将英国干细胞研究投入部分转向传统医药领域，开发传统新药。从长期来看，英国 UKSCI 计划促进了新型干细

胞疗法的开发。总体而言，UKSCI 计划巩固了英国在干细胞研究领域的优
势，使英国在干细胞治疗和干细胞技术领域成为全球领导者之一。

6.5　本章小结

  本章主要介绍了科技规划动态调整的有关内容，包括动态调整的重要性、
动态调整的相关理论、基本方法和国外实践。科技规划实施周期一般较长且有
着大大小小的目标。随着规划执行进度的变化，当阶段性目标已经实现或当初
设立的规划目标偏离实际需要或世界的政治、经济、科技发展形势已发生明显
变化，根据执行监测结果对科技规划进行动态调整是合情合理的。美国数学家
贝尔曼提出的最优化原理，从数学角度阐述了多阶段决策动态调整的基本思
想。源于项目管理和企业管理的变革理论、目标管理理论和系统动力学理论与
科技规划动态调整理念相契合。科技规划动态调整的基本方法包括技术路线图
方法、情景分析方法、技术功效矩阵方法和动态自评估方法等。最后，本章梳
理了美国、日本、德国、英国和欧盟的科技规划动态调整的若干案例，包括美
国国家纳米技术倡议、"信息高速公路"科技战略规划，日本科学技术基本计
划，德国"高技术战略"，欧盟"里斯本战略"，以及英国干细胞计划。

第7章 国际上科技规划组织实施的体制机制特点

体制通常指的是国家或组织的基本组织形式和管理制度，如政治体制、经济体制、教育体制等。体制决定了组织内部的权力结构、决策过程、资源分配等核心要素。机制则更多地指的是在体制内部，各种组织和个体相互作用和协调的规则和过程。机制是体制运作的具体方式，涉及具体的操作流程、管理方法、激励措施等。本章主要是从体制机制角度，综合分析美国、德国、英国、日本、欧盟等科技发达国家和地区在科技规划实施与过程管理中的主要经验。

7.1 美国科技规划实施与过程管理的主要经验

7.1.1 美国科技规划实施与过程管理的基本体制

美国在科技规划实施与过程管理方面的体制特点主要体现为宏观决策、组织实施和监督问责的"三权分立"，通过分权从体制上保障了美国科技规划组织实施总体而言是相对有效的。

7.1.1.1 宏观决策机构

美国联邦政府是较早组织实施大型科技规划以带动科技整体发展的国家之一。美国没有将科技管理的主要职责集中在某个联邦政府部门，而是由行政、立法和司法三个系统协作完成科技政策的制定、执行和监督工作（白春礼，2013）。由此，美国科技规划的组织实施与过程管理也是以"三权分立"为宏观决策的基本体制。

在美国科技规划的制定阶段，总统具有最高决策权，在科技战略决策、科技规划实施与过程管理方面直接协助总统的行政机构主要包括白宫科技政策办公室、白宫管理和预算办公室、国家科学技术委员会、总统科技咨询委员会以及联邦政府的各职能部门。国家层面的科技战略、科技政策由上述机构和国会负责制定；具体领域的科技规划、科技项目的决策和制定由联邦政府各职能部门按照分管领域进行权责划分（聂常虹和冀朝旭，2017）。

作为立法机构，美国国会以立法的形式最终通过科技规划。国会中的授权委员会颁布法令对相关科研机构授权，拨款委员会则授权对科技规划及相关科研机构分配经费。经过国会的审议，科技规划最终经总统签署后正式生效。除参议院和众议院直接参与科技规划法案制定外，美国国会还设有国会研究服务部、政府问责局和法律顾问办公室，这三个科技支撑机构对全国科技立法、大型科技项目审批和拨款也起决定性作用，其有权单独委托有关科研部门组成特别咨询小组，对任何科研项目的疑点进行质询，对项目可行性进行评估认证，还可要求政府有关部门对某些项目重新进行设计等（白春礼，2013）。

在决策层面，美国的科技规划包括通过总统行政令或国会立法设立的跨部门规划，也包括无须国会审议立法，由联邦政府的单个部门根据分管领域设立的科技规划。但在具体执行层面，两类科技规划均以各联邦部门为主体开展组织实施。

7.1.1.2 组织实施机构

美国联邦各部门是具体负责国家科技规划组织实施的机构。在"三权分立"的体制上，美国科技规划主要分散在各领域的联邦政府部门，并主要由与这些部门相关联的专业化科技项目机构管理具体落实。例如，2012 年正式发布的《应对阿尔茨海默病的国家规划》，主要就由美国卫生与公众服务部下属的国立卫生研究院（NIH）来负责组织实施。

单领域的科技规划由联邦政府各职能部门的相关机构承担科技规划管理的使命。此外，对跨领域跨部门的科技规划，由相关部门合作组建专门的委员会进行管理。当科技规划的优先发展领域跨越了某一个联邦政府部门的界限并且尤为重要时，美国政府会考虑通过跨部门的方式来落实。例如，"脑计划"（美国国立卫生研究院牵头）和"信息-物理系统研究计划"（美国国家科学基金会牵头）都是跨部门的科技项目规划。以"脑计划"来看，国立卫生研究院作为牵头单位，是"脑计划"最主要的项目资助机构之一，同时负责组织相关大学和研究机构的顶尖科学家组成一个对国立卫生研究院院长负责的咨询委员会，并研究提出《2025 年脑科学：一个科学愿景》，涵盖 7 个优先资助领域、预期目标、路线图和成本测算等[①]。美国国家科学基金会作为基础研究的联邦资助机构，和国立卫生研究院共同成为"脑计划"中最主要的基础研究项目资助机构。美国国防高级研究计划局主要资助"脑计划"中的应用研究项目，以实际应用为导向推动对人脑计算和认知能力的探究。食品药品监督管理局在"脑计划"中主要致力于推动神经科学仪器设施的行政审批的公开透明，使得神经科学领域的药物和设施开发者能够更好地了解相关法规，推动患者和消费者能够获得更加安全而有效的产品。

7.1.1.3　监督问责机构

美国司法部门在科技规划组织实施中主要发挥监督问责的作用。近年来，美国司法部门除了负责相关法律条文和重大法律问题的最终解释（其判决不受国会和行政部门左右），还通过科技反垄断监管和诉讼，为美国科技规划的组织实施创造良好生态。例如，拜登就任后不久提名科技巨头公司的著名批评者乔纳森·坎特担任美国司法部反垄断事务负责人。乔纳森·坎特以"谷歌宿敌"之称闻名，他在反垄断领域拥有丰富的诉讼经验和专业知识。该部门主要通过反垄断调查和诉讼（近年来主导起诉谷歌公司和调查苹果公司），避免小企业在初创阶段就被巨头扼杀，促进科技领域的公平竞争，保持市场活力和创新力。

目前，美国在科技规划组织实施的监督问责方面，基本形成了"内外结合、分层分级"的监督模式。"内外结合"是指内部监督和外部监督相结合。内部监督是指科技规划项目管理部门实施的监督。在科技规划项目管理机构的内部监督中，美国通常使用专项监督和日常监督两种方式，通过年度报告、审计、支出监控等手段了解科技规划项目的进展、可能出现的风险等，并及时进

---

① BRAIN Working Group. BRAIN 2025: A Scientific Vision . https://acd.od.nih.gov/documents/reports/ 06052014report-BRAIN. pdf[2020-03-09].

行调整。外部监督包括法律监督、国会监督、政府监督和公众监督（潘昕昕和张春鹏，2016）。在国会监督层面，美国的参议院、众议院都设有专门负责科技事务的委员会，对科技规划项目实施监督管理。国会通过辩论、听证、投票、批准等手段实现对联邦政府科技规划制定和实施部门报告的审查，检查监督其经费预算、分配和使用的各个环节。同时，隶属于国会的审计署可按规定在任何时候向任何部门调取所需资料进行监督；此外，美国还通过一些独立的第三方机构增强科技规划过程管理的科学性，如政府问责局对科研经费使用的监督（黄建安，2018）。在政府监督层面，内设于联邦政府各个职能部门的总监察长办公室，监督项目实施的合规性，主要负责对其下属机构承担的科技规划项目实施全过程监督。在公众监督层面，美国非常重视公众监督在科技规划监督中的作用，根据国会要求，科技项目管理专业机构在决策环节、管理环节均须接受来自公众的评议和监督（潘昕昕，2016）。此外，《政府绩效与结果现代化法案》（2011 年）还建立起了"责任到人"的目标责任体系，联邦政府及各职能部门科技目标的年度绩效、优先目标均要指定具体的负责人。

7.1.2　美国科技规划实施与过程管理的主要机制

（1）通过设立跨机构的专门小组，实现联邦不同部门之间的统筹协调。

美国科技规划的组织实施高度重视跨机构之间的统筹协调。一般而言，美国科技规划的统筹协调主要通过建立跨部门的专门小组的方式来实现。早在2005 年，在第 30 届美国科技促进会的年度科技政策论坛上，美国白宫科技政策办公室主任马伯格（J. Marburger）就倡议发展科技政策领域的方法学——科技政策方法学（Science of Science Policy，SoSP），希望建立以证据而非经验为依据的科学方法论。随后两年里，美国国家科学基金会和能源部牵头 16 个联邦部门共同研究制定了科技政策领域的科学路线图。其中关键的一点就是跨机构小组的工作机制。事实上，作为落实该规划的重要举措之一，美国跨部门启动的 STAR METRICS 项目（李晓轩等，2012；杨国梁等，2011）也是通过设立跨部门专门小组的方式来推动的。此后，美国科技规划的制定和实施领域的跨机构工作小组，几乎由白宫科技政策办公室、相关委员会和联邦政府相关部门组成，如美国关键和新兴技术快速通道行动小组委员会。

（2）通过设立科技联盟，实现公有部门和私有部门的分工合作。

美国科技规划的组织实施一般注重自上而下和自下而上相结合，通过设立专门联盟，凝聚各方面力量并推动规划实施的公开透明。以美国"脑计划"为例，为了落实美国国立卫生研究院牵头研究提出的《2025 年脑科学：一个科学愿景》，美国联邦机构和非联邦机构（主要是卡夫利基金会、艾伦脑科学研究所、西蒙基金会）共同组成"脑计划"联盟，其重要使命是为这些成员机构提供沟通和协调的平台，并通过联盟网站向公众和学术界公布有关脑科学研究取得的科学进展，以及发布"脑计划"的项目资助信息。联盟网站上还提前公布专家委员会关于优先资助主题的讨论意向，鼓励科学家通过电子邮件方式提出意见和建议，并通过网络直播会议过程。会后，也鼓励那些前期未参与的科学家进一步提出书面意见。该联盟每年举办一次开放的科学家会议，邀请受资助者、参与机构、媒体、公众和国会代表参加，为公私部门之间搭建交流平台，共同讨论科学发现的进展、辨别未来发展方向、探讨合作和协调的具体研究方向。

（3）建立事前、事中的绩效评估机制，注重过程导向的评估。

在法律监督层面，美国是一个法律体系相对完备的国家，对科技规划的项目管理也不例外，有多层次的法律为科技规划项目实施的监督提供依据和保障，如《政府绩效与结果法案》规定需要通过绩效评估检查科技规划的实施进度和效果。美国科技规划实施与过程管理中的绩效评估环节更为注重项目的申请和执行过程管理。科学研究有其内在规律，在研究中，无法确保每一个实验或者调查都能取得成功，即使成功也不一定能在短期内见效，尤其是基础研究往往需要很长一段时间才能产生重要作用。因此，在美国科技规划实施与过程管理中，科研项目是否进行了有效的绩效管理在于研究方案的合理性和项目负责人按照预定方案进行研究的程度。各统筹协调单位对项目结题的管理相对宽松，一般不召开验收评审会或成果鉴定会，也没有专门针对经费的财务验收会，而是要求项目承担方向资助机构提交财务总结报告、项目总结报告等，以此作为项目完成的标志（刘克佳，2021）。

（4）建立创新生态系统支持机制，充分激发中小企业的创新力。

美国以法制的形式，为中小企业参与科技规划的实施提供良好的创新生态系统。例如，美国的《拜杜法案》《史蒂文森-威德勒技术创新法案》《小企业创新发展法案》《小企业技术转移法》等法律，通过技术创新支持机制和知识共享与合作机制发挥作用，为企业的技术创新和科技成果转化提供了有力的制度保障。在资金支持机制上，美国通过设立专门资金、财税支持等多种途径支持中小企业参与科技创新，服务国家科技规划的实施；在技术转移机制上，设立孵化器平台，将国家实验室对中小企业开放，科技基础设施的共享极大程度上降低了中小企业参与科技创新的成本。美国小企业管理局（SBA）为中小企业提供五大方面的支持。一是为小企业提供融资担保，解决小企业发展过程中的资金短缺问题。二是通过小企业投资基金公司对符合国家产业、经济政策方向的小企业进行风险投资。三是为小企业提供技术援助与法律政策的咨询。四是以政府采购政策拉动小企业发展，使小企业规避市场风险。五是维护公平自由的市场竞争环境，宣传和维护中小企业利益，推动经济社会的全面发展（刘伟，2012）。

7.2　德国科技规划实施与过程管理的主要经验

7.2.1　德国科技规划实施与过程管理的基本体制

科学自由和科研自治是德国科技治理的基本准则。根据 1949 年颁布的《德意志联邦共和国基本法》，德国的科研活动享有充分的自由。在此基础上，德国的基础研究尤其遵循"满足好奇心"的探索原则。即使在目标较为明确的应用研究方面，科研机构及科研人员也可根据自身特色自由决定科研计划的实施路径。

同时，德国的科研活动始终贯彻"以经济界和科技界为主，国家为辅"和"联邦政府与州政府分权管理"的方针，以联邦和州政府财政支持为手段，在保护自由竞争的基础上，充分调动和依靠科学界和经济界自身的力量，利用国家重点干预和市场竞争机制相结合的方式，实现国家重点科技发展战略目标（白春礼，2013）。德国科技规划实施的模式既兼容了日本模式的强行政资源配置的特点，又重视美国模式的强市场机制的作用发挥，注重政府与企业、科研

机构与高校、多元主体之间的合作，从而实现了科技创新与经济发展的良性
循环。

7.2.1.1　宏观决策机构

受决策路径依赖的影响，德国政府很少制定长期且全面的科技规划。联邦
政府往往通过优先领域的科技规划实施来引导国家层面的科技发展方向。具体
负责科技发展规划制定的是联邦教育与研究部，它每四年提出一份科技形势报
告，向联邦议院和联邦政府说明德国科技重点和目标，提出科技规划和科技发
展政策，确定科技重点领域，并通过财政资助办法推动其科技规划实施（黄建
安，2018）。

德国科学与人文委员会（Wissenschaftsrat，WR）是欧洲历史最悠久的独
立科学政策咨询机构。它于 1957 年 9 月 5 日由德国联邦政府和各州根据行政
协议在德意志联邦共和国成立。它就与科学、研究和高等教育的内容和结构发
展有关的任何问题向联邦政府和州政府提供建议。德国科学与人文委员会由高
等教育委员会、研究委员会、卓越战略委员会、评审委员会、高等教育投资和
认证部、医学委员会、两个行政业务单位七大板块组成。其既是学者与政府之
间的一个中介性组织，也是联邦政府和州政府之间的一个中介性组织。组成成
员一部分是来自德国大学校长会议、亥姆霍兹联合会等科研院所以及德国
科学基金会的专家学者，另一部分是来自联邦政府与州政府的代表与知名
人士[1]。德国科学与人文委员会的主要职责包括：①针对科研机构的结构和
发展、总体科学系统与科学研究发展方向等，为联邦政府和州政府提供科
技政策建议与报告；②对从（国立或私人资助的）大学、非大学研究机构
和大学医疗机构到行业协会、研究协会的运行状态和机制进行评估和监
督，并提出建议；③根据政府的委托，对重大科研项目、大规模的科研投
资、科学组织及其科研成果等进行评估、审核并提交评审报告；④代表各
州对非国立高等教育机构进行机构认证；⑤为政府职能部门编制国家科研
预算提供咨询意见[1]。

---

[1] Wissenschaftsrat-Startseite[EB/OL]. https://www.wissenschaftsrat.de/EN/Home/ home_node. html(2023-12-28)[2024-01-04].

7.2.1.2 组织实施机构

德国联邦教育与研究部是负责德国教育、科学和研究政策的中央机构。但德国的教育政策有很大部分是属于州政府的职权，因此联邦教育和研究部需要通过科学与人文委员会、科学联席会等机构与地方合作管理、共同决策，兼具集中性与分散性。从 R&D 预算来看，联邦教育和研究部支配联邦层面 60%左右的研发经费，如 2023 年约 215 亿欧元的预算，预算增速提高。联邦经济和技术部、联邦卫生部等其他联邦部门的支配比例约 40%。从实际管理上看，联邦教育与研究部管理大部分科研机构，与州政府一起对相关机构进行资金与政策支持。联邦政府各部门则负责本领域具体的管理，如联邦经济和技术部主要负责中小企业和前沿科技企业的科研资助。联邦政府的职责主要局限于宏观调控范畴，在此原则下制定科技政策、科研规划以及优先发展领域，为科技规划的实施注入资金，并不断优化评价方式。

德国联邦政府和州政府分别履行其科技管理的职能，包括科技政策制定、优先领域遴选、资金分配、评估监督和国际合作交流等，长期以来呈现出分层的特征。近年来，联邦政府和各州政府不断加强合作，如德国科学联席会通过的《研究与创新公约Ⅳ》（2021～2030），以深化联邦政府与州政府之间的协作，提升科研院所和企业的科技创新能力。德国科学联席会是由德国 16 个联邦州的教育和研究部门代表组成的机构。该会议于 2008 年正式成立，前身为联邦和各州教育规划与科研促进委员会（BLK），旨在协调和加强各州之间在高等教育、科学和研究领域的合作。

7.2.1.3 监督问责机构

在德国，对科技规划实施情况进行监督和问责的机构主要有两类。第一类是议会及联邦审计部门，主要负责对《高技术战略》、《高技术战略 2025》和《未来研究与创新战略》等国家科技规划相应的经费预算和决算进行审计监督。德国国家科技规划的经费部署通常覆盖机构拨款和项目资助两种途径。其中，机构拨款针对的是马普学会、弗劳恩霍夫协会、亥姆霍兹联合会等国立科研机构，通过增加这类国家科研机构的经费投入，落实国家科技规划在重点领域的科研投入。项目资助，指的是政府对科研项目在社会进行公开招标，各研究机构和企业均可申请，通过市场竞争获取资助。为了应对来自议会以及审计部门的问责，德国联邦教育与研究部要定期公开发布科技规划实施的进展情况。以 2018 年启动实施的《高技术战略 2025》为例，近年来德国联邦教育与研究部针对《高技术战略 2025》的进展情况进行了一系列评估和分析总结。2019 年 9 月、2020 年 1 月、2021 年 6 月，德国联邦教育与研究部分别发布了一次《高技术战略 2025》进展报告，介绍了截至目前德国《高技术战略 2025》的实施情况，进一步明确了《高技术战略 2025》的关键举措和任务目标。

德国科技规划实施情况的第二类监督和问责机构是德国各类学术咨询和顾问团体。评估和咨询是德国科技界支撑政府科技决策的重要传统。在国家科技规划的组织实施评估方面，德国弗劳恩霍夫协会创新研究所发挥了重要的评估和咨询作用。以《高技术战略 2025》为例，该规划聚焦三大行动领域，包含 12 个优先发展主题和 12 项重点任务。因此，这 12 项跨部门任务就是德国政府组织实施《高技术战略 2025》的重要政策工具。2019～2021 年，德国联邦教育与研究部将一个旨在开展《高技术战略 2025》实施情况评估的项目委托给弗劳恩霍夫协会创新研究所，以更好地发挥科技界对国家科技规划组织实施的支撑作用。在该项目的支持下，弗劳恩霍夫协会创新研究所先后启动了两次聚焦 12 个跨部门任务的咨询评议活动，并发布评估报告，目的就是为德国政府提供有关《高技术战略 2025》实施进展情况的意见和建议[①]。

7.2.2　德国科技规划实施与过程管理的主要机制

7.2.2.1　以人才为纽带的多元合作机制

受德国科研主体力量对比特殊性的影响，大学、科研院所和企业的创新合作成为德国科技规划实施的重要特点。其中，人才培养与共享成为核心纽带。为了提高科研设备和资金的利用率，德国大学积极寻求与德国研究协会和企业

---

① Wittmann F, Roth F, Hufnagl M. 2020. First Mission Analysis Report of the Scientific Support Action to the German Hightech Strategy 2025[R]. https://www.isi.fraunhofer.de/content/dam/isi/dokumente/ccp/2020/Hightech%20Strategy%202025%20-%20first%20mission%20analysis%20report.pdf(2020-12-11)[2024-08-02].

Wittmann F, Roth F, Hufnagl M, et al.. 2021. Second Mission Analysis Report of the Scientific Support Action to the German Hightech Strategy 2025[R]. https://www.isi.fraunhofer.de/content/dam/isi/dokumente/ccp/2021/Hightech_Strategy_2025-second mission analysis report.pdf(2021-11-21)[2024-08-03].

之间的深度合作，以人才为抓手推进产学研深度融合。目前，以"联合聘用"为主的人才共享框架已经形成，这为科研合作提供了一个有效的机制。根据德国《德意志联邦共和国高等院校总纲法》的规定，德国教授被分为 W1、W2和 W3 三个等级。其中，W2 和 W3 的级别较高，相当于国内的副教授及以上级别，他们本身具有高度自主权，拥有完整的团队和较高的创新力。"联合聘用"主要针对的就是 W2 和 W3 等级的教授。"联合聘用"的模式包括外部科研机构付费的于利希模式、教授外派的柏林模式、实质为兼职的卡尔斯鲁厄模式以及外部科研机构占主导的图林根模式。在实践中，"联合聘用"模式会根据具体的科研项目、合作伙伴的需求以及法律框架进行调整。例如，在德国弗劳恩霍夫协会的研究所中，全职的资深研究员仅占四成左右，其他的均为流动性较强的"联合聘用"研究员或合同制研究员。同时，作为欧洲最大的应用科研院所，弗劳恩霍夫协会的主要领导人一般由合作高校中的知名全职教授担任。

此外，德国研究协会本身就具有面向市场的属性，研究机构和企业之间也建立了人才合作机制。协会与市场合作的工作方式分为驻场式和非驻场式。其中，驻场式即为研究员常驻企业内部开展咨询、科研和培训等工作。在"联合聘用"的机制下，弗劳恩霍夫协会不仅拥有充足的人才资源，而且使得大学能够通过协会这个平台与市场进行连接。因此，大学、科研院所、企业通过人才共享机制，实现了创新人才的培养和转移，最终实现了产学研的高效结合，推动了德国的科技创新和攻关。

7.2.2.2　历史因素导向下的中小企业政策支持机制

在第二次世界大战期间，德国的大企业普遍与纳粹政权合作，利用战争条件获得了巨大利益。为了防止这种垄断和卡特尔行为继续存在，战后德国政府采取了一系列措施，包括解散垄断组织和大企业的卡特尔。为了避免大企业过度集中产权和控制力量，德国政府提供了一系列支持措施以促进中小企业的发展，包括贷款、补贴和税收优惠等。政府鼓励中小企业在自身擅长领域进行深耕，并通过提供相关的支持和资源来帮助他们实现专业化经营。在这样的背景下，德国中小企业的竞争力和创新能力空前加强，时至今日在世界中小企业总体中也占据绝对领先的地位。德裔哈佛战略专家赫尔曼·西蒙（Hermann Simon）统计，在 2764 家中型全球领导企业中，德国拥有 1307 家，占比 47% 左右。因此，德国科技创新政策就是以提高本国人口经济生活水平为宗旨，走藏富于民的国策，科技资源真正偏重中小企业。德国中小企业能维持长期的科技创新，企业科技创新研究在纵向深度上走在全球前列。有些企业甚至几代人都做相同的产品，其研发创新走精细化道路。

7.2.2.3　独立项目管理中心机制

德国联邦政府采取独立项目管理机构管理为主的组织模式。大部分专业领域的科技规划制定及具体项目的实施管理委托于专门设立的项目管理机构，仅有少量涉及重点领域或资助金额巨大的项目由联邦教育与研究部直接管理。项目管理机构最初是在国家级科研中心内设立的，如德国电子同步加速器研究所、德国航空航天中心、于利希研究中心都设有专业的项目管理机构。然而，自 2010 年以来，德国科技计划的管理工作已经向社会全面开放，各类协会、公司，甚至个人都可以参与联邦教育与研究部等政府部门组织的项目管理招标。中标者可以代表政府部门管理科技计划。德国的项目管理机构主要分为三种类型：一是依托大型科研机构建立的项目管理中心，如德国航空航天中心项目管理中心、于利希研究中心项目管理中心和卡尔斯鲁厄理工学院项目管理中心等；二是以咨询公司形式运作的项目管理机构，如德国工程师协会技术中心有限公司、德国莱茵 TÜV 咨询公司等；三是依托产业协会建立的项目管理机构，如可再生原材料专业协会等（Cameron et al., 2005）。项目管理机构的主要职责包括：①提供科技规划的专业咨询，包括对科技规划的前期调研、评估和建议优化；②负责预备项目和优先领域的筛选，完成筛选清单并提交给委托部门，需要注意的是，部分项目管理机构有权自主决定一些资助计划的筛选结果；③监督项目实施进度，并定期向委托部门报告任务完成情况；④评估项目成果及其应用转化效果；⑤承担政府部门委托的其他业务，包括组织学术交流会、推动国际科教合作、科普宣传科技成果等任务。德国联邦政府通过构建一个统一集中的科技项目资助信息管理系统，好对科技规划实施进展、经费使用情况等过程的管理，并监督项目管理机构的工作（葛春雷和裴瑞敏，2015）。

7.2.2.4　相对宽松的科技评价方式

把科技评价作为科学、教育和研究事业的管理手段，是德国政府遵循的重要原则。针对不同的科技项目，有制度化的差异安排，如德国联邦政府授权或委托的科技评估工作，通常五年进行一次，每次评估工作大约延续 6~9 个月。对科研院所外部评估和重点规划项目的评估每隔 4~5 年进行一次，德意志研究联合会重点项目和特殊研究领域合作型研究项目的阶段性评估一般两年进行一次。同时，针对不同的科研院所，德国采取了灵活多变的评价方针。例如，马普学会，由于它承担着自然科学、生物科学、人文科学和社会科学等基础研究的国家任务，且基础研究周期长、成果出现具有较多偶然性，需要相对宽松自由的科研环境，所以对它主要采取事后评价的方式；亥姆霍兹联合会，其主要从事基础性研究、预防性研究和关键技术研究，承担着国家的重大科学工程。大科学工程的科研与建设具有明确的指标，且成本巨大。因此，对其采取的评估方式以事前评价为主，充分论证项目可行性后，明晰技术路线，做好优质资源配置、人才队伍建设、风险预防等前期工作；弗劳恩霍夫协会，主要从事应用研究，其经费来源除小部分来自政府资助外，大部分来自企业，所以对它以研究所自评为主，评价结果与研究所资源配置没有紧密联系（黄建安，2018）。

7.3　英国科技规划实施与过程管理的主要经验

7.3.1　英国科技规划实施与过程管理的基本体制

自 20 世纪 90 年代以来，为应对日益激烈的科技竞争，英国的科技体制趋于集中，包括成立统一的科研管理部门、制定统一的科技规划。时至今日，受经济形势和科技竞争日益激烈的影响，这样的趋势仍在加强。

7.3.1.1　宏观决策机构

英国科技规划的制定主要有两个影响系统。主要系统为内阁的科技管理部门，直接制定科技战略与规划。次要系统为议会附设的科技咨询与管理部门，通过质询等方式间接参与宏观科技政策的制定。

内阁中最主要的科技管理部门为科学、创新和技术部（DSIT）。其下设的政府科学办公室，与商业、能源与产业战略部等其他部门充分合作，负责制定英国政府的科技战略与科技规划，以科学视角和战略性思维向首相和内阁成员提供建议，追求向权力说真话。政府科学办公室下设的未来工程技术项目组和科学技术洞察组通过直接规划、培训和咨询服务等手段，在进行长期科技规划上发挥了重要作用。在紧急情况下，政府科学办公室通过突发事件科学咨询小组（Scientific Advisory Group for Emergencies，SAGE）提供最佳科学和技术建议。科学、创新和技术部秘书处支持的科学技术会议是另一个重要的咨询机构，全部由各领域专家组成，就宏观科技战略和科技规划向总理提供高级别建议。内阁中的其他部门也承担科技的宏观决策职能。例如，国防部的《国防人工智能战略》，数字、文化、媒体与体育部的《国家人工智能战略》，商业、能源和产业战略部的《英国创新战略：通过创造引领未来》和《国家计量战略实施计划》。2021 年，为了超级科技大国的建设目标，英国新成立了首相直接牵头的国家科学与技术委员会来提供战略方向，同时成立科学与技术战略办公室来明确科技领域优先发展事项——这超出了英国原有的科技规划框架，提高了科技研发部门在英国政府的地位。

此外，头部企业、英国皇家学会等其他非政府机构也持续在科技发展与创新上为政府提供科学咨询，影响科技规划的制定。

7.3.1.2　组织实施机构

内阁各部门组织实施负责领域的科技规划，涉及跨部门、跨领域、跨机构的科技规划的实施，由科学、创新和技术部组织实施。作为 2023 年 2 月新改组的部门，科学、创新和技术部集中关注量子信息、人工智能、生物健康、半导体等国家重点战略布局的领域，致力于打造全球领先的研究水平和合作网络。

需要关注的是，科学、创新和技术部主要通过英国国家科研与创新署（UKRI）来进行管理与项目资助。UKRI 是一个非政府部门的公共管理机构，主要由科学、创新和技术部赞助，由商业、能源和产业战略部领导。UKRI 设立于 2018 年，组织汇集了艺术与人文研究理事会、生物技术与生物科学研究理事会、经济和社会研究理事会、工程和物理科学研究理事会、医学研究理事会、自然环境研究理事会和科学技术设施理事会七大研究理事会、英国创新署和负责支持英格兰高等教育机构研究和交流的英格兰研究署。整合了英国原有的三大公共研发和教育资助体系后的 UKRI 是英国最大的科研支持公共资助部门，主要使命是统筹创新资源，资助科学研究和成果转化，打通从基础研究到产业化的完整链条，提高创新的投产比。

7.3.1.3　监督问责机构

英国国会上议院科技选举委员会有关于科学和创新战略的专门的独立质询程序。质询对象覆盖科技主管部门、学术界、工业界、高校、研究理事会、技术战略委员会等各方代表。质询涉及人员和主题宽泛，甚至溯源各部门的咨询过程并开展问询。行政权力方面，英国政府构建了一个全面、综合且高效的科研绩效管理体系，以进行实时的监督和评估。该体系设定了可量化的战略目标，并构建了一套指标体系，以在实施过程中监测其进展。最终以评估报告的形式反馈，形成控制闭环，进一步提高决策科学性（王海燕和冷伏海，2013）。

此外，对科技规划相关的财政经费投入的严格质询和审议，也是英国议会对科技规划实施情况进行问责和监督的重要手段。从英国国家科研与创新署发布《2022—2027 年战略：共同改变未来》战略规划并组织实施的情况来看，英国国家科研与创新署需向科学、创新和技术部提交关于资助计划如何开展的概述。科学、创新和技术部在充分考虑该报告后，将整体配置计划继续向英国财政部提交。英国财政部的最终建议提交至内阁（包括首相和财政大臣），内阁决定如何根据政府的优先事项分配资金。除了支出审查外，财政部还在年度预算中指定研究和创新资金，有时还会在春季声明或其他临时公告中指定。英国国家科研与创新署预算制定与财政拨款程序为：①在上一年度由七大研究理事会、英国创新署和英格兰研究署分别制作各自的财政预算草案；②英国国家科研与创新署综合草案，并统筹各机构的预算案，统一上报给商业、能源与产业战略部（MBEI）和财政部；③财政部综合协调所有政府部门与机构的预算后提交议会审议；④议会修正某些项目，通过整体预算；⑤财政部按照议会通过的财政法案拨款给 MBEI，MBEI 拨款给英国国家科研与创新署并给予监督；⑥英国国家科研与创新署根据预算案终版的项目细分，拨款至九个下属机构

（丁上于等，2021）。

7.3.2　英国科技规划实施与过程管理的主要机制

7.3.2.1　Catapult Network 创新中心机制

英国高度重视国家层面的研究中心的建立与发展，极力推动大学、企业、科研机构之间的合作，以盘活创新资源和促进技术流通。2011 年起，英国创新署（Innovative UK）[1]建立了一系列世界领先的技术和创新中心网络，即 Catapult Network。这些创新中心涵盖数字、复合半导体应用、卫星应用、细胞基因疗法、未来城市、精准医疗、高价值制造、近海可再生能源、能源系统、生物医药研发等众多领域，在整个英国科技与经济中发挥独特影响力。目前为止，Catapult Network 已经管理超过 1 亿英镑的研究项目与设施，链接人才、科技和资源，促进行业、政府、科研机构、学术界的合作，已经成为英国创新生态系统中非常重要的一部分。

Catapult Network 建立起"英国创新署—技术和创新中心—地方政府—国内外高水平大学—大企业—中小企业"的创新网络。支撑其全链接发展的投资模式为政府和企业各投资 1/3，其余 1/3 为竞争性经费。实践证明，Catapult Network 效用良好，带动了私营部门 30% 的 R&D 经费增长，为中小企业提高了研发基础设施，激励了大企业的研发投入，有效吸引了国外投资并促进了技术商业化（李振兴，2015）。通过直接技术合作、知识产权平台式授权、统一标准的制定、中心项目引领和信息的中立交流站等机制的作用发挥，Catapult Network 成为一种建立高效率合作伙伴关系的重要机制。此外，Catapult Network 具有鲜明的区域导向性。其目前有九个技术和创新中心网络，遍布全国 50 多个地点，但主要形成四个战略性定位的卓越集群，发挥技术集群的作用。在英国各类科技规划实施过程中，Catapult Network 的运作机制被大量应用。例如，在合成生物学领域，英国已经建成了 6 个研究中心、1 个创新中心和 1 个制造中心，初步形成了覆盖全国的创新网络。实践证明，这张合成生物学的创新网络充分支持了中小企业的发展，极大地带动了私营部门的投资，加

---

① 前身为技术战略委员会(Technology Strategy Board)。

速了技术集群、企业集群。

7.3.2.2　交叉资助机制

作为一个协调九大机构的统筹组织，英国国家科研与创新署天然被赋予了跨领域、跨专业、跨部门的战略定位。因此，英国国家科研与创新署的资助体系中最主要的就是跨学科项目，体系中的其他项目也具有明显的学科交叉、领域交叉的特点，如战略优先基金和全球挑战研究基金。在英国国家科研与创新署学科交叉项目的立项过程中，通常遵循以下程序。首先，相关下属机构和合作机构会组建一个跨部门协调小组。其次，该协调小组在进行深入的调研和论证之后，会向英国国家科研与创新署的决策部门或政府的其他部门申请资金。接着，在获得资金批准后，协调小组将负责编写具体的项目资助指南，英国国家科研与创新署的下属机构和合作机构需要广泛邀请学术界、产业界以及政界的相关人员，以提供项目指南的编写建议。在这个过程中，"战略咨询委员会"和"科学顾问小组"发挥着重要的作用。最后，在发布项目指南之前，协调小组通常会确定由某个下属机构负责受理申请和组织评审等具体工作，而其他相关下属机构则参与推荐评审专家。可以见得，英国的跨部门协调小组在交叉资助机制中发挥着核心作用。但需要区分的是，这与我国常说的领导小组机制有本质的区别。英国的跨部门协调小组更多起到连接、协调、助推的平台型作用，而我国的领导小组机制具有较高政治站位从而发挥统筹各部门的作用。针对跨部门、跨领域、跨学科的问题，协调与领导是两种基本思路。英国国家科研与创新署对交叉领域的资助机制值得借鉴，但需注意成本问题和利益集团问题，以保证协调过程的科学性、民主性（李文聪等，2020）。

7.3.2.3　以创新和应用为导向的绩效评估机制

英国有着较为完善且严格的科技评估体系，目前英国已形成了"议会机关—政府系统—公共组织—社会组织"四级评估组织体系。议会机关即英国上议院和下议院分别设立的科学技术委员会；政府系统则主要指科学、创新和技术部下属的政府科学办公室和商业、能源和产业战略部下属的英国国家科研与创新署；公共组织包括高校的智库、学术团体以及非政府基金组织，如英国社会科学院和英国皇家学会；社会组织是指公共部门外的一些专业化的社会评估机构或评估咨询公司，如 Technopolis Group（王再进和傅晓岚，2020）。为提升在全球的科研竞争力，提高 R&D 投入的产出比，英国持续推进建设以创新为导向的绩效评估机制。以英国大学的评估机制为例，REF 是英国政府评估英国高校科研质量的框架，由英格兰研究署（RE）、威尔士高等教育资助委员会（HEFCW）、苏格兰资助委员会（SFC）和北爱尔兰经济部（DfE）联合评估产出。英国大学科研绩效评估制度的不断更新持续提高了英国大学的科研教育水平，保障了英国大学在国际上的领先地位。相较 REF2014，REF2021 科研产出要素的权重从 65% 下降到 60%，学术之外的社会影响力的权重增加了 5%，上升到 25%。即使是在高等院校这个科研为重的创新部门，REF2021 也明显表现出了更加重视科研成果的社会影响。这一变化反映了英国科研评估体系对科研成果影响力的全面考量，不再仅仅局限于学术出版和论文引用等传统指标，而是更加注重研究对社会、经济、文化和环境等方面的实际贡献。

7.4　日本科技规划实施与过程管理的主要经验

7.4.1　日本科技规划实施与过程管理的基本体制

受日本强大的行政官僚力量和委员会决策体系的影响，在科技规划的实施中，日本的科技资源配置呈现出强行政导向的特点。日本政府在科技资源配置和管理方面发挥了主导作用。这导致长期以来日本企业的活性受到了抑制。20 世纪 90 年代末，日本政府为了引导民间科技力量的作用发挥，发布了向私营产业科技成果转化的系列法律，如《大学技术转让促进法》《产业活力再生特别措施法》《产业技术力强化法》等，日本创新资源的配置效率大大提高。作为日本民间的创新主体，大企业之间竞争意识过于紧张。日本政府出台了开放性创新研发的税收补贴。经过多年的发展，日本市场力量参与国家科技规划的能力越来越强。但需要注意的是，2000 年之前，日本科技规划的实施仍以强行政干预为主要推手，政府制定了各个领域的技术发展政策，确定了优先领域，并通过这些科技规划来引导和调整市场力量的研发活动。

2001 年，日本政府开始进行机构改革，设立了法律地位高于各政府部门的内阁办公室及相应的智囊机构，内阁办公室设有科技政策担当大臣（白春礼，2013），并将原设于总理府的科学技术会议改组为综合科学技术会议（CSTP）并设置于内阁。2014 年重组为综合科学技术创新会议（CSTI）。综合科学技术创新会议由首相领导，其他成员包括内阁官房长官、科技政策担当大臣、总务大臣、财务大臣、文部科学大臣和经济产业大臣六名与科技相关的内阁大臣以及八名不同领域的专家。综合科学技术创新会议根据日本各地区、各类社团、各类科技主体的情况和特色，出台宏观科技战略，不断完善科技基本政策，统筹协调相关省厅以有序推进日本科技发展。

7.4.1.1 宏观决策机构

内阁和国会是日本科技规划的最终决策机构。详细的决策内容则由综合科学技术创新会议制定，内阁总理大臣担任该会议的议长。涉及国家重要利益的科技战略、科技规划由综合科学技术创新会议制定，一般性或专业性很强的科技规划、科技项目则由日本政府各职能部门的技术审议会议制定，各级各类机构上下协同。总的来说，综合科学技术创新会议在日本的科技规划实施与过程管理中发挥着主导作用，且其核心领导作用还在不断加强，如近年来证据系统（e-CSTI）和循证决策（Evidence-based Policy Making，EBPM）系统的应用。在此基础上，首相和日本政府的科技管理职能也在不断强化。根据《内阁府设置法》，综合科学技术创新会议作为内阁的四大"重要政策会议"之一，其主要发挥三大职责：①制定国家科技发展战略、更新科学技术基本计划，确定优先领域和力量部署；②完成资源配置，包括预算、人才队伍以及其他重要科技资源的分配方针等重要事项；③全过程监督评估科技规划的执行，对大规模研究开发以及其他国家重要研究开发活动进行评估（陈光，2021）。此外，综合科学技术创新会议设立了多个专门调查会，充分发挥科学家和各类社团的作用，协助其在宏观决策期间的信息整理与项目评估。

7.4.1.2 组织实施机构

在科技规划实施的具体管理中，文部科学省是日本极为重要的科技管理部门，统管全国的教育、学术、文化及科学发展等事务，协调其他相关省的科研工作。日本经济产业省是制定和执行产业政策的主要部门，对日本创新能力的提高也发挥着重要作用。此外，日本还将国立大学和部分国立科研机构改制为独立行政法人。独立行政法人在法律上独立于国家，但承担履行国家政策的职责，这样可以在行政上更加注重提高工作效率和业务质量，实行自律业务运营，确保工作透明度（李志更和李学明，2020）。

7.4.1.3　监督问责机构

1995 年日本政府出台了《科学技术基本法》并在 2020 年对其进行修订、更名为《科学技术创新基本法》。《科学技术基本计划》是基于《科学技术基本法》制定实施的科学技术基本政策。《科学技术基本法》《科学技术基本计划》等一系列政策法规，对日本特定时期内的重点方向、优先领域及预算作了严格的规定。在宏观战略的指导下，中央政府各部门按年度制订《科学技术重点指导方向》，严格执行过程管理并对相关项目进行考核评估。《科学技术基本法》明确了科技评估的地位，保障了科技评估活动的规范化和制度化。

针对日本最重要的科技规划——《科学技术基本计划》，日本政府近年来逐步强化了对该规划实施情况的监督和问责。尤其是在第 6 期《科学技术基本计划》中，日本政府明确提出，该计划实施期间要加强政策评价与政策制定的联动，即根据上一年度政策实施的效果评估指导下一年度"年度政策"的制定，必要时可根据数据指标以及社会现状对第 6 期《科学技术基本计划》进行修改[①]。具体来看，日本开展对《科学技术基本计划》监督问责工作的机构主要有两类。一方面，日本综合科学技术创新会议（CSTI）下建立了权威的科技政策评价机制，即由 CSTI 下设的评价专门调查会，具体负责开展对《科学技术基本计划》的评估调查工作。根据评价结果，CSTI 可以向负责的省厅提出意见建议，及时指导和改善其对《科学技术基本计划》的推进工作。另一方面，日本政府相关省厅、政府智库、科学界以及产业界等主体广泛参与《科学技术基本计划》实施情况评估，为 CSTI 对《科学技术基本计划》实施情况的评估提供决策支撑。例如，政府智库科学技术振兴机构研究开发战略中心（JST-CRDS）、科学技术振兴机构的社会技术研究开发中心（JST-RISTEX）、

---

① 黄吉. 解读日本第 6 期《科学技术创新基本计划》——顶层设计篇. https://www.istis.sh.cn/cms/news/article/90/25306(2022-05-13)[2024-08-03].

文部科学省科学技术学术政策研究所（NISTEP），以及三菱综合研究所等民间科技智库接受内阁府直接委托，开展相关数据收集、调研、问卷调查等工作，完成各类调查报告书并提交至 CSTI 审议[①]。

7.4.2　日本科技规划实施与过程管理的主要机制

7.4.2.1　国家强干预机制

日本政府深度参与科技规划实施与过程管理的各个环节。一方面，日本政府受制度影响倾向于进行强化干预。以日本筑波科学城为例，由于政局不稳定，日本政府出台了《筑波研究学园城市建设法》，以法律形式确保科技资源的聚集。该法案的出台，有助于提高历届政府对高新技术研发的重视和投入，最终在手段上体现为政府的强化干预。事实证明，筑波科学城为日本攻关了众多前沿科技，承担了大量科技规划的任务，有效促进了日本的科技创新。另一方面，日本政府受长期追赶创新的影响，也主动进行强化干预。

日本在人才培养方面，一直以国家投入为主导，与美国大量引入市场形成了鲜明的对比。这种策略为人才基础薄弱的国家快速培养了大量的科研人才，为日本的经济和科技发展提供了坚实的基石。日本实行的社团市场经济模式助力日本创造了经济奇迹。在 20 世纪 90 年代，受到国际因素的影响，日元迅速贬值迫使日本政府重新审视资源配置方式，日本社会迎来了"消失的三十年"。在此背景下，一些传统的企业终身雇佣制度被打破，取而代之的是派遣制度等更加市场化的用工模式。

国家强干预机制极大保证了日本科技规划的顺利实施，但随着行政过度垄断，科技规划的实施也面临僵化困境。受到新公共管理运动的影响，日本政府开始了一系列改革。其中，在科技规划的实施方面，最重要的就是国立科研院所独立行政法人改革。1999 年，日本学习英国执行局，颁布了独立行政法人改革的相关法律。2001 年开始，日本国立科研院所逐步从所属省厅脱离出来，相对独立运作，推进去行政化。为了进一步增强国立科研院所的创新与活力，2008 年,《研发能力强化法》出台，开始全面深化国立科研院所的体制机

---

① 李慧敏. 2022. 日本科技规划评估经验对我启示建议. 中国科协创新战略研究院《创新研究报告》第 17 期（总第 512 期）.

制改革。目前，日本已经建立起了在国家强干预机制下的国立科研院所独立运作制度，最大限度符合科技规划实施规律，释放了科研院所的创新力。

7.4.2.2　强化规划主责机构的职能

随着第一期至第六期《科学技术基本计划》的发布实施，《科学技术基本计划》的制定与组织实施主责机构也发生了从"科学技术会议"到"综合科学技术会议"再到"综合科学技术创新会议"的变迁，其相应的职能也在不断地充实和强化。根据《内阁府设置法》，目前的综合科学技术创新会议不仅拥有"调查审议预算、人才以及其他重要科技资源的分配方针"的权限，而还增加了"建立完善促进研发成果转化为创新的综合环境"的职能。此外，综合科学技术创新会议还拥有"战略性创新创造计划"立项和预算分配，以及"登月计划"目标制定等权限。这些职能权限的强化，为综合科学技术创新会议更加高效地组织实施《科学技术基本计划》提供了坚实基础（陈光，2022）。

7.4.2.3　法律先行的规划实施机制

日本高度重视通过立法的方式提升科技规划实施效率与效果。1995 年以来，《科学技术基本法》一直是日本制定和实施科技规划的基础，在此基础上每五年制定的《科学技术基本计划》规范了科技规划的实施。2020 年，《科学技术基本法》经过修订，更名为《科学技术创新基本法》。这也反映了日本法律体系的变化，即"宪法—基本法—法律"的法律文本体系。法律层面的科技规划实施的相关法律如 21 世纪初颁布的《关于行政机关实施行政评价的法律》（政策评价法）等法律，建立了日本科技规划评估环节的法律体系。此外，针对科技研发主体，日本制定了相关法律，以释放这些主体的创新力。除上文提到的国立科研院所，日本还有《国立大学法人法》等大量针对其他科研主体的法律。

7.5　欧盟科技规划实施与过程管理的主要经验

7.5.1　欧盟科技规划实施与过程管理的基本体制

欧盟推动科技规划实施的重要抓手是研发框架计划（FP）的实施，1984

年开始实施第一期研发框架计划（FP1），2021 年开始实施的"地平线欧洲"（Horizon Europe）计划为第九期（图 7-1）。但长期以来，欧盟的科技规划实施效果并未达到预期，直至第八期的"地平线 2020"（Horizon 2020）计划才稍有起色。近年来，国际形势紧张，欧盟不稳定因素上升，"地平线欧洲"计划将在危机中前行。

图 7-1　欧盟研发框架计划资助金额

2018 年 1 月，欧盟委员会听取了《关于"地平线 2020"中期评估报告》，稳中向好的执行情况使得欧盟委员会 6 月提出了雄心勃勃的 1000 亿欧元研究和创新计划——"地平线欧洲"计划。欧洲议会和欧盟理事会于 2019年 3 月和 4 月就"地平线欧洲"计划达成了临时协议。欧洲议会于 2019 年 4月 17 日批准了临时协议。欧盟各机构于 2020 年 12 月 11 日就"地平线欧洲"达成政治协议，并将"地平线欧洲"的预算按当前价格计算定为 955 亿欧元，执行区间为 2021～2027 年。"地平线欧洲"计划由欧盟委员会总体负责。"地平线欧洲"计划分为"卓越科学"、"全球挑战与欧洲产业竞争力"、

"创新欧洲"和"欧洲研究区建设"四大支柱和 15 个组成部分。其中,"卓越科学"板块预算为 250 亿欧元,以基础研究和前沿科技为主,包括欧洲研究理事会、玛丽·斯克洛多夫斯卡·居里行动以及研究基础设施建设等。"全球挑战与欧洲产业竞争力"板块预算为 535 亿欧元,侧重于应用研究,着力解决全球性挑战,涉及气候、数字化转型、健康、社会安全、文化等 7 个组成部分。"创新欧洲"板块预算为 136 亿欧元,以产业化为导向,涉及欧洲创新理事会、欧洲创新生态体系、欧洲创新技术研究所。"欧洲研究区建设"板块预算为 34 亿欧元,包括扩大参与和改革欧洲 R&I(Research and Innovation)体系[①]。

7.5.1.1　宏观决策机构

欧盟委员会下设的科研创新总司负责欧盟在科研和创新方面的政策,制定科技规划并统筹协调科技规划的实施。2021 年,科研创新总司扩大执行机构规模和优化组织结构,政策研究能力大大提高。联合研究中心是欧盟委员会的科学和知识服务机构,聘请科学家进行研究,以便为欧盟政策提供独立的科学建议和支持,同时欧洲研究理事会、欧盟研究执行局等过程执行机构也为规划政策制定提供咨询建议。

7.5.1.2　组织实施机构

作为具体执行机构,欧洲研究理事会和欧盟研究执行局负责科技规划的过程管理,包括项目立项、拨款、监督和评估。欧洲研究理事会成立于 2007 年,主要循着"以科研人员为中心"(Investigator-driven)的思路,支持基础领域科研人员,尤其是刚从事科研工作的科研人员,自下而上地开展前沿领域科学研究(贾无志和王艳,2022)。此外,"以科研人员为中心"的思路也是欧洲研究理事会突破合作困境的重要手段。欧洲研究理事会的人才政策秉持在优先领域择优选任,不限国籍,只要他们愿意在欧盟"大家庭"下工作,都可以获得巨额资助。欧洲研究理事会成立后,成为第八、第九研发框架的中坚力量,为石墨烯、脑科学、量子计算等基础科学研究的攻关作出了巨大贡献。欧盟研究执行局的主要职责是通过向欧洲各国的研究人员提供资金来支持前沿和

---

① Horizon Europe[EB/OL]. https://research-and-innovation.ec.europa.eu/funding/funding- opportunities/funding-programmes-and-open-calls/horizon-europe_en(2024-01-05)[2024-01-16].

创新性的研究项目，以建立一个更绿色、繁荣、包容、数字化的欧洲。此外，欧盟创新与网络执行局和欧盟中小企业执行局也在专业领域负责科技规划的实施与过程管理。欧盟中小企业执行局致力于支持欧盟内中小企业的发展。该机构负责管理并执行欧盟在中小企业领域的政策和计划，以促进中小企业的创新、国际化、可持续发展和就业增长。而欧盟创新与网络执行局则专注于管理欧盟在交通、能源和数字领域的创新与网络项目。该机构负责协调和监督这些项目的实施，以促进欧盟成员国之间的合作，并推动欧洲的可持续发展和竞争力。

7.5.1.3 监督问责机构

监督评估工作也由科研创新总司总体负责。欧洲研究理事会、欧盟研究执行局、欧盟创新与网络执行局和欧盟中小企业执行局等组织实施机构也负责项目监督与结题的工作。它们通过持续监督和定期评估，有效地管理和利用项目资源，确保欧盟科技规划的实施进展符合预期目标。此外，欧盟委员会高度重视对研发框架计划以及目前的"地平线计划"的全过程绩效管理。由欧盟委员会通过公开招标方式选定的独立专家，组成监督和评估委员会。该监督和评估委员会每年都提交一份监测报告（Monitoring Report），每五年提交一份五年评估报告（Five Year Assessment Report），每一期框架计划结束后提交专门的评估报告（Ex-Post Evaluation Report），以便于更好地把握发现框架计划的实施过程，及时发现问题并予以调整。

7.5.2 欧盟科技规划实施与过程管理的主要机制

7.5.2.1 使命导向机制

长期以来，欧盟科技规划实施的绩效结果面临严重考验。以第六期研发框架的实施为例，数千个项目建议中仅有 1/5 立项，而其中又只有 50% 的项目获得了经费支持。2000 年以来，欧洲研究区的概念真正得以落实，科技规划的实施绩效才逐渐提高，成立于 2007 年的欧洲研究理事会便是重要里程碑。阻碍科研绩效提高的重要原因即为欧洲一体化进程困难。与单个国家不同，单纯强调任务导向难以持续推进科技规划的高效实施。欧盟便采取了使命导向机制，既促进项目成果的绩效管理，也促进各国科技规划的合作实施，提高欧盟研发框架计划的创新绩效。作为一个政府性的、综合性的国际组织，欧盟选取与联合国一致的可持续发展目标作为使命导向的核心。"地平线欧洲"计划"全球挑战与欧洲产业竞争力"板块的科研领域包括健康科研集群，文化、创意、包容性社会科研集群，社会安全科研集群，数字、产业与空间科研集群，气候、能源与交通科研集群，食品、生物经济、自然资源、农业和环境科研集群，以及欧盟联合研究中心非原子能类业务。这七大领域均体现了欧洲的使命导向机制。值得注意的是，"全球挑战与欧洲产业竞争力"35%的预算将用于气候目标，数字研究的预算也将大幅增加。"地平线欧洲"更强调"影响力导向"。科技规划的实施注重让民众感受到科技创新对社会的影响，从社会层面的效果助推科技规划本身的顺利实施。"影响力导向"进一步强化了欧洲可持续发展的使命导向，使欧盟科技规划的实施与各成员国保持高度一致性。

7.5.2.2　敏捷运作机制

"地平线 2020"的效果实现了欧洲研发框架计划的效率突破，这很大程度上依赖于在组织实施机制方面进行的大量改革，尤其是效率改革。其中重要的一点就是项目申请和管理流程的简化。一是简化项目结构。"地平线 2020"着重围绕三个战略目标进行结构设计，提升项目设计的质量；同时，根据不同情况灵活处理诸如申请资格、评估和知识产权等问题。二是简化资金使用规定。在对实际成本进行补偿时充分考虑投资者优先的原则，包括补偿直接成本更加简单，更多接受受益人的一般会计实务准则；同一个项目中对所有申请者和活动执行统一的贷款利率；对有需要的特定地区提供一次性无息贷款、奖金和资金输出。三是完善项目管理，旨在进一步推进控制与信任，在风险承担与风险规避之间寻找新的平衡。具体包括：对同等条件申请人进行事前财务能力评估；减少证明财务状况证书的数量要求；对风险控制、欺诈检测和一次性审计进行事后审核，降低项目参与者的审计负担，并将事后审核的时效期限从五年调整为四年。此外，"地平线 2020"将在以往的流程设计基础上进一步简化项目管理流程，制定统一规则，操作简单易行，审批门槛大幅降低，平均申请时间可减少 100 天[①]。

---

① 解读欧盟"地平线 2020"科技规划[J]. 华东科技, 2012, (5): 44-45.

7.5.2.3 中小企业参与机制

"地平线 2020"中就有大量针对中小企业的措施，如专门资金支持、创新能力提升和增加融资机会。"地平线 2020"计划将"社会挑战"和"新兴产业技术"两个板块预算的 15%专门用于资助中小企业的申请项目。此外，"地平线 2020"计划通过"中小企业创新计划"和"欧洲之星"（Eurostars）计划为中小企业创新提供技术支持，建立技术网络，增加更多获得风险投资的机会[①]。在"地平线欧洲"计划中，鼓励中小企业参与的机制延续了下来。欧洲创新理事会 70%的预算将分配给中小型企业。

7.5.2.4 开放合作机制

作为在多国开放合作方面探索最多的联合体，欧盟在科技规划实施与过程管理中的行动值得借鉴。1914 年，第一次世界大战爆发后，爱因斯坦在《告欧洲人书》上签字，呼吁停止战争，欧洲联合起来。欧洲各国之间的科技合作从 20 世纪 50 年代就开始启动，但科技规划的合作实施到 80 年代才正式推出，即第一期欧盟研发框架计划。欧盟委员会认为，为促进科技乃至整个经济社会的发展，欧盟各国必须达到科研机构和人员的高效合作的目标，促进欧洲研究区的建设，提高创新效率。尤其在数字时代，欧盟各成员国各自为战将给欧盟带来巨额的浪费，如数字电话公共交换系统的研发，欧盟各国共花费 70 亿美元，而美国和日本投入分别仅为欧盟的 1/2 和 1/4。

在"地平线 2020"计划中，欧盟委员会就有选择性地系统整合了以往欧盟各种科研计划，并由欧盟委员会的科研创新总司统一编制了计划，即首次将欧盟所有的科研和创新资金汇集于一个灵活的框架中，充分体现了科技资源统筹协调的理念。同时，欧盟委员会更注重组织架构和理念上的融合，达成一致的理念有"重点关注前沿领域的突破和基础研究""中小企业才是欧洲保持全球竞争力的关键"，欧洲创新技术研究院强调各机构之间的协同合作。"地平线 2020"计划将这三大理念整合并交互贯穿于计划实施的每一个步骤中（梁偲等，2016）。在信任资源稀缺的国际背景下，欧盟科技规划的实施得到了更为广泛的认同基础。

在此基础上，开放合作仍是"地平线欧洲"计划的重要运作方式。在开放获取方面：一是构建了欧洲开放科学云平台，确保数据、软件、模型、算法等研究成果可查找、可访问、可互操作和可重复使用。二是构建欧洲开放研究平台，项目参与团队在研究期间及研究结束后均可免费获取同行评议出版物。三是鼓励科研团队通过预注册、注册报告、预印本等方式早期公开分享研究成果，并鼓励公民、社会和最终用户共同参与科学研究。在国际合作方面：一是针对性地与第三世界国家和地区在互利战略领域开展合作。二是通过第一和第三支柱促进前沿研究领域的国际交流合作，同时推动欧盟创新型公司国际化。三是在应对气候变化、可持续粮食和营养安全、健康问题等全球挑战方面参与和领导多边联盟。四是与第三世界国家和地区开展政策对话，包括科学政策制定、安全和质量标准制定以及服务监管环境优化等。此外，"地平线欧洲"计划专门设有"欧洲研究区建设"支柱，支持了其他三大支柱。该板块通过构建跨学科网络、促进知识传播等方式扩大研究参与者范围，并通过研究改革举措等优化了欧盟创新体系建设（应益昕等，2022）。

7.6　本 章 小 结

由于历史、文化、政治、经济等多种因素的影响，各国采取了不同的科技管理体制，主要包括以美国为代表的分散型科技管理体制，以德国为代表的介于分散型和集中型之间的过渡型科技管理体制，和以日本为代表的集中型科技管理体制（梁正等，2020）。世界上主要科技发达国家通常会为科技规划的制定和实施制定相关配套的实施文件和管理办法，形成分层实施、上下联动的监测评估体系，成立国家科学技术委员会、技术战略委员会等科技咨询与决策相关组织制定阶段性或年度计划，并设立协调组织负责对科技规划的实施过程进行协调与监督。美国和日本还以立法的形式为科技规划的实施提供保障，使规划具体实施环节有制度、有程序可依，科技规划实施的各类主体根据法律规定的职能、职责进行管理和监督（黄锦成等，2005）。一套有力地保障科技规划研究质量且运作良好的监督评估、奖罚机制对科技规划的成功实施至关重要。

第8章　中国科技规划实施与过程管理的现状、问题与对策

中华人民共和国成立以来的七十余年历史发展中，中国成功编制并组织实施了以《1956—1967 年科学技术发展远景规划》为代表的若干次国家科技规划，在科技规划实施与过程管理中不断探索并总结经验，但目前在规划目标分解、财政经费投入、配套政策制定、动态监测和评估等方面仍存在完善空间。本章首先分析了历史上几次科技规划组织实施的典型案例，进而对我国科技规划实施与过程管理的问题进行分析并提出改进对策建议。

8.1　中国科技规划实施与过程管理的典型案例

8.1.1　中国科技规划实施与过程管理的基本体制机制

我国科技规划实施的体制机制的形成和发展，主要受到两方面的影响。一方面是我国科技管理的体制机制，尤其是科技规划相关职能部门的职责划分；另一方面是国家层面国民经济和社会发展五年规划的编制和实施方式。

8.1.1.1　国家五年规划实施的体制机制建设

我国科技规划实施的体制机制，是从计划经济时期开始逐渐摸索建立的，且受到我国国民经济和社会发展五年规划（简称五年规划）组织实施的体制机制建设的深刻影响。目前，保障国家层面五年规划实施的体制机制仍在不断完善，给我国科技规划的实施与过程管理带来持续性影响。

中华人民共和国成立之初，我国效仿苏联建立起计划经济体制，并建立起国家计划委员会（后演变为国家发展和改革委员会）作为统管我国五年规划编

制和执行的最高部门。目前，我国已连续编制实施了 14 个五年规划（计划），其中改革开放以来编制实施 9 个。在此过程中，实施机制的不断健全有力保障了五年规划的有效实施，发挥了至关重要的作用。

"十五"时期，首次探索开展规划实施中期评估，为科学发展观研究提供了基本思路。"十一五"时期，中期评估被纳入《中华人民共和国各级人民代表大会常务委员会监督法》，规划实施评估进入法定程序阶段。"十二五"时期，首次开展总结评估，规划实施评估体系更加丰富。

"十三五"时期，国家五年规划编制实施的体制机制创新取得重要成效，规划实施保障力度明显加大。一是首次建立系统完整的规划实施机制，针对总体要求、责任主体、重点任务落实、规划体系建设、氛围营造、监测评估、监督考核 7 个方面提出了 27 条健全规划实施的意见。二是首次实现重点专项规划与《纲要》同时编制、同年上报、同步实施，全面加强专项规划编制的统筹协调，建立月度通报机制。三是首次系统推进《纲要》确定的 165 项重大工程项目落地，形成了 770 条细化任务，建立清晰有力的实施机制，健全点面结合的推进手段。四是首次探索开展年度监测评估，建立规划跨年度滚动实施机制，实现了对规划实施全周期的监测评估。五是首次提出了统一规划体系，确立了国家发展规划的统领地位，从顶层设计上进一步健全了政策协调和规划实施机制。六是首次向中央政治局常务委员会汇报规划实施总结评估，这成为五年规划史上的一项新的重大制度性安排①。

"十四五"期间，重点推进五个方面的制度性创新，进一步健全规划实施保障机制，提升规划实施效能。一是落实规划实施责任。对《纲要》确定的约束性指标、重大工程项目和公共服务、生态环保、安全保障等领域任务，要明确责任主体和进度要求，合理配置公共资源，引导调控社会资源，确保如期完成。对《纲要》提出的预期性指标和产业发展、结构调整等领域任务，主要依靠发挥市场主体作用实现，各级政府要创造良好的政策环境、体制环境和法治环境。二是加强规划衔接协调。加快建立健全以国家发展规划为统领，以空间规划为基础，以专项规划、区域规划为支撑，由国家、省、市、县级规划共同

---

① 国家发展和改革委员会. "十四五"规划《纲要》解读文章之 43|加强规划实施保障[EB/OL]. https://www.ndrc.gov.cn/fggz/fzzlgh/gjfzgh/202112/t20211225_1309731.html[2023-04-28].

组成，定位准确、边界清晰、功能互补、统一衔接的国家规划体系。三是强化各类政策保障支撑作用。按照短期调控目标服从长期发展目标、短期调控政策服从长期发展政策、公共财政服从和服务于公共政策的原则要求，坚持规划定方向、财政作保障、金融为支撑、其他政策相协调，着力构建规划与宏观政策协调联动机制。四是加强规划实施监测评估。适时开展规划实施情况的动态监测、中期评估和总结评估，中期评估和总结评估情况按程序提交中央政治局常务委员会审议，依法向全国人民代表大会常务委员会报告规划实施情况，发挥人民代表大会、国家监察机关和审计机关对推进规划实施的监督作用。同时，规划实施情况纳入各有关部门、地方领导班子和干部评价体系。五是加快发展规划立法。坚持依法制定规划、依法实施规划的原则，将党中央、国务院关于统一规划体系建设和国家发展规划的规定、要求和行之有效的经验做法以法律形式固定下来，加快出台发展规划法，强化规划编制实施的法治保障[①]。

8.1.1.2　我国科技规划实施的体制机制建设与现状

中华人民共和国成立以来，我国共编制了八个国家层面的中长期科技发展规划，以及若干份五年科技发展规划（表 8-1），其中《1956—1967 年科学技术发展远景规划》《1986—2000 年科学技术发展规划》《国家中长期科学和技术发展规划纲要（2006—2020 年）》《"十三五"国家科技创新规划》等都对我国科技事业的发展产生了深远的影响。

表 8-1　我国国家层面主要颁布的科技发展规划

规划名称	重点内容	组织实施特点
1956—1967 年科学技术发展远景规划	1. 是一个项目、人才、基地、体制统筹安排的规划； 2. 从 13 个方面提出了 57 项重大科学技术任务、616 个中心问题，从中进一步综合提出了 12 个重点任务； 3. 对全国科研工作的体制（主要是科学院、产业部门和高等院校三个方面之间的分工合作与协调原则）、现有人才的使用方针、培养干部的大体计划和分配比例、科学研究机构设置的原则等作了一般性的规定	1. 规划根据国民经济发展的需要和科技发展的方向确定国家的重要科学技术任务，把各个科技部门的力量汇集到统一的目标下； 2. 将科学规划委员会保留下来，成为规划实施的高级协调机构，负责协调规划实施的重大问题，监督规划的实施，特别是监督重点任务的实施等任务，并向中央报告规划实施的检查报告

---

① 国家发展和改革委员会. "十四五"规划《纲要》解读文章之 43|加强规划实施保障[EB/OL]. https://www.ndrc.gov.cn/fggz/fzzlgh/gjfzgh/202112/t20211225_1309731. html[2023-04-28].

续表

规划名称	重点内容	组织实施特点
1963—1972 年科学技术发展规划	1. 包括六个部分：纲要，重点项目规划，事业发展规划，农业、工业、资源调查、医药卫生等方面的专业规划，技术科学规划，基础科学规划，共 77 卷； 2. 包含重点研究试验项目 374 项，3205 个中心问题，15 000 个研究课题	1. 由国家科委负责组织制定，先后有几百名专家参与了规划的研究制定工作； 2. 为推动实施，制定了 12 条具体措施：加强专业研究机构的建设；大力培养研究人才；改善科学器材工作；统一管理科学投资；加强计量和标准化工作；加强情报、资料、图书和档案工作；健全成果鉴定和奖励制度；建立中间试验基地，加强技术推广；大力开展学术活动；加强国际科学技术合作交流工作；加强科学技术普及工作；加强科学技术的组织工作 3. 发布了实施十年规划的管理办法
1978—1985 年全国科学技术发展规划纲要	1. 包括前言、奋斗目标、重点科学技术研究项目、科学研究队伍和机构、具体措施、关于规划的执行和检查等几个部分； 2. 确定了 8 个重点发展领域和 108 个重点研究项目； 3. 制定了《科学技术研究主要任务》、《基础科学规划》和《技术科学规划》	1982 年，将规划的主要内容调整为 38 个攻关项目，以"六五"国家科技攻关计划的形式实施
1986—2000 年科学技术发展规划	规划包括《1986-2000 年全国科学技术发展规划纲要》、《1986-2000 年全国科学技术发展计划纲要》和 12 个领域的技术政策（1988 年又增加了 2 个领域）	1. 由国家科委、国家计委、国家经委共同领导的"科技长期规划办公室"，组织了 200 多名专家和领导干部集中工作，成立了 19 个专业规划组，开展规划的研究与编制工作； 2. 为实施规划相继出台了高技术研究发展（863）计划、面向农村的星火计划、支持基础研究的国家自然科学基金等科技计划
1991—2000 年科学技术发展十年规划和"八五"计划纲要	包括前言、发展目标和指导方针、重点任务、科技体制改革、对外开放、支撑条件和措施等几个部分	1. 在各部门强化计划手段的形势下，规划和计划相对分离，即该份规划纲要并没有提出具体的科研计划； 2. 从增加科技投入、改善科研条件、完善科技财税制度三大方面来推动规划的实施
全国科技发展"九五"计划和到 2010 年远景目标纲要（未公开发布）	包括形势与现状、指导思想与基本原则、发展目标和任务、发展重点、科技体制改革、人才培养与科技队伍建设、支撑条件和措施等几个部分	由国家计委、国家科委共同组织，并成立部际协调领导小组
国民经济和社会发展第十个五年计划科技教育发展专项规划（科技发展规划）	主要内容包括前言、形势与现状、指导方针与发展目标、战略部署与重点任务、关键措施与支撑条件等几个部分	1. 由国家计委、科技部牵头，国家经贸委等 11 家单位负责同志参加的"十五"科技发展规划起草领导小组，由科技部具体组织规划的编制工作； 2. 在规划制定的同时，研究提出了"3+2"的计划体系，三个国家主体科技计划即国家高技术研究发展计划、国家科技攻关计划、国家重点基础研究发展计划，两个环境建设即研究开发条件建设、科技产业化环境建设； 3. 提出 5 条保障措施：加强科技人才队伍建设、加大国家和全社会的科技投入、完善科技计划管理、优化科技发展的政策环境、加强科学技术普及工作

续表

规划名称	重点内容	组织实施特点
国家中长期科学和技术发展规划纲要（2006—2020年）	1. 确定11个国民经济和社会发展的重点领域，并从中选择68项优先主题进行重点安排； 2. 瞄准国家目标，实施16个重大专项，实现跨越式发展，填补空白； 3. 重点安排8个技术领域的27项前沿技术，18个基础科学问题，并提出实施4个重大科学研究计划	1. 提出4个方面的保障措施：加强本纲要与"十一五"国民经济和社会发展规划的衔接；制定若干配套政策；建立纲要实施的动态调整机制；加强对纲要实施的组织领导； 2. 组织开展中期评估和终期评估，并且对评估报告进行第三方或专家咨询评议
国家"十一五"科学技术发展规划	重点任务包括：瞄准战略目标，实施重大专项；面向紧迫需求，攻克关键技术；把握未来发展，超前部署前沿技术和基础研究；强化共享机制，建设科技基础设施与条件平台；实施人才战略，加强科技队伍建设；营造有利环境，加强科学普及和创新文化建设；突出企业主体，全面推进中国特色国家创新体系建设；加强科技创新，维护国防安全	1. 提出8条保障措施，分别包括：加强组织领导和统筹协调、大幅度增加科技投入、落实促进自主创新的各项激励政策、深入实施知识产权和技术标准战略、形成新型对外科技合作机制、完善科技法律法规体系、推进科技计划管理改革、建立有效的规划实施机制； 2. 建立有效的规划实施机制：建立健全规划实施协调机制；建立健全技术预测机制；建立规范的评估监督与动态调整机制
国家"十二五"科学和技术发展规划	重点内容包括：加快实施国家科技重大专项；大力培育和发展战略性新兴产业；推进重点领域关键核心技术突破；前瞻部署基础研究和前沿技术研究；加强科技创新基地和平台建设；大力培养造就创新型科技人才；提升科技开放与合作水平；深化科技体制改革，全面推进国家创新体系建设；强化科技政策落实和制定，优化全社会创新环境	提出4个方面的保障措施：加强规划实施的组织领导；加强规划实施的衔接协调；加强规划评估和动态调整；加强科技管理的基础性工作
"十三五"国家科技创新规划	1. 从创新主体、创新基地、创新增长极、创新网络、创新治理结构、创新生态六个方面提出建设国家创新体系的要求，并从"构筑国家先发优势""增强原始创新能力""拓展创新发展空间""推进大众创业万众创新""破除束缚创新和成果转化的制度障碍，全面深化科技体制改革""夯实创新的群众和社会基础，加强科普和创新文化建设"六个方面进行了系统部署； 2. 加快实施已部署的国家科技重大专项，推动专项成果应用及产业化，提升专项实施成效，确保实现专项目标； 3. 面向2030年，再选择一批体现国家战略意图的重大科技项目启动实施	1. 在国家科技体制改革和创新体系建设领导小组的领导下，建立各部门、各地方协同推进的规划实施机制； 2. 编制一批科技创新专项规划，细化落实本规划提出的主要目标和重点任务； 3. 开展规划实施情况的动态监测和第三方评估，把监测和评估结果作为改进政府科技创新管理工作的重要依据。开展规划实施中期评估和期末总结评估，对规划实施效果作出综合评价，为规划调整和制定新一轮规划提供依据。在监测评估的基础上，根据科技创新最新进展和经济社会需求新变化，对规划指标和任务部署进行及时、动态调整
《国家中长期科学和技术发展规划（2021—2035年）》	未公开	未公开

资料来源：①共和国7个科技规划回放，https://www.gov.cn/test/2006-03/21/content_232531.htm[2023-04-28]；②《国家中长期科学和技术发展规划纲要（2006—2020年）》，https://www.gov.cn/gongbao/content/2006/content_240244.htm[2023-04-28]；③《"十三五"国家科技创新规划》，https://www.gov.cn/zhengce/content/2016-08/08/content_5098072.htm[2023-04-28].

注：国家科委全称为国家科学技术委员会；国家计委全称为国家计划委员会；国家经委全称为国家经济委员会

通过对我国历次国家科技规划的实施及过程管理的情况进行综合分析，可以总结出我国科技发展规划组织实施的体制机制主要有以下几个特点。

（1）国家层面成立国家领导人牵头的专门委员会或者跨部门专门小组，负责领导国家科技规划的编制和实施。这一做法从我国第一部国家科技规划——《十二年科技规划》的编制和实施过程中就已经形成，该部规划由以陈毅为主任的、35 人组成的国务院科学规划委员会来领导编制和实施。此后，我国制定的国家科技规划一般也采用这种专门委员会或者跨部门专门小组的领导体制。例如，《1963—1972 年科学技术发展规划》由国家科委负责组织制定和推动实施，具体由国家科委各专业组对相关领域方向执行该规划的情况进行监督和检查，并提出本专业十年规划的年度安排；《1986—2000 年科学技术发展规划》由国家科委、国家计委、国家经委共同领导的"科技长期规划办公室"来牵头编制和推动实施；《"十三五"国家科技创新规划》在国家科技体制改革和创新体系建设领导小组的领导下，建立各部门、各地方协同推进的规划实施机制。

（2）1985 年科技体制改革以来，通过组织实施国家重大科技计划，以此推动国家科技规划中提出的优先或者重点领域的发展。首次通过国家科技计划来推动规划落实的是《1978—1985 年全国科学技术发展规划纲要》。该规划纲要确定了 8 个重点发展领域和 108 个重点研究项目。1982 年，我国政府将该规划的主要内容调整为 38 个攻关项目，以"六五"国家科技攻关计划的形式实施，这是我国第一个国家科技计划[①]。此后，随着国家科技经费投入机制从全额拨款转向差额拨款，国家结合国家科技规划设立并实施了多类国家重大科技计划，通过计划/项目经费为科技规划中提出的优先或重点领域提供发展资金。例如，通过实施三个国家科技计划（国家高技术研究发展计划、国家科技攻关计划、国家重点基础研究发展计划）来落实《国民经济和社会发展第十个五年计划科技教育发展专项规划（科技发展规划）》；通过实施 16 个重大专项和 4 个重大科学研究计划来落实《国家中长期科学和技术发展规划纲要（2006—2020 年）》；通过加快实施已部署的国家科技重大专项以及面向 2030 年的重大科技项目，来落实《"十三五"国家科技创新规划》。

（3）制定科技人才管理、科技经费投入、科技成果转化、协同创新等多方

---

① 杨靖，房琳琳. 共和国 7 个科技规划回放[N]. 科技日报，2006-01-08.

面的配套措施，保障国家科技规划的顺利实施。例如，为了推动《1963—1972年科学技术发展规划》的实施，该规划中提出了 12 条具体措施（分别涉及加强专业研究机构的建设；大力培养研究人才；改善科学器材工作；统一管理科学投资；加强计量和标准化工作；加强情报、资料、图书和档案工作；健全成果鉴定和奖励制度；建立中间试验基地，加强技术推广；大力开展学术活动；加强国际科学技术合作交流工作；加强科学技术普及工作；加强科学技术的组织工作）。《1991—2000 年科学技术发展十年规划和"八五"计划纲要》中提出了从增加科技投入、改善科研条件、完善科技财税制度三大方面来推动规划的实施。国务院也在《国家中长期科学和技术发展规划纲要（2006—2020年）》公布不久发布该规划的若干配套政策，主要包括科技投入、税收激励、金融支持、政府采购、引进消化吸收再创新、创造和保护知识产权、人才队伍建设、教育与科普、科技创新基地与平台、加强统筹协调共十个方面（张文彬和王毅，2011）。

（4）随着绩效问责理念的深入，逐渐强化对国家科技规划实施情况的监督和评估。尽管从《十二年科技规划》开始就提出要对规划的执行情况进行检查和督促，但是真正建立起对国家科技规划的监督和评估机制，是在"十一五"时期。《国家"十一五"科学技术发展规划》明确将"建立规范的评估监督与动态调整机制"作为推动该规划实施的重要机制之一。该项机制在《国家"十二五"科学和技术发展规划》和《"十三五"国家科技创新规划》中得到进一步加强。《"十三五"国家科技创新规划》要求开展规划实施情况的动态监测和第三方评估，开展规划实施中期评估和期末总结评估，并对规划实施效果作出综合评价。此外，国家中长期科技规划也建立起了监督和评估机制，如《国家中长期科学和技术发展规划纲要（2006—2020 年）》于 2014 年开展了各专题的中期评估，2018～2019 年开展了实施情况的终期评估。

8.1.2　案例：《十二年科技规划》的组织实施

在计划经济体制建立起来后，为科学研究工作制定计划或规划，成为摆在中国科技界面前的一项重要工作。我国最早的一份国家层面的科学技术发展远景规划——《十二年科技规划》的编制和组织实施主要是在国家科学规划委员会的领导下完成的，对中华人民共和国成立后科技的发展具有极为深远的影响。相对于以后的多次科技规划，《十二年科技规划》之所以取得巨大成功，虽然在一定程度上与当时我国诸多科技领域处于空白有关（科技规划已显成效），但是不可否认的是，有效地调控资源，组织人、财、物认真实施，并督促检查、落实到位，保证多数项目得以提前完成，是推动《十二年科技规划》取得成功的重要保障（郭传杰，2003）。

8.1.2.1　领导架构

为编制《十二年科技规划》，1956 年 1 月国务院成立了以陈毅为主任的国务院科学规划委员会。该委员会副主任是中国科学院院长郭沫若，中国科学院副院长、地质部部长李四光，国家经济委员会主任薄一波和国家计划委员会主任李富春。另外，有 35 位科学家和非科学家担任委员（崔永华，2008）。

同年 10 月，规划编制完成后，陈毅、李富春、聂荣臻向中央简要汇报了此次规划工作的情况和一些争论的问题，着重提出将科学规划委员会保留下来，并设一个精干的办事机构，以此对各部门实施规划的情况经常性地加以监督。由此，同年 11 月中央批准科学规划委员会保留为常设机构，成为规划实施的高级协调机构，负责协调规划实施的重大问题，监督规划的实施，特别是监督重点任务的实施等任务，并向中央报告规划实施的检查报告[①]。

1957 年 5 月，国务院批准了新的国务院科学规划委员会的主任、副主任、秘书长人选以及科学规划委员会的任务，聂荣臻担任新的委员会主任。国务院科学规划委员会的职责主要包括：①负责监督远景计划的实施，特别是重点研究任务的实施；②负责编制科学研究的长期计划和年度计划，成为整个国家计划的组成部分；③解决各个系统科学研究工作中的重大协调问题；④负责研究和解决科学研究工作中重要的工作条件问题（如图书、仪器等）；⑤负责统一安排科学研究工作的国际合作问题；⑥管理全国重点科学研究工作的基金；⑦统筹安排高级专家的培养、分配和使用的计划，以及国外专家回国后的工作问题（胡维佳，2007）。

---

① 杨靖，房琳琳. 共和国 7 个科技规划回放[N]. 科技日报，2006-01-08.

8.1.2.2　年度计划的制定和实施

1957 年初，国务院科学规划委员会按照 26 个专业组编制年度计划。专业组由有关方面的科学家以及有关部门的领导干部共同组成，由此使得年度计划的制定兼顾科学性和可行性。科学规划委员会每年年底召开一次全国科学技术计划会议，在该会议上将下一年度计划的任务具体落实到各个科研单位、高等院校以及厂矿企业，分别负责组织实施。这一做法一直延续到 1962 年《十二年科技规划》（提前五年）基本完成规划任务为止。以 1959 年底召开的全国科学技术计划会议为例，此次会议上国务院科学规划委员会主任陈毅作了当前国际形势的报告，周恩来作了培养科学技术队伍问题的指示，会议制定了《1960年科学技术发展计划》，确定全国重点科学研究任务 80 项，推广新技术 575项，基本建设项目（主要是科学研究基地和中间实验车间等）794 项（武衡，1992）。需要指出的是，在制定年度计划的过程中，国务院科学规划委员会根据实际情况对《十二年科技规划》中的任务有所增加和修改（郭金海，2021）。

国务院科学规划委员会多次对《十二年科技规划》的执行情况进行检查。例如，1958 年和 1961 年分别开展了对规划执行情况的检查，并在各部门、各专业组认真检查的基础上，由国务院科学规划委员会对规划执行情况进行全面检查。

8.1.2.3　重点任务的组织实施

《十二年科技规划》提出 57 项任务，下分 616 个研究课题。此后，根据周恩来的指示，科学规划委员会进一步提出国民经济和国防建设中最为重要、最为紧急、最带有关键意义的六项紧急措施（分别是原子能、导弹、无线电电子学、自动化、电子计算机、半导体）作为优先发展的六个学科领域。这六项紧急措施主要采用组建科研机构的方式来落实。

这六项紧急措施中，原子能、导弹属于严格保密的国防尖端技术，国家已作出专门的安排，由国防科研部门负责；后四项主要由中国科学院负责落实。例如，为了发展半导体事业，中国科学院原应用物理研究所在电学组基础上设立半导体研究室，邀集来自南京大学、武汉大学、二机部 11 所、一机部电器科学研究院、北京工业学院等单位的同志到研究室进行半导体研究的集中攻关。1960 年 9 月 6 日，经国家科委批准，在半导体研究室的基础上成立了中国科学院半导体研究所，其成为我国半导体研究的重要机构。与此类似，中国科学院为了发展无线电电子学、自动化、电子计算机，分别成立了电子学研究所、自动化研究所、计算技术研究所（顾永杰和高海，2013）。

这六项紧急措施中的前两项与我国几乎同期部署的"两弹一星"工程紧密关联。"两弹一星"工程作为重大的国家需求和战略部署，以任务带学科，设立了一批国防部直属的公立科研院所。例如，按照中央和军委的决定，1956 年 10 月中国第一个导弹研究机构——国防部第五研究院正式成立，1961 年 6 月国防部第六研究院（中国航空研究院的前身）正式成立。同时，"两弹一星"工程还催生了一些中国科学院和国防科委共同领导的公立科研院所，如 1956 年成立的、由钱学森担任所长的中国科学院力学研究所（薛澜和梁正，2021）。

8.1.3　案例：《国家中长期科学和技术发展规划纲要（2006—2020 年）》的组织实施

2003 年 6 月 6 日，国务院决定成立国家中长期科学和技术发展规划领导小组，编制迈入 21 世纪以来我国首部中长期科技发展规划——《国家中长期科学和技术发展规划纲要（2006—2020 年）》（以下简称《中长期科技规划纲要》）。《中长期科技规划纲要》提出，我国到 2020 年的科学技术发展总体目标是：自主创新能力显著增强，科技促进经济社会发展和保障国家安全的能力显著增强，为全面建设小康社会提供强有力的支撑；基础科学和前沿技术研究综合实力显著增强，取得一批在世界具有重大影响的科学技术成果，进入创新型国家行列，为在 21 世纪中叶成为世界科技强国奠定基础。《中长期科技规划纲要》不仅明确提出了 11 个重点领域、68 个优先主题、16 个重大专项、8 方面前沿技术和 4 方面基础研究问题，还阐明了提供保障作用的相关科技体制改革的重点任务、若干重要政策和措施、科技投入与科技基础条件平台以及人才队伍建设。

8.1.3.1　领导架构

该领导小组由温家宝担任组长，中国科学院院长路甬祥、中国工程院院长徐匡迪、科技部部长徐冠华等 24 位部级领导任领导小组成员。领导小组下设办公室，办公室设在科技部，徐冠华兼办公室主任，国家发展和改革委员会和财政部的领导任副主任。随之又成立了以周光召、宋健、朱光亚为召集人，王选等 18 名科学家为成员的国家中长期科学和技术发展规划总体战略专家顾问组。其职责是对战略研究的方向、科技发展的重大问题、重大任务和战略目标等提出咨询意见，对规划战略研究与规划制定过程中出现的重大争议提出咨询意见和建议（崔永华，2008）。

此次科技规划参与人数之多、层次之高、涉及范围之广都是史无前例的。战略研究阶段共汇聚了中国科技界、社科界、管理界和企业界的大批专家学者，研究队伍达到空前规模，研究骨干人员总数超 1000 人。此外，还有 1000多人作为非骨干研究人员参与了专题研究。与以往几次重大科学技术规划相比，在这次规划制定过程中，企业界专家积极参与并发挥作用。在专题研究过程中，强调专题组之间、专题组与相关部门、行业之间的沟通协调，建立了专题研究信息工作制度。领导小组还组织各专题组与各有关方面进行大量的沟通与交流，广泛听取政府各部门和企业对规划战略研究工作的意见和建议。此外，此次国家中长期科学和技术发展规划的制定工作实施公众参与机制，本着"集思广益、科学决策"的原则，动员广大公众积极参与，以充分征求社会各方面的意见和建议，通过广泛的交流、积极的争论，达到集思广益、形成共识的目的。

8.1.3.2　规划目标分解和任务部署

《中长期科技规划纲要》组织实施方面的特点可概括为：分阶段推动规划的实施、通过计划进行任务分解与落实、通过评估对规划的执行进行调整。首先，在分阶段制定阶段目标及任务方面，《中长期科技规划纲要》的实施主要分为"十一五"期间、"十二五"期间和"十三五"期间三个阶段，在每一个阶段实施前制定该阶段目标和任务（即分阶段分别制定《国家"十一五"科学技术发展规划》、《国家"十二五"科学和技术发展规划》和《"十三五"国家科技创新规划》）。其次，在具体任务部署及实施路径方面，《中长期科技规划纲要》主要是融入主体科技计划来进行任务部署，即通过当时国家层面的主体科技计划（重大专项、"973"计划、"863"计划、国家科技支撑计划等）组织具体科研项目的实施，此外辅以配套政策。例如，《中长期科技规划纲要》第二个实施阶段即"十二五"科技规划中，采用了国家技术路线图及若干重点领域路线图等方式来分解与落实任务，针对重点专项任务制定专项规划（黄宁燕等，2014）。

8.1.3.3　中期国际评估及"三院"咨询

2013 年，经请示国务院同意，科技部会同有关部门启动了《中长期科技规划纲要》实施情况中期评估工作，形成了围绕科技重大专项、重点科技领域和政策措施等的 19 份专题评估报告。2014 年 1 月 16～18 日，科技部组织召开《中长期科技规划纲要》中期评估国际咨询会，海外专家与规划纲要评估组专家进行了交流研讨，通过专家访谈、专家咨询会议以及问卷调查等多种形式征求海外专家学者的观点和意见，从国际视角审视中国科技发展并提供有关意见和建议[①]。

2014 年，根据国务院批复的《〈国家中长期科学和技术发展规划纲要（2006—2020 年）〉实施情况中期评估工作方案》要求，科技部委托"三院"（即中国科学院、中国工程院、中国社会科学院）对《中长期科技规划纲要》实施情况的 19 份专题评估报告开展咨询，并形成咨询报告。"三院"咨询重点关注的内容包括：规划纲要实施的总体进展情况；规划纲要实施的作用和影响；规划纲要实施以来科技发展的需求及挑战；下一阶段推进规划纲要实施的重大政策建议。在具体操作中，"三院"咨询组织了广大的院士和专家，对专题评估报告进行充分的研究和探讨，广泛地吸取众专家的意见，并在此基础上汇总和提炼，形成对某一专题评估报告的咨询评议意见，并将咨询评议意见反馈科技部。

8.1.3.4　终期评估及专家终审

2018 年 12 月，科技部发函委托中国科学技术协会开展《中长期科技规划纲要》评估。本次终期评估动员范围广、社会参与度高。为支撑《中长期科技

---

① 《科技规划纲要》中期评估国际咨询会在京召开[EB/OL]. https://www.gov.cn/xinwen/2014-02/24/content_2623351.htm [2023-05-30].

规划纲要》评估，科技部动员 31 个地方和 23 个相关部门开展自评估；中国科学技术协会组织 9 家高端智库、8 家全国学会、6 家省级科协分别开展领域及重点区域评估，依托 516 个全国科技工作者状况调查站点面向近 3 万名科技工作者开展了问卷调查，形成了 250 余万字的报告和评估材料，在此基础上，中国科学技术协会独立起草形成评估报告。2019 年 9 月 28 日，中国科学技术协会在中国科技会堂召开《中长期科技规划纲要》实施情况评估专家终审会，研究审定《中长期科技规划纲要》实施情况评估报告。中国科学技术协会党组副书记、副主席徐延豪和终审评估专家组组长、中国工程院原副院长杜祥琬主持会议；十余名院士专家作为终审会专家参加会议[①]。

8.2　中国科技规划实施与过程管理的主要问题与对策

科技发展规划是调查与研究过程、决策过程和规划实施过程三个阶段统一的有机整体（张利华和徐晓新，2005）。尽管我国总体上对科技规划的这三个方面都非常重视，但对各阶段的重视程度仍不均衡，尤其是重规划编制轻规划执行、规划制定与规划实施相脱离等问题十分突出。例如，我国政府在科技规划编制方面往往投入大量人力物力，邀请很多专家学者进行讨论和修订，但是政府部门和学术界对于科技规划实施方案如何制定、科技规划实施方案如何执行、科技规划执行过程中如何进行评估、如何根据评估结果改进实施方案，以及何时以何种方式来终结科技规划的实施等，关注程度不高（黄宁燕等，2014）。以下主要从规划目标分解、财政经费投入、配套政策制定、动态监测和评估四大方面提出我国科技规划实施与过程管理中存在的主要问题，并提出政策建议。

8.2.1　规划目标分解方面的主要问题

国家科技规划中的目标一般比较宏观，难以直接落实，因而需要通过合理的目标分解形成具有操作性的目标体系，并且目标体系应能够根据内外部环境

---

① 科技部.《国家中长期科学和技术发展规划纲要（2006—2020 年）》实施情况评估专家终审会召开. https://www.most.gov.cn/kjbgz/201909/t20190930_149089.html[2023-05-30].

的变化及时进行响应。如何使分解后的目标能够形成有机整体，如何通过科技计划落实科技规划的分解目标，如何形成规范化的科技规划目标动态调整机制，对于我国而言都是当前影响科技规划组织实施效果的重要问题。

（1）科技规划各阶段目标之间衔接性不强。对于中长期科技规划而言，如何将长期目标分解为阶段性目标是关乎科技规划组织实施效果的起点和关键所在。中华人民共和国成立以来，我国编制过八次中长期科技规划，但由于各种原因真正实施过的仅有三次。在这三次中长期科技规划当中，《十二年科技规划》一般被认为是最成功和最有影响的科技规划，《国家中长期科学和技术发展规划（2021—2035）》目前尚在执行期，《国家中长期科学和技术发展规划纲要（2006—2020 年）》被认为各阶段目标之间，以及各阶段目标和任务与中长期规划总体目标之间的统筹设计和通盘考虑不够。该规划历时十五年，主要划分为"十一五""十二五""十三五"三个阶段，各阶段目标和任务是分别制定的，缺乏统筹考虑，如制定第一阶段目标和任务时并未将第二和第三阶段纳入整体关注（黄宁燕等，2014）。

（2）国家科技计划的组织管理难以有效落实科技规划的目标。1982 年，我国政府首次通过国家科技计划（即 38 个国家科技攻关项目）的方式来落实国家科技规划（即《1978—1985 年全国科学技术发展规划纲要》）。此后，历次科技规划普遍通过国家科技计划的方式来组织实施，有些是依托已有的国家科技计划，有些是通过设立新的国家科技计划（如为实施《国家中长期科学和技术发展规划纲要（2006—2020 年）》而新设立的科技重大专项）。国际上通过部署国家科技计划来落实科技规划的做法也很常见，但是，世界科技强国一般是以定向委托国家战略科技力量来承担国家科技计划的方式，将国家科技规划总体目标分解为国家战略科技力量的目标，再进一步分解为国家战略科技力量承担的国家科技计划的目标，从而将"国家事"与"国家队"进行紧密结合，有利于通过机构问责来落实科技规划目标。而我国目前的做法一般是国家科技计划采取"全民竞争"的方式，这就导致尽管国家科技计划承接了国家科技规划的目标，但是缺乏强有力的组织实施保障。

（3）科技规划实施管理较为刚性，难以根据形势变化进行目标的及时调整。从历次科技规划来看，我国科技规划一般缺乏组织实施过程中有预见的、规范性的、及时的动态更新和调整管理程序及方式方法。尽管从"十一五"开始引入了对科技规划的中期评估和终期评估，但是根据中期和终期评估结果对科技规划目标进行调整仍是相对滞后的。由于及时更新的机制相对不完善，科技规划难以及时反映国际科技前沿动态，当遭遇一些紧急的突发事件（如2008年全球金融危机的爆发）时，只能通过一些非常规的临时性举措或应急管理措施来牵引科技界进行被动地适应。相比之下，国际上科技强国的科技规划相对更能及时地对内部和外部环境的变化进行响应，如美国的科技规划一般采用每年更新一次的做法。

8.2.2　财政经费投入方面的主要问题

科技规划的组织实施一般需要政府、市场或者两者共同的经费投入。一般而言，资金投入须贯穿科技规划部署的科研创新活动的全过程，但是创新价值链不同谱段上的资金需求和属性各异。财政资金侧重资助基础研究和概念发明，风险资本和企业投资主要资助技术成熟之后的产品开发和生产。目前来看，我国企业投入到科技创新活动通常具有相对明确的计划和目标。我国政府公共财政是伴随我国社会主义市场经济产生和发展起来的，在保障科技规划落实方面存在预算与目标关联性不强、预算与绩效评估结果关联性不强等突出问题。

（1）政府财政预算与规划分解目标之间的关联性较弱。一方面，我国政府投资、财政预算基本上是按年度安排的，公共政策目标与预算紧密结合的机制尚不完善。另一方面，我国科技规划的年度分解目标往往仅停留在年度重点任务层面，并没有明确需要怎样的经济资源统筹来确保年度目标的实现。这就造成了我国科技规划的组织实施中目标任务与财政预算之间的关联性不强等问题，难以为科技规划的顺利实施提供资金保障。

（2）政府财政预算与规划目标完成情况之间的衔接性较弱。从绩效管理的闭环而言，国家财政投入到科技规划部署的重大科技项目或者机构建设经费中，势必要问责财政经费的投资效益。国际上一般针对上一年度绩效目标的完成情况来核定下一年度的财政经费投入。但是我国尚没有建立起针对项目预算的严格的年度问责机制，因此科技规划年度目标是否实现并没有得到来自公众或立法部门的严格问责。

（3）围绕科技规划组织实施的政府间财政关系尚不清晰。近年来，针对长期以来科技领域中央与地方财政事权与支出责任划分不清晰、交叉重叠等问题，我国实施了科技领域中央与地方财政事权和支出责任划分改革，涉及科技研发、科技创新基地建设发展、科技人才队伍建设、科技成果转化、区域科技创新体系建设、科学技术普及、科研机构改革发展 7 个方面（赵路等，2022）。这些方面与国家科技规划组织实施密切相关。但是，目前中央政府与地方政府在科技规划组织实施中各自的事权和支出责任仍有待进一步明确，如科技规划中制定的基础研究、国家实验室相关目标应该由哪一级政府来投入资金？

8.2.3　配套政策制定方面的主要问题

科技规划确定的是科技事业发展的理念和目标，在规划发布后一般会出台众多的配套政策。例如，我国《国家中长期科学和技术发展规划纲要（2006—2020 年）》出台后，国务院印发了《实施〈国家中长期科学和技术发展规划纲要（2006—2020 年）〉的若干配套政策》。此后，在国务院统一领导下，财政部、科技部等国务院有关部门根据各自的职责分别牵头制定了相应配套政策的实施细则，涉及科技投入、税收激励、金融支持、政府采购、引进消化吸收再创新、创造和保护知识产权、人才队伍建设、教育与科普、科技创新基地与平台、加强统筹协调等多方面①。此外，各地方也根据国家发布的政策精神，纷纷因地制宜制定和完善配套实施办法。由此，通过"以文件落实文件"的方式，形成了与国家科技规划相配套的，涉及不同方面、不同层级的一整套制度文件。总的来看，这种制度安排在中国特色的治理体系下有助于推动我国科技规划的落实，但是以下几个方面的突出问题仍极大地阻碍了科技规划的有效实施。

（1）配套政策的发文主体繁多，存在机构之间协调性差的问题。我国科技战略规划组织制定和实施涉及管理部门及咨询部门过多，制定内容缺少协调和平衡，实施项目类似，造成资源重复配置，效果不理想（王海燕和冷伏海，

---

① 中国政府网.《国家中长期科学和技术发展规划纲要（2006—2020 年）》配套政策实施细则汇总. https://www.gov.cn/ztzl/kjfzgh/[2023-05-30].

2013）。以《国家中长期科学和技术发展规划纲要（2006—2020 年）》为例，据学者研究统计，绝大部分配套政策的发文机构超过 6 个，尤其是法规管制类政策工具涉及的部门数量高达 22 个，金融支持类和资金投入类政策工具涉及的部门数量分别有 19 个和 18 个。过多部门同时作为配套政策发文机构，势必对政策实施过程中的沟通合作产生巨大障碍（汪涛和谢宁宁，2013）。

（2）配套政策供给内容体现国情不足，存在政策工具的结构性问题。以政府采购这一配套政策为例，国际上普遍重视实施促进自主创新的政府采购政策，因此非常重视发挥政府采购的拉动效应。从我国来看，2020～2022 年我国政府采购 GDP 比例分别为 3.6%、3.2%和 2.9%，远低于发达国家的 15%[①]。这就表明，政府采购这一政策工具在我国需要和其他类型[尤其是需求型政策工具，如鼓励用户购买新产品的"消费者政策"，迫使企业提高创新投入的"标准制定和引导措施"政策，以及加快科技创新与国际接轨、支持海外设立研发机构的"海外机构管理"政策等（汪涛和谢宁宁，2013）]进行综合运用，才能达到令人满意的效果。此外，应尊重市场规律和创新规律，停止通过政府对企业直接投资（如各类扶持企业的科技计划或项目），将技术选择的权利交还给企业和市场，由企业根据市场需求自主布局研发。

（3）配套政策的实际效果有待提升，存在区域间、机构间落实情况不平衡问题。我国科技规划的配套政策的实际效果还有进一步提升空间。例如，2014年针对《国家中长期科学和技术发展规划纲要（2006—2020 年）》配套政策开展的中期评估表明，该规划的配套政策供给多、需求拉动少；真正管用、操作性强、能落到实处的并不多，有的缺乏实施细则、有的仅是原则性指导意见。此外，我国目前仍然存在区域之间、企业之间发展不平衡现象，由此带来科技规划配套政策实施效果也存在一定程度的不平衡问题。例如，东部发达地区落实配套政策的条件较充分和工具较完备，因而比相对落后的地区落实力度要大；大中型企业比中小微企业的管理水平和能力更高，因而更有条件享受政策优惠，这造成配套政策对中小微企业的激励不足；部分配套政策难以得到落实，如鼓励企业设立海外研发机构等。

---

① 王丛虎. 政府采购在稳经济中的内在逻辑[N]. 中国政府采购报, 2022-06-17.

8.2.4　动态监测和评估方面的问题

监测和评估作为一种重要的政府科技管理手段，可按时序分为事前监测/评估、事中监测/评估、事后监测/评估。相对而言，事前和事后对科技规划开展的监测/评估，与科技规划的组织实施与过程管理的关联性不强，前者主要影响科技规划的编制，而后者主要影响的是未来有待编制的科技规划。因此，此处主要探讨伴随着科技规划的组织实施过程开展的事中监测/评估。一般而言，事中监测/评估发生在科技规划执行期的中间时段，既是对前一时段科技规划执行情况的总结和分析，也可能根据监测/评估结果，对后一时段科技规划的目标和组织实施方式进行调整。目前，我国在科技规划事中监测/评估方面存在的主要问题如下。

（1）科技规划监测/评估的独立性不足。对科技规划开展监测/评估不同于对科技人才、科技项目开展的监测/评估，后者往往与人员激励挂钩，而前者重点是诊断科技规划的组织实施效果，其影响超越了个人层面的激励，而将在国家层面产生更加更广泛而深远的影响。因此，科技发达国家对于科技规划的监测/评估非常重视，尤其是在方式方法上强调监测/评估的独立性，一般由不存在利益关系的战略科学家、政府官员和产业界代表等共同组成国家咨询委员会，重点通过监测/评估发现有可能阻碍科技规划目标实现的突出问题。近些年来，我国强调了在科技规划监测/评估中采用"第三方评估"以增强独立性（肖小溪等，2015），如《国家中长期科学和技术发展规划纲要（2006—2020年）》首次实行中期评估的"三院"咨询机制。但是，"三院"尽管与规划编制责任方（政府部门）有一定的分离，但是仍可认为是科技界内部监测/评估，缺乏来自科技界外部（经济社会界）的更具外部制衡作用的监测/评估机制。

（2）科技规划监测/评估方法的科学性有待进一步提升。总体来看，我国在科技规划监测/评估理论方法方面仍存在明显短板。一方面，从已经开展的科技规划监测/评估来看，我国科技规划监测/评估主要采用定性定量相结合的方法，在这方面，我国与其他国家大同小异。例如，我国一般采用案卷研究、指标数据建模分析、典型案例分析、专家定性诊断等多种方法（刘志强等，2020），美国、英国、日本等国和欧盟主体上也是采用这些方法。但在具体方法使用上，发达国家和地区更加重视科技规划对科技、经济和社会带来的效果和影响的分析，如在指标数据建模分析方面，国外更加重视计量经济学分析、社会网络分析、经济社会影响回溯分析（白波等，2019）等。另一方面，我国科技规划监测/评估的科学性在一定程度上受制于我国社会治理和政府管理的基础能力。例如，我国政府数据开放和信息公开的程度相对而言并不高，导致科技规划监测/评估的数据采集的全面性和权威性被削弱，一定程度上影响了监测/评估方法的有效使用。再如，我国科技规划的监测/评估仍然带有较强的计划体制色彩，行政化对科学性的干扰较大（陈光，2021）。

（3）科技规划监测/评估面临"归因"困境。在一些规划的监测/评估实践中，人们简单地将发展结果与规划目标进行"一致性"比较，如果两者"一致"就认为规划实施获得成功。但事实上，科技规划目标的实现有可能是意外而非规划执行的效果。例如，某地方政府编制的生态环境科技发展规划提出的"蓝藻暴发控制关键技术攻关"等任务并未得到有效落实，但由于规划实施年份降水量增多、气温偏低等原因，导致"××湖泊蓝藻暴发次数明显减少"等目标"碰巧"顺利实现。可见，想当然地把目标实现归功于规划制定与实施，很可能会得出荒唐错误的评估结论（陈光，2021）。这种"归因"困境并非科技规划监测/评估所独有，绝大多数规划或政策的评估都面临"归因"困境。这种困境源于多个因素的相互作用和影响，它们可能同时或按不同时间顺序发生，使得区分主要和次要因素变得非常具有挑战性。例如，在评估一项规划的效果时，我们不仅要考虑到政策本身的设计和实施，还要考虑外部环境变化、社会经济状况，以及其他政策的协同或冲突效应。此外，评估的时间跨度也是一个重要因素，短期内的正面或负面影响可能在长期内发生逆转。因此，规划评估需要综合运用定量和定性分析方法，通过数据收集、模型构建和专家判断，尽可能准确地识别和归因于关键因素，以提供可靠的决策支持。

8.2.5 政策建议

科技规划的组织实施与过程管理是关乎科技规划目标能否实现的重要方面。我国过去在科技规划目标分解、财政经费投入、配套政策制定、动态监测和评估等方面暴露出一些缺陷和不足。借鉴科技发达国家组织实施科技规划的实践，我国可从以下几个方面逐步发展和完善科技规划组织实施与过程管理，推动科技规划真正发挥实效。

（1）夯实科技规划专家咨询委员会的作用，加强对科技规划组织实施与过程管理的顶层布局和统筹协调。科技规划的专家咨询委员会应常态化地开展咨询和问责，在科技规划落实执行期，建立其运行高效的组织安排和制度保障。以国家层面的科技规划为例，一方面，专家咨询委员会应定期（如每年）对科技规划目标进行重新审议，确保其能反映科学研究的最新动态并统领整个国家在相关领域的布局；另一方面，专家咨询委员会应发挥从中央到地方的规划实施统筹指导和协调机制，加强对各部门和地方执行国家科技规划的实施程序、步骤方式、时间期限、优先顺序等的指导和协调，发挥好横向（各国家部委之间）及纵向（央地之间）的"同频器"作用。

（2）建立科技规划目标分解与财政预算紧密关联的机制，促进科技规划目标的顺利实施。科技规划要靠政府投资和财政预算安排来实施，这就需要财政预算制度的改革。一方面，调整和优化国家财政在科技规划实施中的经费投入机制，建立基于科技规划年度目标分解的财政预算方式，使公共财政能够更好地为科技规划组织实施提供保障。另一方面，对国家层面的科技规划而言，我国可借鉴发达国家经验，由财政部等相关部门主导，或者发挥全国人民代表大会或政协专门委员会作用，开展国家科技规划年度预算审议与问责，推动形成科技规划组织实施绩效管理的闭环。

（3）提高科技规划配套政策的科学性和合理性，推动配套政策发挥好支撑科技规划的实际效用。当前，科技创新已成为国家经济和产业发展的原动力，因此，科技规划的最终目标是通过支持科技创新推动国家产业发展。这个过程当中，科技规划配套政策的科学性和有效性至关重要。因此，我国一方面应立足我国国情，优化科技规划配套政策的结构，加强对各类配套政策的总体谋划，使各类配套政策聚焦于推动原始创新能力和科技攻关能力的科研环境创造和人才培育，避免配套政策目标零散甚至相互冲突；另一方面，我国应增强配套政策的适用性和可操作性（陈磊和杜宝贵，2022），引导各地方各部门根据实际情况制定配套政策的实施细则，推动不同地区、不同企业、不同人员都能够得到配套政策的支持和激励。

（4）推动科技规划监测/评估的理论与方法研究，提高科技规划监督/评估的科学性和独立性。国家相关资助机构应支持开展科技规划监督/评估重大理论和方法研究，既要吸收借鉴国外相对成熟的理论研究成果，也应大力支持符合我国国情的监测/评估模式创新和方法创新。同时，应重视借助人工智能大模型、大数据等新兴技术，探索具有科学性、独立性和公正性的监督/评估新模型和新方法，避免简单地将发展结果与规划目标进行"一致性"比较。此外，可借鉴欧盟依靠欧洲研究与技术发展政策评估网络实施开展"欧洲研究与创新框架计划（2014-2020）"（简称"地平线 2020"）等重大规划的监测/评估的实践①，探索建立我国科技规划、科技管理中的监测/评估网络，发展相关的标准和方法，并依托该网络培养一支高素质的科技规划监测/评估人才队伍。

（5）制定科技规划组织实施的相关法律，促进科技规划的过程管理。我国在科技规划组织实施的多个环节都需完善相关法律法规，尤其是在目标分解以及监测/评估环节，应借鉴国际经验并立足国情，建立相应的法律制度。一方面，我国要加强对科技规划目标分解的法律要求，明确要求国家科技规划应建立从国家规划目标到部门规划目标，从跨年度规划目标到年度绩效目标等多层面的、系统化的目标管理体系；另一方面，在监测/评估环节，我国应制定针对科技规划目标完成情况进行定期监测/评估的法律法规，特别是应明确监督/评估的主体、流程、周期、结果使用等，使监测/评估真正成为保障科技规划实施的重要抓手。

8.3　本章小结

本章梳理了过去及当前我国科技规划在组织实施与过程管理中面临的主要问题，主要涉及规划目标分解、财政经费投入、配套政策制定、动态监测和评估等方面，并提出改进和完善科技规划实施及过程管理的政策建议。诚然，国内外主要国家在科技规划的组织实施与过程管理方面面临各自的困难和挑战，我国需立足国情，总结归纳国内外实践措施，提升我国科技规划在组织实施与过程管理中的科学性和有效性。

---

① 赵正国. 提升监测评估水平，助力重大科技规划制定实施[N]. 科技日报，2021-09-27(5).

参 考 文 献

白波, 王艳芳, 肖小溪. 2019. 科技计划经济社会影响评价的回报模型: 基本原理、发展动态及启示[J]. 中国科技论坛, (6): 17-23.

白春礼. 2013. 世界主要国立科研机构概况[M]. 北京: 科学出版社.

白如江, 陈启明, 张玉洁, 等. 2024. 基于 ChatGPT+Prompt 的专利技术功效实体自动生成研究[J]. 数据分析与知识发现, 8(4): 14-25.

贝塔朗菲 L V. 1987. 一般系统论: 基础、发展和应用[M]. 北京: 社会科学文献出版社.

边文越. 2022. 美国国家纳米技术计划做出重要调整[J]. 科学观察, 17(2): 47-53.

常静. 2012. 科学的方法是规划制定的重要支撑——"地平线 2020"制定的主要方法分析[J]. 华东科技, (6): 41-43.

陈春明, 薛富宏. 2014. 科技服务业发展现状及对策研究[J]. 学习与探索, 225(4): 100-104.

陈光. 2021. 科技规划的目标管理与评估机制研究[M]. 北京: 北京理工大学出版社.

陈光. 2022. 日本科技规划的实施机制分析与经验借鉴——基于对第 1 期至第 6 期《科技基本计划》历史演进的梳理[J]. 科学学与科学技术管理, 43(2): 32-48.

陈光, 邢怀滨. 2017. 基于变革理论的科研项目全周期管理研究[J]. 中国科技论坛, (3): 12-18.

陈光, 徐志凌. 2021. 美国政府绩效管理体系中的目标管理机制分析[J]. 全球科技经济瞭望, 36(6): 33-45.

陈佳, 孔令瑶. 2019. 德国高技术战略的制定实施过程及启示[J]. 全球科技经济瞭望, 34(3): 40-45, 53.

陈敬全, 俞阳, 张超英, 等. 2011. 欧洲 2020 战略旗舰计划: 创新型联盟(下)[J]. 全球科技经济瞭望, 26(5): 28-38.

陈坤. 2011. 基于系统动力学的产业技术路线图制定[J]. 科学学与科学技术管理, (4): 32-36.

陈磊, 杜宝贵. 2022. 20 世纪 90 年代以来中央科技服务业政策供给特征研究[J]. 中国科技论坛, (12): 47-54.

陈强. 2015. 德国科技创新体系的治理特征及实践启示[J]. 社会科学, (8): 14-20.

陈强, 胡焕焕, 鲍悦华. 2012. 科技评估标准: 国外的经验与启示[J]. 中国科技论坛, (5): 22-28.

陈涛. 2015. 美国联邦政府支持小企业技术创新的举措——小企业技术创新研究计划和技术转移计划[J]. 全球科技经济瞭望, 30(1): 1-5.

陈伟维. 2013. 我国农业高技术研发项目绩效评价研究[D]. 北京: 中国农业科学院.

陈媛媛. 2023. 基于技术路线图的北京基因编辑产业发展战略研究[J]. 科技管理研究, 43(4): 127-135.

程如烟. 2009. 世界各国逐鹿全球价值链高端[J]. 科技管理研究, 29(9): 17-19.

程燕林, 张娓. 2022. 第三方评估在中国: 特征、类型与发展策略[J]. 中国科技论坛, (9): 139-146.

崔永华. 2008. 当代中国重大科技规划制定与实施研究[D]. 南京: 南京农业大学.

淡晶晶, 莫磊, 徐隆波, 等. 2018. 大科学工程高精密光学元器件研制的技术成熟度评价实证研究[J]. 科技管理研究, 38(24): 196-201.

邓国强, 唐敏. 2014. 动态规划法在程序设计中的应用[J]. 软件导刊, 13(8): 32-34.

丁上于, 李宏, 马梧桐. 2021. 脱欧后英国科研管理体系的新概况及其启示[J]. 全球科技经济瞭望, 36(10): 35-42, 67.

发达国家科技计划管理机制研究课题组. 2016. 发达国家科技计划管理机制研究[M]. 北京: 科学出版社.

樊春良. 2019. 当前科技发展趋势及各国战略应对述评[J]. 人民论坛·学术前沿, (24): 14-35.

樊春良, 李东阳. 2020. 新兴科学技术发展的国家治理机制——对美国国家纳米技术倡议(NNI)20 年发展的分析[J]. 中国软科学, (8): 55-68.

方华基, 许为民. 2011. 科技治理中 NGO 的制度化咨询——以美国国家纳米科技计划为例[J]. 自然辩证法通讯, 33(4): 57-63, 127.

冯仲平. 2010. 《里斯本条约》通过后的欧盟发展前景[J]. 中国国际战略评论, (00): 275-284.

高钰涵, 张翼燕. 2022. 英国研究与创新署发布《2022—2027 战略》[J]. 科技中国, (7): 88-90.

葛春雷, 裴瑞敏. 2015. 德国科技计划管理机制与组织模式研究[J]. 科研管理, 36(6): 128-136.

谷俊战. 2005. 德国科技管理体制及演变[J]. 科技与经济, (6): 31-34.

顾永杰, 高海. 2013. 简述半导体研究应对《十二年科学规划》的紧急措施[J]. 山西大同大学学报(自然科学版), 29(1): 93-96.

广东省生产力促进中心. 2021. 粤港澳大湾区科技服务业创新发展研究[M]. 北京: 经济科学出版社.

郭传杰. 2003. 镜鉴与思考: 关于科技规划的认知[J]. 科学新闻, (10): 2-3.

郭金海. 2021. 再论《12 年科技发展远景规划》的制订与实施[J]. 科技导报, 39(12): 51-64.

郭颖, 汪雪锋, 朱东华, 等. 2012. "自顶向下"的科技规划——基于专利数据和技术路线图的新方法[J]. 科学学研究, 30(3): 349-358.

国家技术前瞻研究组. 2008. 关于编制国家技术路线图推进《规划纲要》实施的建议[J]. 中国科技论坛, (5): 3-6.

韩志凌, 李柏村, 肖小溪, 等. 2023. 美国联邦政府资助和管理阿尔茨海默病研究项目的实践与启示[J]. 中国科学院院刊, 38(2): 219-229.

侯小星, 罗军, 陈之瑶, 等. 2021. 科技计划实施过程中建立"里程碑"式管理方法研究[J]. 特区经济, (8): 84-87.

胡鞍钢. 2003. 关于我国中长期科技规划战略研究的若干看法[J].中国软科学, (10):1-7.

胡海容, 石冰琪. 2021. 基于专利信息分析的我国区块链技术创新路径研究[J]. 中国发明与专利, 18(3):18-25.

胡维佳. 2007. 中国科技规划、计划与政策研究[M]. 济南: 山东教育出版社.

黄建安. 2018. 科技发展规划实施监督检查机制的国际比较及启示[J]. 观察与思考, (11): 87-95.

黄锦成, 杨颂阳, 陈启源. 2005. 政府科技计划项目的监督机制研究[J]. 科学学与科学技术管理, 26 (7): 46-48.

黄锦成, 杨颂阳, 陈启源. 2006. 科技计划项目风险监督与控制方法的研究[J]. 科技管理研究, 26 (5): 126-127.

黄林莉. 2009. 欧盟信息社会发展战略的演变及启示[J]. 电子政务, (11): 7-15.

黄宁燕, 孙玉明, 冯楚建. 2014. 科技管理视角下的国家科技规划实施及顶层推进框架设计研究[J]. 中国科技论坛, 222(10): 11-16.

贾无志, 王艳. 2022. 欧盟第九期研发框架计划"地平线欧洲"概况及分析[J]. 全球科技经济瞭望, 37(2): 1-7.

节艳丽. 2004. 大学科研体制对于日本基础研究发展的影响[J]. 科学对社会的影响, (2): 14-17.

金保锋. 2009. 广东中烟科技资源优化研究[D]. 广州: 华南理工大学.

金碚, 谢晓霞. 2001. 美国高技术产业的创业与创新机制及启示[J]. 管理世界, (4): 63-70, 80.

康相武. 2008. 典型国家(或地区)科技规划制定及管理的比较研究[J]. 中国软科学, 216(12): 148-152.

李洪. 1991. "十二年科技发展规划"的历史回顾[J]. 求实, (4): 20-21.

李建军. 2023. 党的十八大以来国家科技领导体制改革创新的战略意义[J]. 国家治理, (12): 22-27.

李瑾. 2021. 日本科技创新决策机制和政策体系及启示[J]. 中国机构改革与管理, (4): 44-46.

李廉水, 王宇, 周坤, 等. 2022. 我国新型研发机构治理态势、存在问题及政策建议[J].今日科苑, (5):1-10.

李睿祎. 2006. 论德鲁克目标管理的理论渊源[J]. 学术交流, (8): 32-36.

李文聪, 徐进, 申洁, 等. 2020. 英国国家科研与创新署学科交叉研究资助机制及启示[J]. 物理化学学报, 36(11): 173-178.

李晓轩, 杨国梁, 肖小溪. 2012. 科技政策学(SoSP): 科技政策研究的新阶段[J]. 中国科学院院刊, 27(5): 538-544.

李阳. 2021. 基于比较视角的中美国家级实验室建设研究[D]. 长春: 吉林大学.

李哲. 2020. 大转制: 中国科研机构管理体制改革二十年[M]. 北京: 人民出版社.

李振兴. 2015. 技术与创新中心在解决创新的"死亡之谷"问题中的作用——基于对英国 Catapults 项目实施效果的实证分析[J]. 全球科技经济瞭望, 30(8): 11-16.

李正风, 邱惠丽. 2005. 若干典型国家科技规划共性特征分析[J]. 科学学与科学技术管理, (3): 109-113.

李志更, 李学明. 2020. 日本独立行政法人制度的发展及启示[J]. 中国人事科学, (10): 13-21.

联办财经研究院课题组. 2020. 企业在科技创新中发挥作用的中外比较[J]. 中国对外贸易, (2): 28-29.

梁偲, 王雪莹, 常静. 2016. 欧盟"地平线 2020"规划制定的借鉴和启示[J]. 科技管理研究, 36(3): 36-40.

梁田, 杨志萍, 史继强. 2018. 国外科技基础设施科技政策特点和制定流程分析[J]. 科技管理研究, 38 (12): 52-58.

梁正, 杨芳娟, 陈佳. 2020. 国家科技规划的制定与实施分析[J]. 科技中国, (4): 4-10.

刘春江, 李姝影, 刘自强, 等. 2023. 面向多维技术功效分析的专利技术功效矩阵构建方法研究[J]. 情报理论与实践, 46(12): 167-174.

刘化然, 曹旭, 张晓冬, 等. 2020. 基于专利技术功效矩阵的技术机会识别方法[J]. 图书情报导刊, 5(6): 65-70.

刘克佳. 2021. 美国重大科技计划的验收与评估机制研究[J]. 全球科技经济瞭望, 36(3): 27-33.

刘鲲. 2010. 技术路线图和"十二五"科技发展规划[J]. 中国高新技术企业, (21): 89-92.

刘伟. 2012. 打造面向小企业创新发展的服务型机构——美国小企业管理局(SBA)的经验和做法[J]. 华东科技, (5): 40-43.

刘细文, 柯春晓. 2007. 技术路线图的应用研究及其对战略情报研究的启示[J]. 图书情报工作, (6): 37-40, 112.

刘娅, 冯高阳. 2023. 英国政府组织关键核心技术攻关的模式及其启示[J]. 中国科技人才, (6): 46-51.

刘志强, 温颖, 王慧晴. 2020. 科技规划评估的国际比较[J]. 中国经贸刊(中), (9): 160-162.

龙飞, 巩键. 2023. 美国小企业创新研究计划实施的经验与启示[J]. 中国中小企业, (3): 32-35.

伦一. 2017. 人工智能各国战略解读: 美国推进创新脑神经技术脑研究计划[J]. 电信网技术, (2): 47-49.

么红杰. 2012. 内蒙古科技规划研究(1958-2008)[D].呼和浩特: 内蒙古师范大学.

孟庆敏, 梅强. 2010. 科技服务业在区域创新系统中的功能定位与运行机理研究[J]. 科技管理研究, 30(8): 74-75, 78.

聂常虹, 冀朝旭. 2017.中央与地方科技事权与支出责任划分问题研究[J]. 财政研究,(11): 47-59.

欧盟委员会. 2012. 解读欧盟"地平线 2020"科技规划[J]. 华东科技, (5): 44-45.

潘慧. 2011. 部分发达国家科技计划管理经验对我国的启示[J]. 广东科技, (21): 91-93.

潘教峰, 等. 2022. 智库双螺旋法理论[M]. 北京: 科学出版社.

潘昕昕. 2016. 美国科技项目监督体系——以科技计划管理专业机构 NIH 为例[J]. 科技管理研究, 36(8): 179-182.

潘昕昕, 张春鹏. 2016. 美国科技项目监督体系研究及借鉴[J]. 中国科技论坛, (11): 155-160.

彭湃, 龚雪. 2018. 一流研究型大学应培养多少研究生——基于中美数据的比较研究[J]. 高等工程教育研究, 171(4): 126-131.

曲瑛德, 赵勇. 2020. 欧盟"地平线 2020 计划"的监测与评价: 理论、方法及启示[J]. 中国高教研究, (1): 12-19.

全国政协科协界. 2015.关于编制和实施"十三五"规划有关科技创新的几点建议[J]. 中国科技产业, (3): 32-33.

申金升, 徐一飞, 雷黎, 等. 2001. 科技规划方法论研究[M]. 北京: 中国铁道出版社.

沈文钦, 王东芳. 2014.世界高等教育体系的五大梯队与中国的战略抉择[J]. 高等教育研究, 35(1): 1-10.

宋瑶瑶, 杨国梁. 2021. 中国制造业产能利用率测度方法与应用[M]. 北京: 科学出版社.

孙东, 韩晓阳, 袁江. 2023. 国家审计推进"十四五"规划实施的路径研究——以推进江苏科技强省规划实施为例[J]. 审计观察, (1): 82-85.

孙国旺. 2009. 德国支持产业技术创新联盟的做法和经验[J]. 全球科技经济瞭望, 24(2): 22-26.

孙浩林. 2018. 德国"高技术战略 2025"勾画未来科技创新发展之路[J]. 科技中国, (11): 75-77.

孙浩林. 2020. 德国《高技术战略 2025》实施进展[J]. 科技中国, (1): 102-104.

谈戈, 蒋苏南. 2021. 英国利用重大科技计划(项目)促进产业发展的做法[J]. 全球科技经济瞭望, 36(10): 13-17.

唐新华. 2018. 人工智能在国际风险评估和决策管理中的应用框架[J]. 当代世界, (10): 27-30.

陶鹏, 陈光, 王瑞军. 2017. 日本科学技术基本计划的目标管理机制分析——以《第三期科学技术基本计划》为例[J]. 全球科技经济瞭望, 32(3): 32-39.

田方, 李国鹏, 李晓萌, 等. 2023. 发达国家重大科技计划研究及对我国标准化科研的启示——以日本 PRISM 计划为例[J]. 标准科学, (1): 127-136.

汪江桦, 冷伏海, 王海燕. 2013. 美国科技规划管理特点及启示[J]. 科技进步与对策, 30(7): 106-110.

汪前进. 2009. 应运而生不辱使命任重道远破浪前行——中国科学院在中国科技体制化和改革中的地位与作用[J]. 中国科学院院刊, 24(2): 111-121.

汪涛, 谢宁宁. 2013. 基于内容分析法的科技创新政策协同研究[J]. 技术经济, 32(9): 22-28.

王富贵, 曾凯华. 2012. 国内外科技服务业促进政策制定的若干启示[J]. 经济与社会发展, 10(7): 45-47.

王海燕 冷伏海. 2013. 英国科技规划制定及组织实施的方法研究和启示[J]. 科学学研究, 31(2): 217-222.

王海燕, 冷伏海, 吴霞. 2013. 日本科技规划管理及相关问题研究[J]. 科技管理研究, (15): 29-32.

王江. 2022. 国家实验室战略研究: 发展历史、现状及未来主要研究主题[J]. 今日科苑, (4): 1-8.

王金颖, 贾永飞, 宋艳敬. 2020. 基于指标分析的各级科技规划协调机制研究[J]. 科技管理研究, 40(15): 58-64.

王楠. 2022. 回顾中国科技发展历程中的科技规划史[J]. 张江科技评论, (1): 74-77.

王巍洁, 穆晓敏, 王琰, 等. 2020. 多维专利技术功效分析模型构建及应用研究[J]. 情报理论与实践, 43 (6): 131-134, 130.

王闻昊, 丛威. 2021. 国际能源署全球能源行业 2050 年净零排放路线图评析[J]. 国际石油经济, 29(6): 1-7.

王雪原. 2008. 基于科技计划的区域科技创新资源配置系统优化研究[D]. 哈尔滨: 哈尔滨理工大学.

王再进, 傅晓岚. 2020. 循证决策体系下英国科技评估的发展及经验借鉴[J]. 中国科技论坛, (9): 176-188.

乌云其其格. 2016. 日本政府研发资助体系研究[J]. 全球科技经济瞭望, 31(9): 15-27.

吴丛, 韩青, 阿儒涵. 2023. 美国联邦政府科技预算绩效评价的发展演变与启示[J]. 中国科学院院刊, 38(2): 230-240.

伍浩松, 戴定, 赵畅. 2021. 国际能源署发布 2050 年净零排放路线图[J]. 国外核新闻, (6): 17-22.

伍浩松, 张焰. 2023. 国际能源署发布新版 2050 年净零排放路线图[J]. 国外核新闻, (10): 1-2.

武衡. 1992. 科技战线五十年[M]. 北京: 科学技术文献出版社.

武衡, 杨浚, 《当代中国》丛书部. 1991. 当代中国的科学技术事业[M]. 北京: 当代中国出版社.

夏航. 2017. 世界科研研发管理的新取向及其对中国的启示[J]. 科技促进发展, 13(Z1): 20-26.

夏来保. 2009. 基于区域一体化视角的地方科技规划制定[C]//中国科学技术发展战略研究院, 中国科学院科技政策与管理科学研究所, 中国科学学与科技政策研究会技术预见专业委员会. 第五届全国技术预见学术交流会暨全国技术预见与科技规划理论与实践研讨会会议论文集. 天津: 天津市科学学研究所.

夏婷. 2023. 英国国家战略科技力量建设与协同机制研究[J]. 中国科技产业, (2): 56-59.

肖鹏, 胡一鸣, 梁云凤. 2022. 部门预算绩效管理的国际比较及启示[J]. 全球化, (5): 61-70, 134.

肖人毅. 2011. 面向过程的科研项目评价方法研究[D]. 大连: 大连理工大学.

肖小溪, 程燕林, 李晓轩. 2015. 第三方科技评价前沿问题研究[J]. 中国科技论坛, (8): 11-14.

徐芳, 李陞, 崔胜先, 等. 2019. 国际评估的实践与挑战——基于中国科学院卓越创新中心的案例分析[J]. 科技导报, 37 (19): 50-57.

徐峰, 封颖. 2016. 国外政府科技计划总体布局与组织管理相关问题探析[J]. 科技进步与对策, 33(8): 1-5.

徐显龙, 李锡阳, 顾小清, 等. 2018. 基于系统动力学的数字教育服务产业技术路线图研制[J]. 中国电化教育, (6): 59-67.

许琦, 邹自明, 袁雅琴, 等. 2022. 科技计划项目数据管理过程模型[J]. 大数据, 8(1): 15-23.

薛澜, 梁正. 2021. 构建现代化中国科技创新体系[M]. 广州: 广东经济出版社.

闫方玲, 谢敏, 任雪瑶, 等. 2018. 影响比特币价格因素的探索性分析[J]. 智库时代, (30): 231-232.

燕莉, 扈啸. 2022. DARPA: 美国创新型机构成功实例[J]. 军民两用技术与产品, (3): 44-48.

杨国梁. 2020. 科技规划的理论方法与实践[M]. 北京: 科学出版社.

杨国梁, 刘文斌. 2021. 基于 DEA 的方向规模收益测度研究[M]. 北京: 科学出版社.

杨国梁, 任宪同. 2023. 基于 DEA 的阻塞效应识别与测度[M]. 北京: 科学出版社.

杨国梁, 肖小溪, 李晓轩. 2011. 美国 STARMETRICS 项目及对我国科技评价的启示[J]. 科学学与科学技术管理, 32(12): 12-17.

杨海红, 邱惠丽, 李正风. 2020. 托马斯·休斯"技术-社会系统"思想探微[J]. 自然辩证法研究, 36(8): 26-30, 43.

杨培培, 柳卸林. 2023. 制度逻辑视角下的《中长期科技规划》实施机制探究[J]. 科研管理, 44(8): 119-128.

尹晓亮, 张杰军. 2006. 日本科技行政管理体制改革与成效分析[J]. 科学学与科学技术管理, (7): 14-18.

应益昕, 李慧, 王健. 2022. 地平线欧洲计划组织实施体制机制研究[J]. 全球科技经济瞭望, 37(11): 16-20.

袁希钢. 2022. 余国琮院士: 一棵痴迷"精馏"的大树[J]. 民主, (5): 47-52.

张冬梅. 2024. 美国大学参与国家实验室管理的动因、途径与趋势[J]. 高等工程教育研究, (1):196-200.

张佳琦, 赵振华, 李飞. 2021. 技术路线图在科技和国防发展中的典型应用研究[A]//中国核科学技术进展报告(第七卷)——中国核学会 2021 年学术年会论文集第 8 册(核情报分卷)[C]. 中国核学会: 169-176.

张九庆. 2021. 日本积极推行 DARPA 模式探索政府研发管理新制[J]. 科技中国, (9): 20-22.

张久春, 张柏春. 2019. 规划科学技术:《1956—1967 年科学技术发展远景规划》的制定与实施[J]. 中国科学院院刊, 34(9): 982-991.

张利华, 李颖明. 2007. 区域科技发展规划评估的理论和方法研究[J]. 中国软科学, (2): 95-101, 138.

张利华, 徐晓新. 2005. 科技发展规划的理论与方法初探[J]. 自然辩证法研究, (8): 69-73.

张明喜, 郭滕达, 张俊芳. 2019. 科技金融发展 40 年: 基于演化视角的分析[J]. 中国软科学, (3): 20-33.

张文彬, 王毅. 2011. 我国重点工业企业技术创新能力建设的问题与对策[J]. 技术经济, 30(5): 15-18,104.

张晓沛, 余和军, 李少帅. 2018. 国际器件与系统路线图对我国科技规划的启示[J]. 世界科技研究与发展, 40(4): 422-427.

张学才, 郭瑞雪. 2005. 情景分析方法综述[J]. 理论月刊, (8): 127-128.

张宇馨. 2021. 政府引导下日本科技政策及其对我国的启示[D]. 长春: 吉林财经大学.

张振刚. 2002. 中国研究型大学分类研究[J]. 高等工程教育研究, (4): 26-30.

张志刚. 2020. 日本对科研人才项目资助的做法[J]. 中国人才, (8): 33-35.

张志强. 2020. 科技强国科技发展战略与规划研究[M]. 北京: 科学出版社.

赵昌文, 陈春发, 唐英凯. 2009. 科技金融[M]. 北京: 科学出版社.

赵路, 程瑜, 张琦. 2022. 发挥财政职能作用支持科技创新发展——财政科技事业 10 年回顾与展望[J]. 中国科学院院刊, 37(5): 596-602.

赵思健, 黄崇福, 郭树军. 2012. 情景驱动的区域自然灾害风险分析[J]. 自然灾害学报, 21(1): 9-17.

甄子健. 2014. 日本科技计划体系及其组织管理机制[J]. 全球科技经济瞭望, 29(6): 45-51.

中国科学院. 2009. 科技革命与中国的现代化: 关于中国面向 2050 年科技发展战略的思考[M]. 北京: 科学出版社.

祖勉, 王瑛, 刘伟, 等. 2023. 美国 "脑计划" 实施特点分析及启示[J]. 中国科学院院刊, 38(2): 302-314.

Cameron G, Proudman J, Redding S. 2005. The innovator's solution: Technological convergence, R&D trade and productivity growth[J]. European Economic Review, 49(3): 775-807.

Dreyfus S. 2002. Richard bellman on the birth of dynamic programming[J]. Operations Research, 50(1): 48-51.

Mayer R R. 1985. Policy and Program Planning: A Developmental Perspective[M]. Upper Saddle River: Prentice Hall.

Sager F, Gofen A. 2022. The polity of implementation: Organizational and institutional arrangements in policy implementation[J]. Governance, 35(2): 347-364.

Wildavsky A. 1973. If planning is everything, maybe it's nothing[J]. Policy Sciences, 4(2): 127-153.